普通高等教育人工智能与大数据系列教材

Python 语言基础

朱晓龙　编著

机 械 工 业 出 版 社

本书以 Python 3.8 版本为教学版，从初学者角度出发，通过精选案例，详细介绍了 Python 的基础知识和使用技巧，旨在使读者迅速掌握 Python 程序设计的基本技术。内容包括 Python 语言概述、基本数据类型与表达式、顺序结构程序设计、分支结构程序设计、循环结构程序设计、序列、函数与模块、集合与字典、文件处理、面向对象程序设计和异常处理。

本书遵循“以实用为主，以理论够用为度”的教学原则，介绍了 Python 编程基础知识。通过丰富案例演示 Python 语言程序设计的基本思想和方法，培养学生利用 Python 语言工具解决实际问题的开发能力，突出问题求解方法与计算思维能力的训练。

本书可作为高等院校程序设计课程的入门教材，也可作为计算机等级考试和 Python 语言自学者的参考书。

图书在版编目（CIP）数据

Python 语言基础/朱晓龙编著. —北京：机械工业出版社，2021.10（2023.1 重印）

普通高等教育人工智能与大数据系列教材

ISBN 978-7-111-68963-8

Ⅰ.①P… Ⅱ.①朱… Ⅲ.①软件工具-程序设计-高等学校-教材 Ⅳ.①TP311.561

中国版本图书馆 CIP 数据核字（2021）第 166001 号

机械工业出版社（北京市百万庄大街 22 号 邮政编码 100037）
策划编辑：王雅新 责任编辑：王雅新
责任校对：王 欣 封面设计：张 静
责任印制：张 博
北京雁林吉兆印刷有限公司印刷
2023 年 1 月第 1 版第 2 次印刷
184mm×260mm · 20 印张 · 490 千字
标准书号：ISBN 978-7-111-68963-8
定价：59.80 元

电话服务　　　　　　　　　　　网络服务
客服电话：010-88361066　　机 工 官 网：www.cmpbook.com
　　　　　010-88379833　　机 工 官 博：weibo.com/cmp1952
　　　　　010-68326294　　金 书 网：www.golden-book.com
封底无防伪标均为盗版　　机工教育服务网：www.cmpedu.com

前　言

目前，Python 语言已经成为热门的编程语言之一，在各种语言排行榜中位居前列。由于 Python 语言的语法简单，易于学习和理解，国内外许多大学已经把 Python 语言作为第一门计算机程序设计课程。

Python 语言是荷兰国家数学和计算机研究中心（CWI）的程序员从 1989 年开始开发的一种高级编程语言。开发 Python 语言的初始目标是希望能够方便地管理 CWI 的 Amoeba 操作系统，后来随着大数据和人工智能的兴起，Python 语言逐渐流行。今天，Python 语言已经成为世界上使用最广泛的编程语言之一，在全世界形成了稳固的用户社群，人们已经用 Python 开发了大量实际应用系统，也积累了许多基础资源。

Python 的一个重要设计目标是让程序简单、清晰和优雅，坚持一套整齐划一的设计风格，Python 程序具有易写、易读、易维护的特点，深受广大程序员的欢迎。Python 包含了一组完善而且容易理解的标准库，在编写程序时可根据需要选用，使编程工作变得简单易行，能够轻松完成很多常见的任务。Python 已被广泛地应用在 Web 开发、自动化运维、网络编程、科学计算、云计算、人工智能、金融分析和游戏开发等领域。

本书共 11 章，主要内容如下：

第 1 章为 Python 语言概述。简要介绍了 Python 语言的产生、发展及其特点，通过实例展示了 Python 程序的构成，使读者对 Python 语言及程序结构有一个总体的了解。

第 2 章为基本数据类型与表达式。介绍了整型、浮点型、布尔型、字符串型等基本数据类型，还介绍了算术运算符、算术表达式、赋值运算符、位运算符以及常用的系统函数。

第 3 章为顺序结构程序设计。介绍了赋值语句的用法、顺序结构程序设计以及程序设计的基本步骤和调试，重点介绍了标准输入、标准输出和格式化输出的使用方法。

第 4 章为分支结构程序设计。介绍了如何编写判断条件，通过案例介绍了如何设计单分支选择结构、双分支选择结构和多分支选择结构的程序。

第 5 章为循环结构程序设计。首先介绍了 while 语句和 for 语句的语法功能，然后通过较多的案例展示了循环结构的多种设计方法。

第 6 章为序列。详细介绍了字符串、列表、元组的基本操作和常用方法，并通过多个案例介绍其程序设计方法。

第 7 章为函数与模块。介绍了函数的定义、调用，详细介绍了函数参数的传递方式，讨论了函数的嵌套、递归、局部变量和全局变量，最后还介绍了 Python 的第三方库的使用方法。

第 8 章为集合与字典。详细介绍了集合和字典的基本操作和常用方法，并通过多个案例介绍其程序设计方法。

第 9 章为文件处理。介绍了文件的打开和关闭，详细介绍了文本文件、二进制文件、CSV 文件以及 JSON 文件的读写。

第 10 章为面向对象程序设计。介绍了面向对象的基本概念、三大特征、类的定义和对象的创建，通过案例详细介绍了私有属性、公有属性、实例属性、类属性、实例方法、类方法、静态方法、运算符重载、特殊方法和装饰器的设计方法，最后讨论了继承、多重继承和多态的程序设计方法。

第 11 章为异常处理。介绍了异常处理的基本思想，通过案例详细讨论了 try 语句的各种异常处理方法，最后介绍了如何设计自定义异常类，实现定制的异常处理。

程序设计是一门实践性很强的课程。读者只有在学习书本内容的同时，注重上机实验环节，才能真正掌握书中介绍的知识和技能。优秀的软件工程师都是经过大量上机磨练出来的，并从实践中学到很多书本上没有的东西。为此，本书引入了较多的例题及习题，只要读者按照书中要求，注重实验，边学边练，就一定能够掌握 Python 程序设计的方法和技巧。

本书可作为高等院校程序设计课程的入门教材，也可作为 Python 编程人员的培训教材及自学用书。

为了方便教师的讲授和学生的学习，本书配有教学课件及例题源代码。书中的示例和例题源代码都经过上机调试和验证。可通过机械工业出版社教育服务网（http://www.cmpedu.com）获取教学课件及例题源代码。

本书的编写得到了西安邮电大学电子工程学院的大力支持和帮助，在此表示深深的谢意。

在本书编写过程中，编者参阅了大量的参考文献与资料，在此谨向诸多学者表示衷心的感谢。由于编者水平有限，书中难免有错误和不当之处，敬请广大读者批评和指正。

编者电子邮箱地址：zhuxlfq@163.com。

编　者

目　录

第 1 章 Python 语言概述

Python 是一种解释型的、面向对象的、带有动态语义的高级程序设计语言。1991 年发行了第一个版本，2010 年以后随着大数据和人工智能的兴起，Python 焕发出了耀眼的光芒。在 2019 年 12 月份世界编程语言排行榜中，Python 排名第三，仅次于 Java 和 C 语言。

Python 是一门开源免费的脚本编程语言，它不仅简单易用，而且功能强大。

1.1 Python 简介

1.1.1 Python 的产生与发展

Python 语言诞生于 20 世纪 90 年代初，现在它已广泛应用于大数据、人工智能和 Web 开发等众多领域。

Python 的创始人为荷兰人吉多·范罗苏姆（Guido van Rossum）。1989 年圣诞节期间，Guido 为了打发圣诞节的无趣，决心开发一个新的脚本解释程序，作为 ABC 语言的一种继承。之所以选中 Python（大蟒蛇的意思）作为该编程语言的名字，是取自英国 20 世纪 70 年代首播的电视喜剧《蒙提·派森的飞行马戏团》（*Monty Python's Flying Circus*）。

ABC 是由 Guido 参加设计的一种教学语言。就 Guido 本人看来，ABC 这种语言非常优美和强大，是专门为非专业程序员设计的。但是 ABC 语言并没有成功，究其原因，Guido 认为是其非开放造成的。Guido 决心在 Python 中避免这一错误。同时，他还想实现在 ABC 中闪现过但未曾实现的东西。

就这样，Python 在 Guido 手中诞生了。可以说，Python 是从 ABC 发展起来，主要受到了 Modula-3（另一种相当优美且强大的语言，为小型团体所设计的）的影响。并且结合了 Unix shell 和 C 语言的习惯。

Python 已经成为最受欢迎的程序设计语言之一。2004 年以后，Python 的使用率呈线性增长。Python 2 于 2000 年 10 月 16 日发布，稳定版本是 Python 2.7。Python 3 于 2008 年 12 月 3 日发布，不完全兼容 Python 2。2011 年 1 月，它被 TIOBE 编程语言排行榜评为 2010 年度语言。2017 年，IEEE Spectrum 发布的 2017 年度编程语言排行榜中，Python 位居第 1 位。直至 2019 年 12 月份，根据 TIOBE 排行榜的显示，Python 也居于第 3 位，且有继续提升的态势。

Python 是一种解释型的、面向对象的、带有动态语义的高级程序设计语言，它之所以非常流行，主要有三点原因：

1）Python 简单易用，学习成本低，看起来非常优雅干净。

2）Python 标准库和第三方库数量众多，且功能强大，既可以开发各领域应用软件，也可以开发综合性应用软件。

3）在人工智能和大数据等领域中，Python 是最常用的语言之一。随着人工智能等新兴技术的迅速发展和应用，Python 也被广泛使用。

由于 Python 语言的简易性、易读性以及可扩展性，在国外用 Python 做科学计算的研究机构日益增多。一些知名大学已经采用 Python 来讲授程序设计课程，例如卡耐基梅隆大学的编程基础、麻省理工学院的计算机科学及编程导论。众多开源的科学计算软件包都提供了 Python 的调用接口，例如著名的计算机视觉库（OpenCV）、三维可视化库（VTK）、医学图像处理库（ITK）。而 Python 专用的科学计算扩展库就更多了，十分经典的科学计算扩展库有 3 个：NumPy、SciPy 和 Matplotlib，它们分别为 Python 提供了快速数组处理、数值运算以及绘图功能。因此，Python 语言及其众多的扩展库所构成的开发环境十分适合工程技术和科研人员处理实验数据、制作图表，甚至开发科学计算应用程序。

2018 年 3 月，Guido 在其邮件列表上宣布 Python 2.7 将于 2020 年 1 月 1 日终止支持。用户如果想要在这个日期之后继续得到与 Python 2.7 有关的支持，则需要付费给商业供应商。现在 Python 是由一个核心开发团队在维护，Guido 仍然发挥着至关重要的作用，指导 Python 的发展。

1.1.2 Python 的特点

Python 的设计哲学是“优雅”“明确”“简单”。Python 开发者的哲学是“用一种方法，最好是只有一种方法来做一件事”。在设计 Python 语言时，坚持了清晰划一的风格，这使得 Python 成为一门易读、易维护，并且被大量用户所欢迎的、用途广泛的语言。

1）简单易学。Python 有相对较少的关键字和一个明确定义的语法，结构简单，学习起来更加容易。

和传统的 C/C++、Java、C#等语言相比，Python 对代码格式的要求没有那么严格，即便是非软件专业的初学者，也很容易上手，不用在细枝末节上花费太多精力。它使程序设计者能够专注于解决问题而不是去搞明白语言本身。

和其他编程语言相比，实现同一个功能，Python 语言的实现代码往往是最短的。

2）易于阅读。Python 代码定义得更清晰。Python 的设计目标之一是让代码具备高度的可阅读性。设计时尽量使用其他语言经常使用的标点符号和英文单词，让代码看起来整洁美观。

Python 是一种代表极简主义的编程语言。阅读一个良好的 Python 程序就感觉像是在读英语一样，尽管这个英语的要求非常严格。所以人们常说，Python 是一种具有伪代码特质的编程语言。

3）易于维护。Python 成功的一个原因在于它的源代码容易维护。

4）可扩展。Python 的最大优势之一是有丰富的库，是跨平台的，在 UNIX、Windows 和 Macintosh 上的兼容性很好。

这些类库覆盖了文件 I/O、GUI、网络编程、数据库访问、文本操作等绝大部分应用场景。

这些类库的底层代码不一定都是 Python，还有很多 C/C++的身影。当需要一段运行速度更快的关键代码时，就可以使用 C/C++语言实现，然后在 Python 中调用它们。Python 能把其他语言“粘”在一起，所以被称为“胶水语言”。

如果需要一段运行很快的关键代码，或者是想要编写一些不愿开放的算法，就可以使用 C 或 C++完成那部分程序，然后在 Python 程序中调用。

5）开源。开源，即开放源代码，意思是所有用户都可以看到源代码。Python 的开源体现在两方面：

① 程序员使用 Python 编写的代码是开源的。

比如我们开发了一个 BBS 系统，放在互联网上让用户下载，那么用户下载到的就是该系统的所有源代码，并且可以随意修改。这也是解释型语言本身的特性，想要运行程序就必需有源代码。

② Python 解释器和模块是开源的。

官方将 Python 解释器和模块的代码开源，是希望所有 Python 用户都参与进来，一起改进 Python 的性能，弥补 Python 的漏洞，代码被研究地越多就越健壮。

6）免费。开源并不等于免费，开源软件和免费软件是两个概念，只不过大多数的开源软件也是免费软件。Python 就是这样一种语言，它既开源又免费。

用户使用 Python 进行开发或者发布自己的程序，不需要支付任何费用，也不用担心版权问题，即使作为商业用途，Python 也是免费的。

7）可移植。基于其开放源代码的特性，Python 已经被移植（也就是使其工作）到许多平台。

8）数据库。Python 提供所有主要的商业数据库的接口。

9）GUI 编程。Python 支持多种 GUI 的第三方库。可通过调用所选库的接口，实现最终的图形用户界面。

10）可嵌入。可以将 Python 嵌入到 C/C++程序，让程序获得“脚本化”的能力。

任何编程语言都有缺点，Python 也不例外。Python 的缺点主要是：

1）运行速度慢。运行速度慢是解释型语言的通病，Python 也不例外。Python 速度慢不仅仅是因为一边运行一边“翻译”源代码，还因为 Python 是高级语言，屏蔽了很多底层细节。这个代价也是很大的，Python 要多做很多工作，有些工作是很消耗资源的，比如管理内存。

2）代码加密困难。不像编译型语言的源代码会被编译成可执行程序，Python 是直接运行源代码，因此对源代码加密比较困难。

1.1.3 Python 语言的应用领域

Python 的应用领域非常广泛，几乎所有大中型互联网企业都在使用 Python 完成各种各样的任务，例如国外的 Google、Youtube、Dropbox，国内的百度、新浪、搜狐、腾讯、阿里、网易、淘宝、知乎、豆瓣、汽车之家、美团等。

概括起来，Python 的应用领域主要有如下几个。

1）Web 应用开发。Python 经常被用于 Web 开发，尽管目前 PHP、JS 依然是 Web 开发的主流语言，但 Python 上升势头更猛劲。尤其随着 Python 的 Web 开发框架逐渐成熟（比如

Django、flask、TurboGears、web2py 等），程序员可以更轻松地开发和管理复杂的 Web 程序。

例如，通过 mod_wsgi 模块，Apache 可以运行用 Python 编写的 Web 程序。Python 定义了 WSGI 标准应用接口来协调 HTTP 服务器与基于 Python 的 Web 程序之间的通信。

搜索引擎 Google 在其网络搜索系统中就广泛使用 Python 语言。另外，集电影、读书、音乐于一体的豆瓣网，也是使用 Python 实现的。

不仅如此，视频网站 Youtube 以及 Dropbox（一款网络文件同步工具）也都是用 Python 开发的。

2）自动化运维。很多操作系统中，Python 是标准的系统组件，大多数 Linux 发行版以及 NetBSD、OpenBSD 和 Mac OS X 都集成了 Python，可以在终端下直接运行 Python。

有一些 Linux 发行版的安装器使用 Python 语言编写，例如，Ubuntu 的 Ubiquity 安装器、RedHat Linux 和 Fedora 的 Anaconda 安装器等。

另外，Python 标准库中包含了多个可用来调用操作系统功能的库。例如，通过 pywin32 这个软件包，可以访问 Windows 的 COM 服务以及其他 Windows API；使用 IronPython，可以直接调用. Net Framework。

通常情况下，Python 编写的系统管理脚本，无论是可读性，还是性能、代码重用度以及扩展性方面，都优于普通的 shell 脚本。

3）人工智能领域。人工智能是目前非常受欢迎的一个研究方向，如果要评选当前最热、工资最高的 IT 职位，那么人工智能领域的工程师最有话语权。而 Python 在人工智能领域内的机器学习、神经网络、深度学习等方面，都是主流的编程语言。

可以这么说，基于大数据分析和深度学习发展而来的人工智能，其本质上已经无法离开 Python 的支持了，原因至少有以下几点：

① 目前世界上优秀的人工智能学习框架，比如 Google 的 TransorFlow（神经网络框架）、FaceBook 的 PyTorch（神经网络框架）以及开源社区的 Karas 神经网络库等，都是用 Python 实现的。

② 微软的 CNTK（认知工具包）完全支持 Python，并且该公司开发的 VS Code，已经把 Python 作为第一级语言进行支持。

③ Python 擅长进行科学计算和数据分析，支持各种数学运算，可以绘制出高质量的 2D 和 3D 图像。

总之，AI 时代的来临，使得 Python 从众多编程语言中脱颖而出，Python 作为 AI 时代头牌语言的位置，基本无人可撼动！

4）科学计算。可用于处理大数据并执行复杂的数学运算。自 1997 年，NASA 就大量使用 Python 进行各种复杂的科学运算。并且，和其他解释型语言（如 shell、js、PHP）相比，Python 在数据分析、可视化方面有相当完善和优秀的库，例如 NumPy、SciPy、Matplotlib、pandas 等，这些库可以满足 Python 程序员编写科学计算程序。

5）网路爬虫。Python 语言很早就用来编写网络爬虫。Google 等搜索引擎公司大量地使用 Python 语言编写网络爬虫。

从技术层面上讲，Python 提供很多服务于编写网络爬虫的工具，例如，urllib、Selenium 和 BeautifulSoup 等，还提供了一个网络爬虫框架 Scrapy。

6）游戏开发。很多游戏使用 C++编写图形显示等高性能模块，使用 Python 或 Lua 编写游戏的逻辑。和 Python 相比，Lua 的功能更简单，体积更小，而 Python 则支持更多的特性和数据类型。

除此之外，Python 可以直接调用 OpenGL 实现 3D 绘制，这是高性能游戏引擎的技术基础。事实上，有很多 Python 语言实现的游戏引擎，例如，Pygame、Pyglet 以及 Cocos 2d 等。

1.2　Python 程序开发环境

1.2.1　Python 的下载与安装

安装 Python 分三个步骤：下载 Python、安装 Python 解释器、检查是否安装成功。

1. 下载 Python

1）首先打开官方网站：Python 下载地址是 https：//www. python. org/downloads/。

2）选择下载的版本：一般选择最近的稳定的版本。

3）点开 Download 后，找到下载文件：根据操作系统的不同进行选择。如 Windows 64 位操作系统版本，选择 Windows x86-64；Windows 32 位操作系统版本，选择 Windows x86。注意 Linux 和 CentOS 自带 Python，一般不用再下载 Python。

2. 安装 Python 解释器

1）双击下载的 Python 可执行文件（python-3. 8. 1-amd64. exe），如图 1-1 所示。

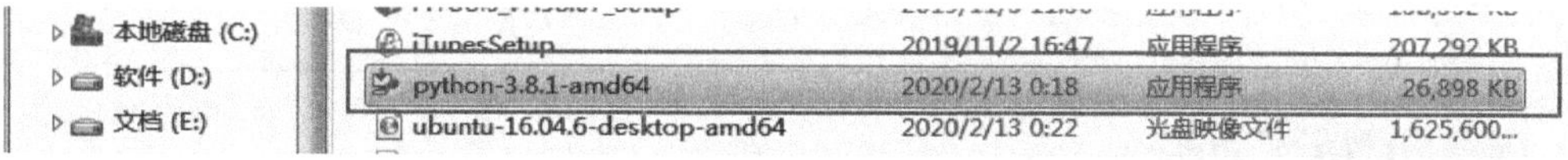

本地磁盘 (C:)
软件 (D:)
文档 (E:)

iTunesSetup　2019/11/2 16:47　应用程序　207,292 KB
python-3.8.1-amd64　2020/2/13 0:18　应用程序　26,898 KB
ubuntu-16.04.6-desktop-amd64　2020/2/13 0:22　光盘映像文件　1,625,600...

图 1-1　Python 可执行文件（python-3. 8. 1-amd64. exe）

2）勾选 Add Python 3. 8 to PATH，再单击 Customize installation，如图 1-2 所示。接下来

图 1-2　Python 安装开始对话框

的对话框，使用默认的全部选项，直接单击 Next。

图中 Install now 为默认安装且默认安装路径（一般默认安装在 C 盘）；Customize installation 为自定义安装；Add Python 3. 8 to PATH 为自动加到环境变量中。

3）更改安装地址（建议不安装在 C 盘，如果 C 盘内存小，安装的东西多了计算机运行速度会很慢，当然内存大就无所谓了），如图 1-3 所示。

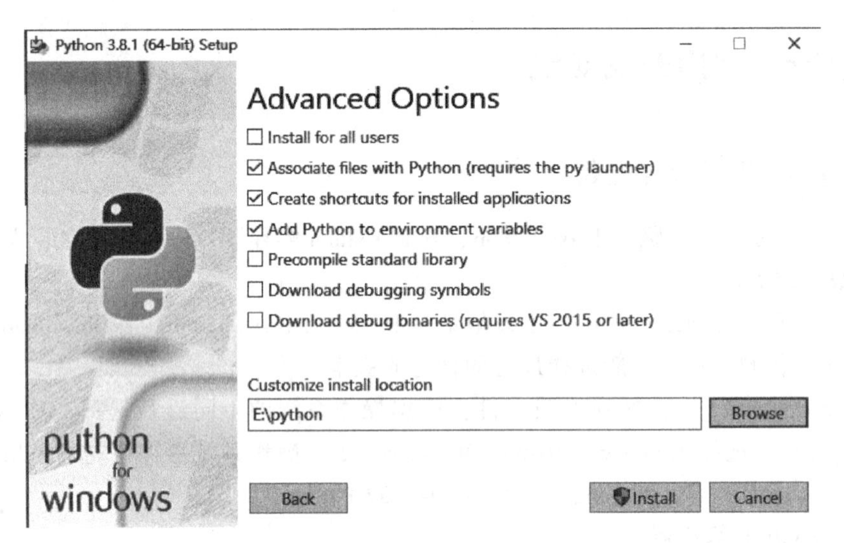

图 1-3　Advanced Options 对话框

4）安装进度，如图 1-4 所示。

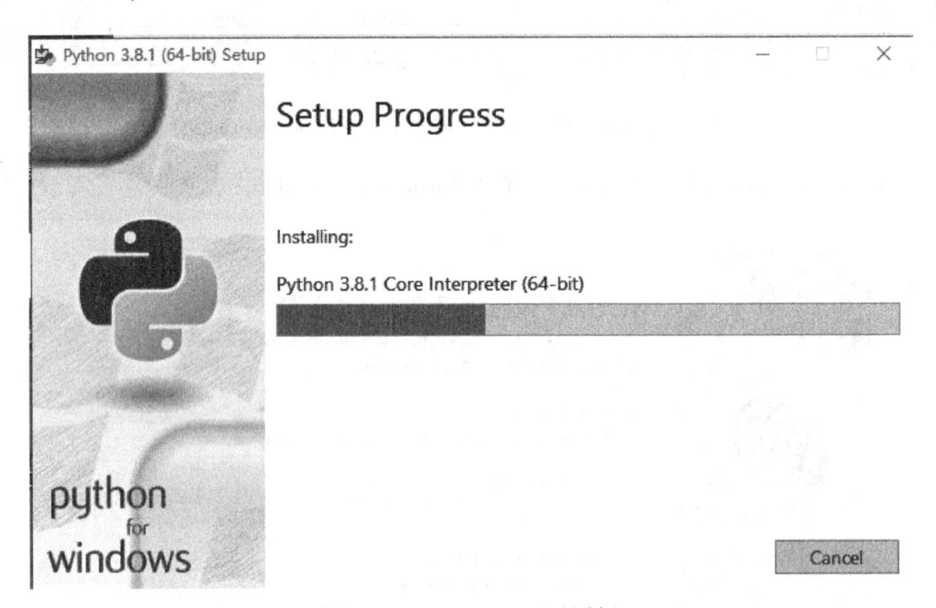

图 1-4　Setup Progress 对话框

5）安装成功。安装过程结束后，单击 Disable path length limit 方框，取消路径长度限制，单击 Close 完成 Python 安装。也可以不取消路径长度限制，直接单击 Close 完成 Python 安装，如图 1-5 所示。

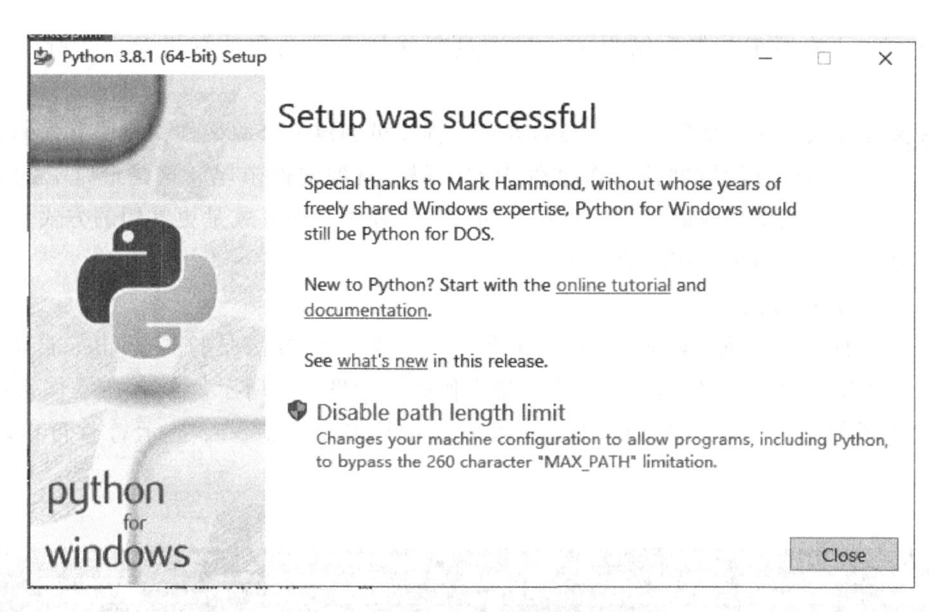

图 1-5　Python 安装结束对话框

3. 检查是否安装成功

安装完成后，可以从 Windows “开始” 菜单的所有程序（应用）中找到 Python 3.8 程序组，其中的 IDLE 为 Python GUI（Python 图形用户界面），这就是 Python 的集成开发学习环境（integrated development and learning environment，IDLE）。其中，>>>为 IDLE 的操作提示符，在其后面可以输入并执行 Python 的表达式或语句。输入语句 print（"Hello,world!"），则显示字符串 Hello，world!；输入表达式 23 * 4，则显示 92，如图 1-6 所示。完成这样的简单测试后，就表明安装成功了。

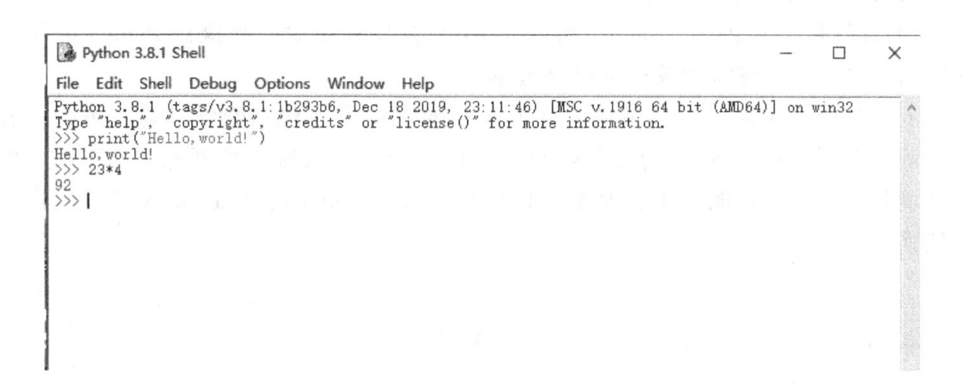

图 1-6　Python IDLE 界面

1.2.2　Python 程序的运行

安装完 Python 解释器后，有两种方式可以编写 Python 程序：交互式编程方式和程序文件方式。交互式编程方式是一种人机交互方式，操作者在命令行窗口中直接输入代码，按下回车键就可以运行代码，并立即看到输出结果；执行完一行代码，还可以继续输入下一行代码，再次回车并查看结果……整个过程就好像是在和计算机对话，所以称为交互式编程。

程序文件方式是一种批量执行语句的方式，程序员创建一个源文件，将所有代码放在源文件中，让解释器逐行读取并执行源文件中的代码，直到文件末尾。这是最常见的编程方式。交互式编程方式用于验证、调试少量语句代码，程序文件方式是更常用的方式，用于调试执行、修改完善由多条语句组成的程序。

1. 交互式编程方式

一般有两种方法进入 Python 交互式编程方式，第一种方法是打开 Python 自带的 Python 3.8（64-bit）工具，在>>>提示符后输入代码，如图 1-7 所示。或者在操作系统的命令行模式或者终端（Terminal）窗口中输入 Python 命令，看到>>>提示符就可以输入代码了。

```
Python 3.8 (64-bit)
Python 3.8.1 (tags/v3.8.1:1b293b6, Dec 18 2019, 23:11:46) [MSC v.1916 64 bit (AMD64)] on win32
Type "help", "copyright", "credits" or "license" for more information.
>>> print("Hello,world!")
Hello,world!
>>> 23 * 4
92
>>> 
```

图 1-7 Python 3.8（64-bit）命令行终端窗口

第二种进入 Python 交互式编程方式的方法是，打开 Python 自带的 IDLE 工具，默认就会进入交互式编程环境，如图 1-6 所示。

IDLE 本身就是一个 Python shell，可以在 IDLE 窗口直接输入和执行 Python 语句，IDLE 自动对输入的语句进行排版和关键词高亮显示。

实际上，在交互式编程方式中输入任何复杂的表达式（包括数学计算、逻辑运算、循环语句、函数调用等），Python 总能帮你得到正确的结果。从这个角度来看，Python 的交互式编程环境相当于一个功能无比强大的“计算器”，比 Windows、Mac OS X 系统自带的计算器的功能强大得多。例如：

```
>>> 23+45*56/2
1283.0
>>> 128*(835-585)/0.4
80000.0
>>> 1/5/((7/8+5/8)*2/3)
0.2
>>> (284+16)**2*(5112-8208/18)
419040000.0
>>> 2**200
```

```
1606938044258990275541962092341162602522202993782792835301376
如果输入:
>>> area=3.1415926*10*10
>>> print("area=",area)
则输出结果是:
area=314.15926
```

可见，还能把计算结果，按照我们熟悉的形式输出。

交互式编程方式对于测试来说都是很好的，但它有一个很大的缺点就是 Python 执行了输入的程序之后，程序就消失了。当想再次验证或测试运行过的程序时就需要重新输入，特别是对于相对较大的程序来说。为了能够永久的保存程序，需要在文件中写入所有要执行的 Python 语句。编写完成后，就可以让 Python 解释器多次运行文件中的语句。

2. 程序文件方式

要创建 Python 源代码文件，首先需要一款能够输入并保存代码的编辑器软件。Python 自带的一个简洁的集成开发工具 IDLE，具备基本的 IDE 功能。使用 IDLE 可以较为方便地创建、运行、测试和调试 Python 程序。初学者一般使用 IDLE。

当然也可以用第三方集成开发环境编写 Python 程序，有利于项目的组织、构建以及版本管理。

下面以 Python 自带的集成开发工具 IDLE 为例，介绍 Python 程序建立、编辑和运行的步骤：

1）在 IDLE 窗口，选择 File→New File 命令，在编辑窗口输入代码。

2）编写完代码后，选择 File→Save 命令，确定文件名并指定存储位置后，保存文件。保存文件时，确保文件扩展名为 .py。如果代码较多，可在编辑代码过程中反复保存文件。

3）选择 Run→Run Module 命令，执行代码文件。程序运行结果将直接显示在 IDLE 交互界面上。除此之外，也可以通过在资源管理器中，双击扩展名为 .py 的 Python 程序文件直接运行。在有些情况下，可能还需要在命令提示符环境中运行 Python 程序文件。选择开始→所有程序→附件→命令提示符命令，然后执行 Python 程序。

在实际开发中，如果用户能够熟练使用集成开发环境 IDLE 提供的一些快捷键将会大幅度提高编程速度和开发效率。在 IDLE 环境下，除了撤销（Ctrl+Z）、全选（Ctrl+A）、复制（Ctrl+C）、粘贴（Ctrl+V）、剪切（Ctrl+X）等常规快捷键外，其他比较常用的快捷键见表 1-1。

表 1-1　IDLE 常用快捷键

快捷键	功能说明
Alt+P	浏览历史命令(上一条)
Ctrl+N	浏览历史命令(下一条)
Ctrl+F6	重启 shell,之前定义的对象和导入的模块全部失效
F1	打开 Python 帮助文档

（续）

快捷键	功能说明
Alt+/	自动补全前面曾经出现的单词，如果之前有多个单词具有相同的前缀，则在多个单词中循环以供选择
Ctrl+]	缩进代码块
Ctrl+[	取消代码块缩进
Alt+3	注释代码块
Alt+4	取消代码块注释

3. Python 程序的执行与调试

Python 程序中的语句序列称为源代码，被存储到硬盘、U 盘等外存的程序文件称为源代码文件（简称源文件），Python 源文件的扩展名为. py。

Python 在执行源文件时，首先会将 .py 文件中的源代码编译成 Python 的 Byte code（字节码），然后再由 Python Virtual Machine（Python 虚拟机）来执行这些编译好的 Byte code。这称为解释执行。

如果源程序中有错误，那么或者解释无法通过，或者执行得到的结果不正确。导致解释不能通过的错误称为语法错误（不符合 Python 语法规则），在解释通过的前提下导致结果不正确的错误称为语义错误或逻辑错误。

语法错误举例：

```
print("Hello,world!)         #字符串中少了个双引号",字符串以"开始,没有以"
                              结束
age=int(input("age=")        #左右括号个数不匹配
a=3,b=4                      #如果在一行中书写多个语句,语句间以分号;分隔
area=1ength * height         #把 l 误写成 1
```

语义错误举例：

```
age=280                #把 28 误写成 280
area=3.14 * r+r              #把乘号( * )误写成加号(+)
r=3.14 * r+r                 #把 area 误写成 r
```

语法错误比较容易发现，Python 解释器能够帮助编程人员找出语法错误，并且给出错误位置（所在的行）和错误性质的提示。而语义错误属于内在逻辑错误，检查出语义错误比较困难。目前的解释器对语义错误是无能为力的，需要编程人员自己查找。这既需要经验的积累，也需要借助适当的程序调试技术与工具。

注：Python 源文件是一种纯文本文件，内部没有任何特殊格式，可以使用任何文本编辑器打开它。Python 源文件的后缀为. py。任何编程语言的源文件都有特定的后缀，后缀只是用来区分不同的编程语言，并不会导致源文件的内部格式发生变化。

1.3 Python 程序初识

1.3.1 简单的 Python 程序

例 1-1 每一门语言的第一个程序都是：输出“HelloWorld”字符串，输出结束后自动换行。

在 IDLE 窗口，选择 File→New File 命令，在编辑窗口输入代码：

```
print("Hello,world!")
```

选择 File→Save 命令，以 Hello_ world. py 为文件名并保存。然后选择 Run→Run Module 命令，执行 Hello_world. py 文件。在 IDLE 交互界面上显示结果为：

```
Hello,world!
```

该程序的功能就是执行 print 语句。print 语句能原样输出一对双引号之间的内容，即“Hello，world!”。print 语句输出结束后会自动换行。

print 语句能输出字符串，其格式如下：

```
print("字符串内容")      或者      print('字符串内容')
```

需要注意的是，引号和小括号都必须在英文半角状态下输入，而且 print 的所有字符都是小写。Python 是严格区分大小写的，print 和 Print 代表不同的含义。

字符串就是多个字符的序列，由双引号" " 或者单引号'' 包围，例如：

```
'Python is a language'
"Number is 1234567890"
"Python 的下载地址是:https://www.python.org/downloads/"
```

字符串中可以包含英文、数字、中文以及各种符号。

练习：编写程序，输出上面 3 个字符串。

例 1-2 根据屏幕提示输入一个学生的成绩，然后输出其成绩。

```
#This is a simple program of input and output
score=input("请输入你的 Python 语言成绩:")
print("你的 Python 语言成绩是:",score)
```

程序运行时，计算机屏幕首先出现下列提示：

```
请输入你的 Python 语言成绩:
如果输入：95.5
```

程序输出结果。程序输入和输出的最终形式是：

```
请输入你的 Python 语言成绩：95.5
你的 Python 语言成绩是：95.5
```

这个程序能够输入实数，并且能将此实数输出。

该程序中用到了变量、赋值运算符、input（）函数和运算符“+”。

```
score=input("请输入你的 Python 语言成绩:")
```

这是一个赋值语句，此处的“=”称为赋值运算符。该语句的功能是将键盘输入的成绩值赋给变量 score。

执行到 input( ) 函数时，程序暂时暂停执行，等待用户从键盘输入一个字符串，以回车键作为输入的结束，并把输入的字符串赋给赋值运算符“=”左侧的变量。

print（"你的 Python 语言成绩是:"，score）：这个 print 语句输出了两个值，一个是字符串"你的 Python 语言成绩是:"，一个是变量 score 中的数值，由于两个值属于不同的类型，中间用逗号隔开。

练习：根据屏幕提示输入一个学生的年龄，然后输出其年龄。

例 1-3 从键盘输入圆的半径，计算圆的面积并输出。

```
#Circle_Area.py
#计算圆的面积
r=input("请输入圆的半径:")                      #输入半径
area=3.14*float(r)*float(r)                     #计算面积
print("The area of circle is",area)             #输出圆的面积
```

程序运行结果：

```
请输入圆的半径:10
The area of circle is  314.0
```

#Circle_Area.py：这是对程序文件名的说明，说明存储该程序的文件名为 Circle_Area.py。以井号（#）开始直至本行结束，称为注释。注释可用于说明整个程序的功能与文件名，也可用于说明某段程序或某条语句的功能。该程序中的其他部分的注释就是分别说明整个程序功能或一条语句的功能。注释对程序的功能没有任何影响，有无注释及注释多少不影响程序的实际功能，注释只是方便人们阅读理解程序。

#计算圆的面积：这是对程序整体功能的说明，便于阅读者理解后面的程序代码。

area=3.14*float(r)*float(r)：这是一个赋值语句，该语句的功能是先计算出 3.14 和半径平方的乘积，然后将乘积赋给变量 area。float（r）的含义是把数字组成的字符串转换成相应的数值。

练习：从键盘输入长方形的长和宽，计算长方形的周长并输出。

从以上三个示例程序，可以总结出简单 Python 程序的一般结构是：

输入数据

处理数据

输出结果

当然，有一些特别简单的程序，也可能没有数据的输入和处理部分（如例 1-1）。但一般

程序都是由数据的输入、处理和输出三部分组成。按照这个结构可以编写一些简单的程序。

1.3.2　Python 语句缩进规则

Python 的作者有意地设计限制性很强的语法，使得不好的编程习惯（例如 if 语句的下一行不向右缩进）都不能通过编译。其中很重要的一项就是 Python 的缩进规则。

Python 没有像其他语言一样采用 {} 或者 begin…end 分隔代码块，而是采用代码缩进和冒号来区分代码之间的层次。

在 Python 中，对于类定义、函数定义、流程控制语句、异常处理语句等，行尾的冒号和下一行的缩进，表示下一个代码块的开始，而缩进的结束则表示此代码块的结束。

Python 编程每一层代码都存在对齐和缩进，对齐表示这两行代码在同一逻辑层，而缩进则表示这一行代码嵌套在上一逻辑层。

例如，下面这段 Python 代码（涉及目前尚未学到的知识，无需理解代码含义，只需体会代码块的缩进规则即可）：

```
#indentDemo.py
height=float(input("输入身高:"))                    #输入身高
weight=float(input("输入体重:"))                    #输入体重
bmi=weight/(height*height)                          #计算 BMI 指数
#判断身材是否合理
if bmi<18.5:
    #下面 2 行同属于 if 分支语句中包含的代码,因此属于同一层次
    print("BMI 指数为:"+str(bmi))                   #输出 BMI 指数
    print("体重过轻")
if bmi>=18.5 and bmi<24.9:
    print("BMI 指数为:"+str(bmi))                   #输出 BMI 指数
    print("正常范围,注意保持")
if bmi>=24.9 and bmi<29.9:
    print("BMI 指数为:"+str(bmi))                   #输出 BMI 指数
    print("体重过重")
if bmi>=29.9:
    print("BMI 指数为:"+str(bmi))                   #输出 BMI 指数
    print("肥胖")
```

Python 对代码的缩进要求非常严格，同一个级别代码块的缩进量必须一样，否则解释器会报 SyntaxError 异常错误。例如，对上面代码做错误改动，将位于同一层次中的两行代码的缩进量分别设置为 4 个空格和 3 个空格，如图 1-8 所示。

对于 Python 缩进规则，Python 要求属于同一层次中的各行代码，它们的缩进量必须一致，但具体缩进量为多少，并不做硬性规定。

通常来说，缩进一般采用缩进 4 个空格，这么做的目的是让代码更具有可读性。这一点

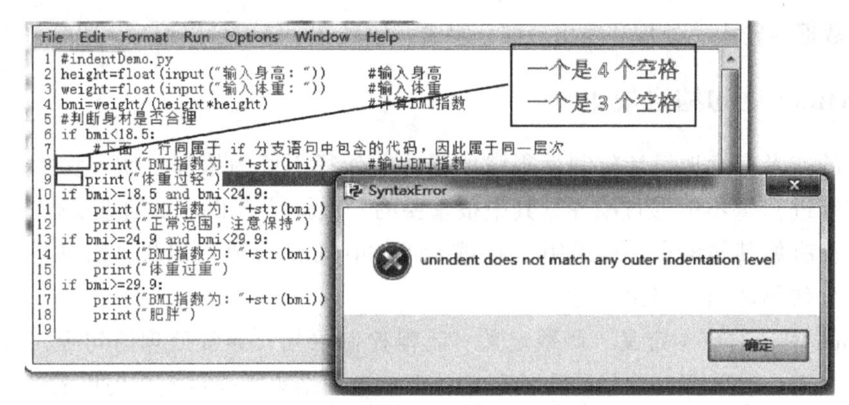

图 1-8　缩进不符合规范导致异常

十分重要，即 Python 的代码块采用缩进语法，一般是 4 个空格。

在使用 IDLE 开发环境编写 Python 代码时，如果想同时设置多行代码的缩进量，可以使用<Ctrl+]>和<Ctrl+[>快捷键，此快捷键可以使所选中代码快速缩进（或反缩进）。

Python 和其他大多数语言（如 C 语言）的一个区别是，一个模块的界限，完全是由每行的首字符在这一行的位置来决定的（而 C 语言是用一对花括号“{}”来明确地定出模块的边界，与字符的位置毫无关系）。通过强制的代码缩进（包括 if、for 和函数定义等所有需要使用模块的地方），Python 确实使得程序更加清晰和美观。

缩进有利有弊。好处是强迫你写出格式化的代码，但没有规定缩进是几个空格。按照约定俗成的惯例，应该始终坚持使用 4 个空格的缩进。

缩进的另一个好处是强迫你写出缩进较少的代码，你会倾向于把一段很长的代码拆分成若干函数，从而得到缩进较少的代码。

1.3.3　Python 语句行与注释

1. Python 语句行

Python 语句中一般以新行作为语句的结束符。但是我们可以使用斜杠（\）将一行的语句分为多行显示。例如：

```
num1=1
num2=2
num3=3
total=num1+\
num2+\
num3
print("total is : %d"%total)
```

语句中若包含 [ ]、{ } 或 ( ) 则不需要使用多行连接符。例如：

```
days=['Monday','Tuesday','Wednesday',
    Thursday','Friday']
print(days)
```

Python 代码中一行只能有一个语句，以新行作为语句的结束符。如果一行含有多个语句将会抛出异常。

```
>>> num1 =1,num2 =2,num3 =3
SyntaxError: cannot assign to literal
```

应改为一条多变量赋值语句：

```
>>> num1,num2,num3 =1,2,3
```

函数之间或类的方法之间用空行分隔，表示一段新代码的开始。类和函数入口之间也用一行空行分隔，以突出函数入口的开始。

空行与代码缩进不同，空行并不是 Python 语法的一部分。书写时不插入空行，Python 解释器运行也不会出错。但是空行的作用在于分隔两段不同功能或含义的代码，便于日后代码的维护或重构。

注意：空行也是程序代码的一部分。

2. 注释

注释（Comments）用来向用户提示或解释某些代码的作用和功能，它可以出现在代码中的任何位置。Python 解释器在执行代码时会忽略注释，不做任何处理，就好像它不存在一样。

注释的最大作用是提高程序的可读性，没有注释的程序没有人愿意阅读。

Python 支持两种类型的注释，分别是单行注释和多行注释。

1）Python 单行注释。Python 使用井号（#）作为单行注释的符号，语法格式为：

```
#注释内容
```

功能：从井号（#）开始，直到这行结束为止的所有内容都是注释。Python 解释器遇到#时，会忽略它后面的整行内容。

说明多行代码的功能时，一般将注释放在代码的上一行，例如：

```
#使用 print 输出字符串
print("Hello World!")
print("Number is 1234567890")
print("Python 的下载地址是:https://www.python.org/downloads/")
#使用 print 输出数字
print(100)
print( 3+100 * 2)
print( (3+100) * 2)
```

说明单行代码的功能时一般将注释放在代码的右侧，例如：

```
print("Python 下载地址:https://www.python.org/downloads/")
                                          #输出 Python 下载地址
print( 36.7 * 14.5 )                      #输出乘积
print( 100 % 7 )                          #输出余数
```

2）Python 多行注释。多行注释指的是一次性注释程序中多行的内容（包含一行）。

Python 使用三个连续的单引号（'''）或者三个连续的双引号（"""）注释多行内容，具体格式如下：

```
'''
使用 3 个单引号分别作为注释的开头和结尾
可以一次性注释多行内容
这里面的内容全部是注释内容
'''
```

或者

```
"""
使用 3 个双引号分别作为注释的开头和结尾
可以一次性注释多行内容
这里面的内容全部是注释内容
"""
```

功能：多行注释通常用来为 Python 文件、模块、类或者函数等添加版权或者功能描述信息。

Python 多行注释不支持嵌套，所以下面的写法是错误的：

```
'''
外层注释
    '''
    内层注释
    '''
'''
```

在调试（Debug）程序的过程中，注释还可以用来临时移除无用的代码。

在调试程序的过程中使用注释可以缩小错误所在的范围，提高调试程序的效率。例如，如果你觉得某段代码可能有问题，可以先把这段代码注释起来，让 Python 解释器忽略这段代码，然后再运行。如果程序可以正常执行，则可以说明错误就是由这段代码引起的；反之，如果依然出现相同的错误，则可以说明错误不是由这段代码引起的。

1.3.4 Python 编码规范

Python 采用 PEP 8 作为编码规范，其中 PEP 是 Python Enhancement Proposal（Python 增强建议书）的缩写，8 代表的是 Python 代码的样式指南。下面仅列出 PEP 8 中初学者应严格遵守的一些编码规则。

1）每个 import 语句只导入一个模块，尽量避免一次导入多个模块，例如：

```
#推荐
import os
import sys
```

```
#不推荐
import os,sys
```

关于 import 的含义和用法以后介绍，这里不必深究。

2）不要在行尾添加分号，也不要用分号将两条命令放在同一行，例如：

```
#不推荐
height = float (input ("输入身高:")) ; weight = float (input ("输入体重:")) ;
```

3）建议每行不超过 80 个字符，如果超过，建议使用小括号将多行内容隐式的连接起来，而不推荐使用反斜杠（\）进行连接。例如，如果一个字符串文本无法实现一行完全显示，则可以使用小括号将其分开显示，代码如下：

```
#推荐
s = ("Python 的设计哲学是“优雅”“明确”“简单”。"
"Python 开发者的哲学是“用一种方法,最好是只有一种方法来做一件事”。")
#不推荐
s = "Python 的设计哲学是“优雅”“明确”“简单”。\
Python 开发者的哲学是“用一种方法,最好是只有一种方法来做一件事”。"
```

> 注意，此编程规范适用于绝大多数情况，但以下两种情况除外：
> ① 导入模块的语句过长。
> ② 注释里的 URL（统一资源定位器，即网络地址）。

4）使用必要的空行可以增加代码的可读性，通常在顶级定义（如函数或类的定义）之间空两行，而方法定义之间空一行，另外，在用于分隔某些功能的位置时也可以空一行。比如说，在图 1-9b 这段代码中，if 判断语句同之前的代码实现的功能不同，因此这里可以使用空行进行分隔。

5）通常情况下，在运算符两侧、函数参数之间以及逗号两侧，都建议使用空格进行分隔。

最后，欣赏两段代码，如图 1-9 所示。它们所包含的语句是完全相同的，实现相同的功

```
#输入身高和体重
height=float(input("输入身高: "))
weight=float(input("输入体重: "))
bmi=weight/(height*height)#计算BMI指数
print("BMI指数为: "+str(bmi))#输出BMI指数
#判断身材是否合理
if bmi<18.5:print("体重过轻 ~@_@~")
if bmi>=18.5 and bmi<24.9:
    print("正常范围, 注意保持 (-_-)")
if bmi>=24.9 and bmi<29.9:print("体重过重 ~@_@~")
if bmi>=29.9:
    print("肥胖 ~@_@~")
```

a) 不规范的Python代码

```
'''
    @ 功能:根据身高、体重计算BMI指数
    @ 作者: 无名氏
    @ 创建时间: 2020-03-20
'''
#输入身高和体重
height=float(input("输入身高: "))
weight=float(input("输入体重: "))
bmi=weight/(height*height)                    #计算BMI指数
print("BMI指数为: "+str(bmi))                 #输出BMI指数

#判断身材是否合理
if bmi<18.5:
    print("体重过轻 ~@_@~")
if bmi>=18.5 and bmi<24.9:
    print("正常范围, 注意保持 (-_-)")
if bmi>=24.9 and bmi<29.9:
    print("体重过重 ~@_@~")
if bmi>=29.9:
    print("肥胖 ~@_@~")
```

b) 规范的Python代码

图 1-9　不规范的 Python 代码和规范的 Python 代码

能，只是书写格式不同。但哪段代码段更加规整，阅读起来会比较轻松、畅快呢？

习 题 1

1. 简述 Python 语言的特点。
2. 简述 Python 语言的应用领域。
3. 简述 Python 程序的执行过程。
4. 编写程序，输出“知识就是力量，性格改变命运”。
5. 编写程序，从键盘输入三角形的底边和高，计算三角形面积。
6. 编写程序，从键盘输入圆柱体的半径和高，计算圆柱体的表面积和体积。

第 2 章　基本数据类型与表达式

使用计算机处理数据，首先，计算机要知道处理的数据是什么，也就是把数据存到计算机内存里。其次，计算机要知道能对数据做什么操作。数据类型就是明确存储什么样的数据以及进行什么操作。这样计算机才能正确处理这些数据。数据有常量和变量，数值计算需要用到运算符和表达式，本章介绍常量、变量、基本数据类型、运算符和表达式等内容。

2.1　字符集、标识符与保留字

2.1.1　字符集

允许在 Python 程序中使用的单个字符集合称为 Python 字符集。

Python 字符集有 91 个符号：

1）英文字母（大写、小写）：A、B、C……X、Y、Z、a、b、c……x、y、z。

2）数字：0、1、2、3、4、5、6、7、8、9。

3）特殊符号：+、-、*、/、%、=、(、)、[、]、{、}、<、>、_（下划线）、|、\、#、?、~、!、,、;、'、"、.、$、^、&。

注意：在 Python 程序中，上述符号是英文字符（即在英文状态下输入这些字符）。程序中字符串里面的上述字符，可以是中文状态下字符。中文状态下的符号，如逗号，和英文状态下的逗号，在计算机中是两种不同符号。

2.1.2　标识符

标识符由字符集中的字符，按照一定的规则构成。程序中使用的各种数据对象，如符号常量、变量、方法、类等都需要名称，这种名称叫做标识符（identifier）。Python 的标识符由字母、数字、下划线（_）组成，但必须以字母或下划线开始。

定义标识符应注意以下几点：

1）必须以字母或下划线作为开始符号，数字不能作为开始符号。但以下划线开始的标识符一般都含有特殊含义，所以尽量不要使用下划线开始的标识符。因为 Python 语言使用 Unicode 字符集，因此，组成标识符的字母、数字都是广义的。例如，对字母，不仅限于英文的，还可以是希腊的、日文的等，甚至可以是中文的汉字。

2）标识符中只能出现字母、数字和下划线，不能出现其他符号。

3）Python 标识符是大小写敏感的，即同一字母的大写和小写，被认为是两个不同的字符。

4）Python 标识符没有字符数的限制。

5）保留字有特殊的含义，不能作为用户自定义的标识符使用。

6）不要使用函数名作为变量名。

7）尽可能地做到见名知意，使程序更容易理解。

习惯上，表示类的标识符用大写字母开头，表示变量、方法名的标识符用小写字母开头，表示常量名的标识符全部使用大写的字母。

下面 3 个标识符是非法的标识符：

```
7group          #以数字开始
open-door       #"-"不是字母或下划线,是其他符号
yield           # yield 是关键字,不能作为用户自定义的标识符使用
```

下面标识符虽然合法，却是 4 个不同的标识符：

```
Area、area、AREA、aREa          #标识符是大小写敏感的,不建议这样定义
```

下面标识符虽然合法，但是也不建议这样使用：

```
xy                                          #含义不明确
sum_of_scores_of_students_of_universities   #太长
```

下面是一些合法的标识符，并且符合见名知意的要求：

```
sum           #表示累加和
perimeter     #表示周长
totalScore    #表示总分数,从第二个单词开始,单词首字母大写
file_name     #两个单词之间用下划线连接
```

2.1.3 保留字

保留字（reserved word）又称为关键字，是 Python 语言本身使用的标识符，它有其特定的语法含义。所有的 Python 保留字将不能被用作标识符，如 for、while、import 等都是 Python 语言的保留字 Python 语言中所有保留字（33 个）见表 2-1。

表 2-1 Python 保留字

and	as	assert	break	class	continue
def	del	elif	else	except	False
finally	for	from	global	if	import
in	is	lambda	None	nonlocal	not
or	pass	raise	return	True	try
while	with	yield			

自定义标识符也不要与 Python 内置函数名、库函数名相同，如果名字相同，虽然定义标识符时不会报错，但使用函数名时会报错。例如：

```
>>> if =5                                   #if 是保留字,不能被用作标识符
SyntaxError: invalid syntax                 #句法错误
>>> print(len('abcde'))                     #len( )是求长度的函数
5                                           #字符串个数
>>> len=10                                  #函数名可以作为自定义标识符
>>> print(len('abcde'))                     #再次使用时,不再作为函数名
Traceback (most recent call last):
  File "<pyshell#10>",line 1,in <module>
    print(len('abcde'))
TypeError: 'int'object is not callable  #len 是整数类型,不能作为函数调用
```

2.2 基本数据类型

计算机程序处理的数据有各种形式。例如，用计算机处理职工的有关信息，职工的年龄和工资都可以进行加、减等算术运算，具有一般数值的特点。在 Python 语言中称为数值型。其中年龄是整数，所以称为整型，工资一般为实数，所以称为浮点型。但对职工的姓名这样的数据是不能进行任何算术运算的，这种数据具有文字的特征，由一系列字符或汉字组成，在 Python 语言中称为字符串。根据现实世界数据的不同形式，把数据划分为多种不同的类型。数据类型就是明确数据的取值范围、能进行的运算以及在内存的存储形式。也就是说，不同类型对象在计算机内存中表示方式不同，不同类型对象运算规则不同。

Python 提供了多种数据类型，包括整型、浮点型、布尔型和字符串型等基本数据类型。基本类型是不可再分割、可直接使用的类型。Python 还可以提供以这些基本类型为基础构建的列表、元组、字典、集合等组合数据类型。本节主要介绍几种常用的基本数据类型。

2.2.1 数值类型

1. 整型

整型数据是最普通的数据类型，可表示日常生活中的整数。

Python 中的整型常数有四种形式：十进制、二进制、十六进制和八进制。默认是十进制，表示其他进制通过前缀区别。

十进制整数以 10 为基数，用 0~9 这 10 个数字和正、负号组成，如 123，-456，0 等。在 Python 中，十进制整数的第一位数字不能为 0。

二进制整数以 2 为基数，用 0~1 这 2 个数字组成。二进制整数必须以 0b 或 0B 开始，如 0b101，0b10110110，0B110101 等。

十六进制整数以 16 为基数，用 0~9 的 10 个数字、字母 A~F（小写也可，代表 10~15 这些整数）和正、负号组成。十六进制整数必须以 0X 或 0x 作为开头。如 0x123，

-0xabc 等。

八进制整数以 8 为基数，用 0~7 的 8 个数字和正、负号组成。八进制整数必须用 0o 或 0O 开始，如 0o567，-0O123 等。

可以使用不同进制的数据进行计算：

```
>>> 119+0b1101                #十进制数 119 加上二进制数 0b1101
132                           #结果为十进制数
>>> 0xff-0o10                 #十六进制数 0xff 减去八进制数 0o10
247                           #结果为十进制数
>>> 0o23 * 0b11               #八进制 0o23 乘二进制数 0b11
57                            #结果为十进制数
>>> 0xff/0b10                 #十六进制数 0xff 除以二进制数 0b10
127.5                         #结果为十进制数
>>> 1/3                       #“/”代表除法,结果是浮点数
0.3333333333333333
>>> 1//3                      #“//”代表整除,结果是整数
0
```

Python 中整数的取值范围很大，理论上没有限制，实际取值受限于所用计算机内存容量。

```
>>> 2**1000                   #计算 2^1000
10715086071862673209484250490600018105614048117055336074437503883
70351051124936122493198378815695858127594672917553146825187145285692
31404359845775746985748039345677748242309854210746050623711418779541
82153046474983581941267398767559165543946077062914571196477686542167
660429831652624386837205668069376
```

2. 浮点型

在 Python 中，浮点型数据只有十进制形式。Python 的浮点型常量有标准和科学计数法两种表现形式。

1）标准形式，由数字和小数点组成，且必须有小数点，如 0.123，4.56，789.0 等。书写小数时必须包含一个小数点，否则会被 Python 当作整数处理。

2）科学计数法形式，数字中带 e 或 E，如 123e 或 4.56E3，其中 e 或 E 前必须有数字，且 e 或 E 后面的数字（表示以 10 为底的乘幂部分）必须为整数。

指数形式的浮点数举例：

2.1E5=2.1×10^{5}，其中 2.1 是尾数，5 是指数。

3.7E-2=3.7×10^{-2}，其中 3.7 是尾数，-2 是指数。

0.5E7=0.5×10^{7}，其中 0.5 是尾数，7 是指数。

```
>>> 5-8.0                           #整数和浮点数运算,结果是浮点数
-3.0
>>> 5.0 * 8
40.0
>>> 0.031415926 * 1e4
314.15925999999996                  #结果是近似值(其实是一个无限接近于结果的数字)
>>> 4/2                             #"/"代表除法,结果是浮点数
2.0
```

Python 语言要求所有的浮点数都必须带小数，以便于和整数进行区分。比如，8 是整数，8.0 是浮点数。虽然两个值相同，但两者在计算机内部的存储方式和计算处理方式是不一样的。

只要写成指数形式就是浮点数，即使它的最终值看起来像一个整数。例如，14E3 等价于 14000，但 14E3 是一个浮点数。

由于浮点数在计算机内部的存储是近似值。所以，浮点数的计算结果也是近似值。浮点数的取值范围和精度受不同计算机系统的限制而有所不同。一般都能满足日常工作和学习的计算需求。

Python 语言中，浮点数的取值范围没有整数大。例如，可以计算出 2^{10000} 的值，而计算 2.0^{10000} 时可能发生溢出。

```
>>> 2.0**10000
Traceback (most recent call last):
  File "<pyshell#42>",line 1,in <module>
    2.0**10000
OverflowError: (34,'Result too large')          #溢出错误,结果太大
```

3. 复数

复数由实部（real）和虚部（imag）构成，在 Python 中，复数的虚部以 j 或者 J 作为后缀，具体格式为：

```
real+imagj
```

real 表示实部，imag 表示虚部。复数的实部和虚部都是浮点型。虚数部分必须有后缀 j 或 J。虚数不能单独存在，它们总是和一个值为 0.0 的实数部分一起来构成一个复数。

复数由实数部分和虚数部分构成，可以用 a+bj 或 complex（a，b）表示。

```
>>> complex(3,4)                    #根据传入参数 3 和 4 创建一个新的复数
(3+4j)
>>> complex(8)                      #根据传入参数 8 创建一个新的复数
(8+0j)
>>> c1=2+3j                         #c1 代表复数 2+3j
```

```
>>> c1.real                    #该复数的实部
2.0
>>> c1.imag                    #该复数的虚部
3.0
>>> c1.conjugate()             #返回该复数的共轭复数
(2-3j)
>>> c1=2+3j
>>> c2=4+5j
>>> c1+c2                      #2 个复数作加法运算
(6+8j)
```

Python 支持复数，不过复数在当前阶段使用的较少，就不再具体介绍了。

2.2.2 字符串类型

字符串是由字符构成的一个序列，并视为一个整体。字符串的个数可以有零个，可以有多个。在 Python 程序中，字符串是由一对引号包围起来的字符序列，它有三种形式：

1）一对单引号包围的字符序列，如'电话号码'、'135123456789'。

2）一对双引号包围的字符序列，如"电话号码"、"135123456789"。

3）一对三引号包围的字符序列，如"电话号码"、"135123456789"。

在 Python 程序中使用字符串，需要注意以下几点：

1）起始和末尾的引号必须一致，要么两个都是双引号，要么两个都是单引号，要么两个都是三引号。

2）由双引号包围起来的字符串中可以出现单引号，不能出现双引号；由单引号包围起来的字符串中可以出现双引号，但不能出现单引号；由三引号包围起来的字符串中可以出现双引号和单引号。

```
>>> print("I'm not a teacher.")          #print 函数的参数就是字符串
I'm not a teacher.
>>> print('We are learning "Programming Using Python"')
                                          #单引号里出现双引号
We are learning "Programming Using Python"
```

3）要特别注意两个特殊的字符串，一个是单字符字符串（可称字符），另一个是不包含任何字符的字符串（称为空串）。

空格字符串和空串是不同的字符串。前者包含一个或多个空格，字符串的长度不为零；后者不包含任何字符，字符串的长度为零。

4）由三引号包围的字符序列，如果出现在赋值语句中或 print 函数中，当作字符串处理，如果直接出现在程序中，当做程序注释。

Python 使用 Unicode 字符集。Unicode 编码表中除了一般的中英文字符外，还有多个控制字符。要使用这些控制符，只能写成编码值的形式，直接书写编码值是比较麻烦的，也容易出错。因此，Python 提出了转义字符的解决办法。

在 Python 语言中，以反斜杠（\）开头的多个字符表示一个转义字符，转义字符不再是原来的意义，而是转换为新的含义。Python 中的转义字符见表 2-2。

表 2-2 转义字符

转义字符	描述
\ddd	1 到 3 位八进制数据所表示的字符(ddd)
\xhh	1 到 2 位十六进制数所表示的字符(hh)
\uxxxx	1 到 4 位十六进制数所表示的字符(xxxx)
\'	单引号字符（'\x27'）
\"	双引号字符（'\x22'）
\\	反斜杠字符（'\x5C'）
\r	回车（'\x0D）
\n	换行（'\x0A）
\f	走纸换页（'\x0C'）
\t	横向跳格（'\x09'）
\b	退格（'\x08'）

转义字符在书写形式上由多个字符组成，但 Python 将它们看作是一个整体，表示一个字符。例如，'\ n'、'\ 12'、'\ x0a'、'\ u000a'都表示换行。

Unicode 编码表中的所有字符（不论是可显示的中英文字符，还是不可显示的控制字符），都可以使用编码形式来表示。若写出一个不存在的转义字符，则会出错。

十六进制（\ xhh）、八进制（\ ddd）、十六进制（\ uxxxx）编码范围不一样：

十六进制（\ xhh）编码的范围是 0~255

八进制（\ ddd）编码的范围是 0~511

十六进制（\ uxxxx）编码的范围是 0~65535

```
>>> "Oct: \61\62\63\170\171\172"          #123xyz 的各种编码形式
'Oct: 123xyz'
>>> "Hex: \x31\x32\x33\x78\x79\x7A"
'Hex: 123xyz'
>>> "Unicode: \u0031\u0032\u0033\u0078\u0079\u007A"
'Unicode: 123xyz'
>>> "suits: \u2660\u2661\u2662\u2663"     #扑克牌四种花色从键盘无法输入
'suits: ♠♡♢♣'                             #可使用编码形式表示
```

如果字符串内部既包含'又包含" 怎么办？可以用转义字符\ 来标识。

```
>>> print('I\'m \"OK\"! ')                    #使用转义字符\'和\"
I'm "OK"!
```

转义字符\ 可以转义很多字符，比如\ n 表示换行，\ t 表示制表符，字符\ 本身也要转义，所以\ \ 表示的字符就是\ 。

```
>>> print('I\'m learning\nPython. ')              #使用转义字符\n
I'm learning
Python.
>>> print('网站\t\t 域名\t\t\t 年龄\t\t 价值')   #使用转义字符\t
网站          域名          年龄          价值
>>> infile=open("d:\test. txt","w+")              #字符串中\没有用转义字符,报错
>>> infile=open("d:\\test. txt","w+")             #字符串中\使用了转义字符\\,正确
```

如果字符串里面有很多字符都需要转义，就需要加很多\，为了简化，Python 还允许用 r"字符序列"表示字符串内的字符不转义，如：

```
>>> print('\\\n\\')
\
\
>>> print('\\\t\\')
\    \
>>> print(r'\\\t\\')
\\\t\\
>>>
```

如果字符串内部有很多换行，用\n 写在一行里不好阅读，为了简化，Python 允许用"'...'"的格式表示多行内容，如：

```
>>> print('''line1
line2
line3''')
line1
line2
line3
```

普通字符串跨多行时，也可在行尾用反斜线（\），如：

```
>>> print("Hello,\
how are you? ")
Hello,how are you?
```

输出原始字符串时字符串前面带'r'，如：

```
>>> print (r'C:\programe file\now\new')
C:\programe file\now\new
```

2.2.3 布尔类型

布尔类型是最简单的一种数据类型，布尔数据只有两个值：True 和 False，且都是保留

字，表示“真”和“假”这两种状态。关系运算和逻辑运算返回布尔类型的值。

注意两个逻辑值的首字母大写，其他字母小写。其他书写形式，如 FALSE、TRUE、false、true、FaLse 等都是不正确的。

值得一提的是，布尔类型可以当作整数来对待，即 True 相当于整数值 1，False 相当于整数值 0。因此，下边这些运算都是可以的：

```
>>> False+1
1
>>> True+1
2
```

注意，这里只是为了说明 True 和 Flase 对应的整型值，在实际应用中是不妥的，不要这么用。

此外，空值是 Python 里一个特殊的值，用 None 表示，表示不存在。None 不能理解为 0，因为 0 是有意义的，而 None 是一个特殊的空值，表示不存在。

2.3　常量与变量

2.3.1　常量

常量是指在整个程序的执行过程中，其值不能改变的数据（对象），也就是所说的常数。在用 Python 语言编写程序时，常量不需要类型说明就可以直接使用。常量的类型就是由常量字面本身所决定的。例如，-345 是整型常量，3.14 是浮点型常量，“Python”是字符串常量等。

在 Python 中，常量主要包括两大类，数值型常量和字符型常量。数值型常量是整型常量和浮点型常量，即整数和实数，字符型常量就是字符串。

2.3.2　变量

在中学代数中，我们可以用一个名称代表一个数据，这个名称称为变量，例如，可以用 x 代表整数 3，在代数中可以这样写：

```
令 x=3        或者直接写        x=3
```

这样，变量 x 就认为是值 3 的名称，并且可以在以后的代数式中使用这个变量 x。再比如，一辆火车以每小时 180km 的速度行驶，那么 5h 后，它行驶有多远？为了解决这个问题，我们可以用变量 v 代表火车速度，变量 t 代表火车行驶的时间，变量 s 代表火车行驶的距离。在代数中，一般这样写：

```
v=180                    #变量 v 代表数值 180
t=5                      #变量 t 代表数值 5
s=v * t                  #在代数式中使用变量 v 和 t,变量 s 代表数值 900
```

Python 语言也可以实现同样的操作。

```
>>> v=180
>>> t=5
>>> s=v * t
>>> s                          #显示 s 代表的数值
900
```

在 Python 中，变量是一个名称，对应存储在内存的一个数据。下面的语句形式称为赋值语句。

```
变量名=表达式
```

该语句首先计算等号右侧的表达式的值，然后将其结果的地址赋给左边的变量。当变量第一次出现在赋值语句的左边时，该变量即被创建，如上面例子中的变量 s。以后对该变量的赋值语句只是为这个变量赋予不同值的地址。

Python 中的变量遵循“赋值即创建，先赋值（或称定义）后使用”的原则，即表达式使用一个变量之前，该变量必须先使用赋值语句进行创建。一个数值（的地址）赋给了一个变量，就表示该变量代表这个数值。

```
>>> speed                                      #speed 没有赋值就使用,报错
Traceback (most recent call last):
  File "<pyshell#29>",line 1,in <module>
    speed
NameError: name 'speed'is not defined         #错误为 speed 没有被定义
>>> speed=180                                  #180 赋值给 speed
>>> speed                                      #显示 speed 代表的数值 180
180
```

每个变量均指向一个存储其数值的内存地址，数值本身没有赋给变量，而且每个变量都可以存储任何一个数值的地址。一旦变量被赋值了，这个变量在表达式中出现时，变量指向的数值会取代它。也就是说，变量如同标签，贴在哪个数值对象上面，就代表哪个数值对象。赋值语句就如同给数值对象贴标签。这和代数学里的变量定义是一样的，设变量 a 是什么数值，变量 a 就是什么数值。

任何对象（包括数字对象）都有三方面的内容：对象在内存中存储的地址（或称 id 号、身份号）、对象的类型和对象的值。

Python 提供了 2 个内置函数，分别用来求对象的内存地址（id 号）和对象的类型。

```
求出对象的类型的函数是:              type(变量或对象)
求出对象的内存地址(id 号)的函数是:   id(变量或对象)
>>> type(speed)              #求对象的类型,变量 speed 代表(指向)该对象
<class 'int'>
>>> id(speed)                #求对象的 id 号,变量 speed 代表(指向)该对象
8791431634176
```

实际上，上面结果的含义是：变量 speed 所代表 180 对象的地址（ID 号）是 8791431634176，类型是 int 型（即整型）。

变量名就是程序员自己定义的一种标识符，必须遵守标识符的命名规则。另外，为了增加程序的可读性，一般约定变量名全部用小写字母，多个单词之间用下划线连接，或者除首单词外，每个单词的首字母大写，其他都使用小写字母。由于大写字母就像变量名中的驼峰一样，因此这种命名称为驼峰命名法。

在 Python 中，有些常量使用变量名表示，如圆周率一般用 π 表示，由于键盘上没有这个符号，常用 PI 代表圆周率。同样，数学中的自然对数 e，常用 E 代表。通常，全部大写的变量名表示常量。

2.4　运算符与表达式

2.4.1　算术运算符与算术表达式

算术运算符按操作数的多少可分为一元（或称单目）和二元（或称双目）两类，一元运算符一次对一个操作数进行操作，二元运算符一次对两个操作数进行操作。算术运算符的操作数类型是数值类型。

算术运算符有七个：+（加或正号）、-（减或负号）、*（乘）、/（除）、//（整除）、%（求余）和 * *（幂运算）。其中+（正号）、-（负号）是一元运算符，其余是二元运算符。其运算规则及优先级顺序与数学中的含义相同，见表 2-3。

表 2-3　算术运算符

运算符	说明	实例	结果
+	加	12.45+15	27.45
-	减	4.56- 0.26	4.3
*	乘	5 * 3.6	18.0
/	除法(和数学中的规则一样)	7/2	3.5
//	整除(只保留商的整数部分)	7//2	3
%	求余,即返回除法的余数	7%2	1
* *	幂运算/次方运算,即返回 x 的 y 次方	2 * * 4	16,即 2^4

用算术运算符和相应的运算对象组成的运算式称为算术表达式。

算术运算符和数学中的运算符含义相同。只有除法（/）、整除（//）、取余（%）这几个运算符需要特别注意。

除法（/）的计算结果总是浮点数，不管是否能除尽，也不管参与运算的是整数还是浮点数。整数和浮点数都能使用整除运算符（//）。整数进行整除运算，结果为整数；浮点数进行整除运算，不管是否能整除，结果都为浮点数。

```
>>> 25/5
5.0
>>> 25//5
```

```
5
>>> 25.0//5
5.0
>>> 25//5.0
5.0
```

整数和浮点数都能进行求余运算。整数和整数求余，结果为整数；浮点数和浮点数求余，结果为浮点数；整数和浮点数求余，结果为浮点数。求余结果的正负和第一个数字没有关系，只由第二个数字决定。换句话说，只有当第二个数字是负数时，求余的结果才是负数。

```
>>> 15 %6
3
>>> -15 %6
3
>>> 15 %-6
-3
>>> -15 %-6
-3
>>> 7.7 %2.2
1.0999999999999996
>>> -7.7 %2.2
1.1000000000000005
>>> 7.7 %-2.2
-1.1000000000000005
>>> -7.7 %-2.2
-1.0999999999999996
>>> 23.5 %6
5.5
>>> -23.5 %6
0.5
>>> 23.5 %-6
-0.5
>>> -23.5 %-6
-5.5
```

注：在 Python 中，取余的计算公式是：r=a-n * (a//n)，这里 r 是余数，a 是被除数，n 是除数。不过在“a//n”这一步，当 a 是负数的时候，会向下取整，也就是说向负无穷方向取整。如-123%10=-123 - 10 * (-123 // 10) =-123 - 10 * (-13) = 7。

2.4.2　赋值运算符

赋值运算符“=”用来将一个数据的内存地址赋给一个变量。其语法格式为：

```
变量名=表达式
```

功能：求出表达式的值，并将其结果的内存地址赋给变量。

Python 支持多种数据类型，在计算机内部，可以把任何数据都看成一个“对象”，而变量就是在程序中用来指向这些数据对象的，对变量赋值就是把数据和变量关联起来。

当变量第一次出现在赋值语句的左边时，该变量即被创建。变量名在使用（或称引用）前必须先赋值。使用尚未进行赋值的变量名是一种错误。

```
>>> x
Traceback (most recent call last):
  File "<pyshell#0>",line 1,in <module>
    x
NameError: name 'x'is not defined    #名字错误,变量 x 没有定义
>>> x=234                            #创建变量 x,将 234 对象的内存地址赋给 x
>>> id(234)
8791435699136                        #对象 234 的内存地址
>>> id(x)
8791435699136                        #表明 x 指向(引用)对象是 234
>>> x
234                                  #表明 x 指向(引用)对象的值是 234
>>> type(x)
<class 'int'>                        #表明 x 指向(引用)对象的类型是整型 int
>>> y='Python'                       #创建变量 y,将'Python'对象的内存地址
                                      赋给 y
>>> id('Python')
32398896                             #对象'Python'的内存地址
>>> id(y)
32398896                             #表明 y 指向(引用)对象是'Python'
>>> y
'Python'                             #表明 y 指向(引用)对象的值是'Python'
>>> type(y)
<class 'str'>                        #表明 y 指向(引用)对象的类型是字符串 str
>>> z=True                           #创建变量 z,将 True 对象的内存地址赋给 z
>>> id(True)
8791435413328                        #对象 True 的内存地址
>>> id(z)
```

```
8791435413328                          #表明 z 指向(引用)对象是 True
>>> z
True                                   #表明 z 指向(引用)对象的值是 True
>>> type(z)
<class 'bool'>                         #表明 z 指向(引用)对象的类型是布尔型 bool
```

可见，一个变量可以存储任何一个对象的地址，即指向（引用）任何一个对象。

在 Python 中，变量遵循“赋值即创建，先赋值（或称定义）后使用”的原则。

```
>>> x=8                                #创建变量 x
>>> y=3 * x+5                          #先使用(引用)变量 x,求值后创建变量 y
>>> print(y)                           #输出 y 引用(指向)对象的值
29
```

变量不存储对象本身，只存储对象的地址。这样，一个变量被创建后，随后该变量可以多次接受不同类型对象的地址，即同一个变量可以被多次赋值。

```
>>> x=567                              #变量 x 指向整型对象 567
>>> id(x)
51576656                               #整型对象 567 的地址是 51576656
>>> type(x)
<class 'int'>
>>> x=2.71828                          #变量 x 指向浮点型对象 2.71828
>>> id(x)
45162192                               #浮点型对象 2.71828 的地址是 45162192
>>> type(x)
<class 'float'>

>>> x='Python 语言程序设计'            #变量 x 指向字符串对象'Python 语言程序设计'
>>> id(x)
51523888                               #字符串对象'Python 语言程序设计'的地址
                                        是 51523888
>>> type(x)
<class 'str'>
```

可见，变量存储的是其指向对象的地址。在 Python 中，对象是有类型的，变量是没有类型的。

注：对于类型简单且值较小的对象，如 int、str，Python 都会缓存这些对象，以便重复使用；在赋值时，先将变量值存储到内存单元，然后再将变量名称指向存储单元；多个相同值的变量名，会指向相同的地址；当值发生变化时，内存地址也会发生变化。这里，使用函数 id() 的目的是：说明变量只保存一个数据对象的地址，不保存数据对象的值。

```
>>> x=2.0            #创建一个对象 2.0,变量 x 指向(引用)2.0 对象
>>> id(x)
45162288             #对象 2.0 的地址
>>> y=2.0            #创建另一个对象 2.0,变量 y 指向(引用)另一个 2.0 对象
>>> id(y)
45162384             #是两个 2.0 对象,其地址不同
```

不要把赋值语句的等号等同于数学的等号。比如下面的代码：

```
x=10
x=x+2
```

如果从数学上理解 x=x+2 那无论如何是不成立的，在程序中，赋值语句先计算右侧的表达式 x+2，得到结果 12，再将对象 12 的内存地址赋给变量 x。由于 x 之前引用（指向）的是对象 10，重新赋值后，x 引用（指向）的是对象 12。

在 Python 中，赋值语句不会返回值。这一点和 C 语言中赋值语句不一样。因此，下面的语句是非法的：

```
>>> x=3
>>> y=(x=1)
SyntaxError: invalid syntax        #表达式 x=1 不返回值
```

2.4.3　类型转换

1. 自动类型转换

Python 支持不同的数据类型相加。当一个整数和一个浮点数相加时，系统会决定使用整数加法还是浮点数加法（实际上并不存在混合运算）。Python 使用数据类型强制转换的方法来解决数据类型不一致的问题，也就是说它会强制将一个操作数转换为同另一个操作数相同的数据类型。这种操作不是随意进行的，它遵循以下基本规则：

1）首先，如果两个操作数都是同一种数据类型，没有必要进行类型转换。仅当两个操作数类型不一致时，Python 才会去检查一个操作数是否可以转换为另一类型的操作数。如果可以，转换它并返回转换结果。

2）由于某些转换是不可能的，比如将一个复数转换为非复数类型，将一个浮点数转换为整数等，因此，转换过程必须遵守几个规则。要将一个整数转换为浮点数，只要在整数后面加个 .0 就可以了。要将一个非复数转换为复数，则只需要加上一个“0j”的虚数部分。

3）这些类型转换的基本原则是：整数转换为浮点数，非复数转换为复数。数据类型之间的转换是自动进行的，程序员无须自己编码处理类型转换。Python 提供了 coerce（ ）内建函数来帮助实现这种转换。在 Python 语言参考中这样描述 coerce（ ）方法：

如果有一个操作数是复数，另一个操作数被转换为复数。

否则，如果有一个操作数是浮点数，另一个操作数被转换为浮点数。

否则，如果有一个操作数是长整数，则另一个操作数被转换为长整数。

否则，两者必然都是普通整数，无须类型转换。

2. int ( ) 函数

int ( ) 函数用于将一个字符串或数字转换为整型。其语法格式是：

```
int(x,[base])
```

功能：将一个数字或 base 类型的字符串转换成整数。base 类型默认为十进制。x 可以是数字或字符串，但是 base 被赋值后 x 只能是字符串。

如果 int ( ) 中没有参数，返回值为 0：

```
>>> int()
0
```

int（数字）会计算出取整数后的值，默认十进制，向下取整：

```
>>> int(0.314e1)
3
>>> int(3.99999)
3
```

int ( ) 第一个参数除了是数字，还可以是字符串：

```
>>> int("45678")
45678
>>> int("10",16)
16
>>> int("1f",16)
31
```

int ( ) 第一个参数是字符串，第二个参数是 16。0x 可视作十六进制的符号。同理 0b 可视作二进制的符号：

```
>>> int('0x23',16)
35
```

int ( ) 第二个参数 base 可取值范围是 2~36，囊括了所有的英文字母（不区分大小写），十六进制中 F 表示 15，那么 G 在二十进制中表示 16，依此类推，Z 在三十六进制中表示 35：

```
>>> int('FZ',36)
575
```

下面是几种常见的错误：

```
>>> int("3.14159")          #出错,字符串不是十进制数字
>>> int(100,2)              #出错,base 被赋值后函数只接收字符串
>>> int('Pythontab',8)      #出错,Pythontab 不是一个八进制数字
>>> int('FZ',16)            #出错,FZ 不能用十六进制表示
```

3. float（ ）函数

float（ ）函数用于将整数和字符串转换成浮点数。其语法格式是：

```
float([x])
```

功能：将整数和字符串转换成浮点数。x 只能是三种类型的数据：

1）二进制、八进制、十进制、十六进制的整数。

2）bool（布尔值 True 和 False）。

3）表示十进制数字的字符串（如“32”）。

如果 float（ ）中没有参数，返回值为 0.0：

```
>>> float()
0.0
```

如果 float（ ）中参数是二进制、八进制、十进制、十六进制整数：

```
>>> print(float(18))          # 十进制的整数 18  打印出十进制小数 18.0
18.0
>>> print(float(0x41))        # 十六进制整数 41  打印出十进制小数 65.0
65.0
>>> print(float(0o41))        # 八进制整数 41  打印出十进制小数 33.0
33.0
>>> print(float(0b1101))      # 二进制整数 1101  打印出十进制小数 13.0
13.0
```

如果 float（ ）中参数是布尔值 True 和 False：

```
>>> print(float(True))        # 布尔值 True  打印出十进制小数 1.0
1.0
>>> print(float(False))        # 布尔值 False  打印出十进制小数 0.0
0.0
如果 float()中参数是字符串：
>>> float("32")            # 十进制数字的字符串(其他字符串不行)打印出 32.0
32.0
```

4. eval（ ）函数

eval（ ）是 Python 的一个内置函数，功能十分强大。其语法格式是：

```
eval(表达式)
```

功能：返回传入字符串的表达式的结果。也就是说，将字符串当成有效的表达式来求值并返回计算结果。

eval（ ）函数将由纯数字组成的字符串（包括正负号开始的数字）转换为整数。将由数字和一位小数点组合的字符串（包括正负号开始的指数表示形式）转化为浮点型数据：

```
>>> eval("-3458")
-3458
>>> eval("+2.71828")
2.71828
>>> eval("-0.031415926e2")
-3.1415926
```

eval（）函数会将字符串参数的引号去掉，然后对引号中的式子进行解析和计算：

```
>>> print(eval('x+1'))                #去掉表达式'x+1'的引号后,是 x+1
Traceback (most recent call last):
  File "<pyshell#183>",line 1,in <module>
      print(eval('x+1'))
  File "<string>",line 1,in <module>
NameError: name 'x'is not defined    #变量 x 未定义,出错
>>> x=1
>>> print(eval('x+1'))                #eval()函数对表达式 x+1 进行计算
2
>>> s='1+2+3* 5-2'
>>> print(eval(s))           #eval()函数对表达式 1+2+3* 5-2 进行计算
16
>>> s="我爱 Python"
>>> print(eval('s'))       #去掉表达式's'的引号后,是字符串"我爱 Python"
我爱 Python
>>> print(eval(s))          #去掉表达式 s 的引号后,是我爱 Python,没有此变量
Traceback (most recent call last):
  File "<pyshell#179>",line 1,in <module>
    print(eval(s))
  File "<string>",line 1,in <module>
NameError: name '我爱 Python'is not defined
>>> s='"我爱 Python"'
#eval()函数对去掉引号的字符串"我爱 Python"进行求值
>>> print(eval(s))
我爱 Python
```

在 eval（）函数中，字符串参数可以有函数：

```
>>> eval("abs(-3458)")                    #进行函数 abs(-3458)运算
3458
>>> eval("print(\"hello,world\")")        #执行 print()函数
hello,world
```

2.4.4　位运算符

位运算符用来对二进制位进行运算，运算操作数应是整数类型，结果也是整数类型。Python 中提供的位运算符见表 2-4。表中前四种称为位逻辑运算符，后两种称为算术移位运算符。

表 2-4　位运算符

运算符	实际操作	例子
~	按位取反	~ a
&	与运算	a & b
|	或运算	a | b
^	异或运算	a ^ b
<<	左移	a << b
>>	右移	a >> b

为了理解位运算符的功能，应掌握运算数据的二进制表示形式。Python 使用补码表示二进制数，在补码表示中，最高位为符号位。正数的符号位用 0 表示，其余各位代表数值本身。例如，+1 的 8 位补码为 00000001。负数的符号位用 1 表示，通常用将负数的绝对值的补码取反加 1 的方法来得到负数的补码。例如，-1 的 8 位补码为 11111111（-1 的绝对值的 8 位补码 00000001 按位取反加 1 为 11111110+1=11111111），-42 的补码为 11010110（-42 的绝对值的 8 位补码 00101010 按位取反加 1 为 11010101+1=11010110）。

Python 位运算符只能用来操作整数类型，它按照整数在内存中的二进制形式进行计算，而不是数据本身的二进制形式。

1. 按位取反运算符（~）

按位取反运算符（~）是一元运算符，对数据的各个二进制位取反，即将 0 变为 1，1 变为 0。例如，~9 可以转换为如下的运算：

~ 0000 0000 -- 0000 0000 -- 0000 0000 -- 0000 1001　（9 在内存中的存储）

1111 1111 -- 1111 1111 -- 1111 1111 -- 1111 0110　（-10 在内存中的存储）

使用 print 语句对上面的分析进行验证：

```
>>> print(~9)
-10
```

2. 按位与运算符（&）

参与运算的两个值，如果两个相应的位都为 1，则该位的结果为 1，否则为 0。即

0 & 0=0，0 & 1=0，1 & 0=0，1 & 1=1

例如，-9&5 可以转换成如下的运算：

```
  1111 1111 -- 1111 1111 -- 1111 1111 -- 1111 0111   （-9 在内存中的存储）
& 0000 0000 -- 0000 0000 -- 0000 0000 -- 0000 0101   （5 在内存中的存储）
------------------------------------------------------------------------
  0000 0000 -- 0000 0000 -- 0000 0000 -- 0000 0101   （5 在内存中的存储）
```

按位与可以用来把某些特定的位置 0（复位），其他位不变。这时只需将要置 0 的位同 0 与，而维持不变的位同 1 与。例如，要把 n 的高 16 位清 0，保留低 16 位，可以进行 n & 0XFFFF 运算（0XFFFF 在内存中的存储形式为 0000 0000 -- 0000 0000 -- 1111 1111 -- 1111 1111）。

```
  0100 1111 -- 1010 0110 -- 0000 0000 -- 0010 1101   （0X4FA6002D 内存中的存储）
& 0000 0000 -- 0000 0000 -- 1111 1111 -- 1111 1111   （0XFFFF 内存中的存储）
------------------------------------------------------------------------
  0000 0000 -- 0000 0000 -- 0000 0000 -- 0010 1101   （0X2D 在内存中的存储）
```

使用 print 语句对上面的分析进行验证：

```
>>> n=0X8FA6002D
>>> print("%X" % (n&0XFFFF))
2D
```

3. 按位或运算符（|）

参与运算的两个值，如果两个相应的位都为 0，则该位的结果为 0，否则为 1。即

0 | 0=0，0 | 1=1，1 | 0=1，1 | 1=1

例如，9 | 5 可以转换成如下的运算：

```
  0000 0000 -- 0000 0000 -- 0000 0000 -- 0000 1001   （9 在内存中的存储）
| 0000 0000 -- 0000 0000 -- 0000 0000 -- 0000 0101   （5 在内存中的存储）
------------------------------------------------------------------------
  0000 0000 -- 0000 0000 -- 0000 0000 -- 0000 1101   （13 在内存中的存储）
```

按位或可以用来把某些特定的位置 1（置位），而不影响其他位。这时只需将要置 1 的位同 1 或，而维持不变的位同 0 或。例如，要把 n 的高 16 位置 1，保留低 16 位，可以进行 n | 0XFFFF0000 运算（0XFFFF0000 在内存中的存储形式为 1111 1111 -- 1111 1111 -- 0000 0000 -- 0000 0000）。

```
  0000 0000 -- 0000 0000 -- 0000 0000 -- 0010 1101   （0X2D 在内存中的存储）
| 1111 1111 -- 1111 1111 -- 0000 0000 -- 0000 0000   （0XFFFF0000 在内存中的存储）
------------------------------------------------------------------------
  1111 1111 -- 1111 1111 -- 0000 0000 -- 0010 1101   （0XFFFF002D 在内存中的存储）
```

使用 print 语句对上面的分析进行验证：

```
>>> n=0X2D
>>> print("%X" %(n|0XFFFF0000))
FFFF002D
```

4. **按位异或运算符**（^）

参与运算的两个值，如果两个相应的位相同，则该位的结果为 0，否则为 1。即

0 ^ 0=0，0 ^ 1=1，1 ^ 0=1，1 ^ 1=0

例如，-9 ^ 5 可以转换成如下的运算：

```
  1111 1111 -- 1111 1111 -- 1111 1111 -- 1111 0111    （-9 在内存中的存储）
^ 0000 0000 -- 0000 0000 -- 0000 0000 -- 0000 0101    （5 在内存中的存储）
------------------------------------------------------------------------------
  1111 1111 -- 1111 1111 -- 1111 1111 -- 1111 0010    （-14 在内存中的存储）
```

按位异或也称为按位加，可用于求反某些位。要求求反的位同 1 异或，维持不变的位同 0 异或。这种运算有如下特性：(x^y) ^y=x。例如，要把 n 的高 16 位反转，保留低 16 位，可以进行 n ^ 0XFFFF0000 运算（0XFFFF0000 在内存中的存储形式为 1111 1111 -- 1111 1111 -- 0000 0000 -- 0000 0000）

```
  0000 1010 -- 0000 0111 -- 0000 0000 -- 0010 1101    （0X0A07002D 的存储）
^ 1111 1111 -- 1111 1111 -- 0000 0000 -- 0000 0000    （0XFFFF0000 的存储）
------------------------------------------------------------------------------
  1111 0101 -- 1111 1000 -- 0000 0000 -- 0010 1101    （0XF5F8002D 的存储）
```

使用 print 语句对上面的分析进行验证：

```
>>> n=0X0A07002D
>>> print("%X" %(n^0XFFFF0000))
F5F8002D
```

5. **左移运算符**（<<）

用来将一个数据的所有二进制位全部左移若干位，高位丢弃，低位补 0。

在不产生溢出的情况下，数据左移 1 位相当于乘以 2，而且用左移来实现乘法比乘法运算速度要快。例如，(-9)<<3 可以转换为如下的运算：

```
<< 1111 1111 -- 1111 1111 -- 1111 1111 -- 1111 0111    （-9 在内存中的存储）
------------------------------------------------------------------------------
   1111 1111 -- 1111 1111 -- 1111 1111 -- 1011 1000    （-72 在内存中的存储）
```

使用 print 语句对上面的分析进行验证：

```
>>> print("%X" %((-9)<<3))
-48
```

6. **右移运算符**（>>）

用来将一个数据的所有二进制位全部右移若干位，移出的低位被舍弃，高位补 0 或 1。如果数据的最高位是 0，那么就补 0；如果最高位是 1，那么就补 1。

例如（-9）>>3 可以转换为如下的运算

>> 1111 1111 -- 1111 1111 -- 1111 1111 -- 1111 0111　（-9 在内存中的存储）

1111 1111 -- 1111 1111 -- 1111 1111 -- 1111 1110　（-2 在内存中的存储）

右移 1 位相当于除以 2 取商，而且用右移来实现除法比除法运算速度要快。或者说，如果被丢弃的低位不包含 1，那么右移 n 位相当于除以 2 的 n 次方（但被移除的位中经常会包含 1）。

使用 print 语句对上面的分析进行验证：

```
>>> print("%X" % ((-9)>>3) )
-2
```

2.4.5 身份运算符

身份运算符用于比较两个对象的存储单元，见表 2-5。

表 2-5　身份运算符

运算符	描述	实例
is	is 是判断两个标识符是不是引用自同一个对象	x is y,类似 id(x) = = id(y)。如果引用的是同一个对象则返回 True,否则返回 False
is not	is not 是判断两个标识符是不是引用自不同对象	x is not y,类似 id(a) ! = id(b)。如果引用的不是同一个对象则返回结果 True,否则返回 False

在 Python 中，类型如 int、str，如果对象数值较小（ASCII 的范围内，或数值小于 257），Python 在创建对象时采用一种重用内存技术，即在赋值时，先将变量值存储到内存单元，然后再将变量名称指向存储单元；多个相同值的变量名会指向相同的地址；当值发生变化时，内存地址也会发生变化。例如：

```
>>> a=256
>>> b=256
>>> id(a)
8791435699840
>>> id(b)
8791435699840            #a 引用的对象和 b 引用的对象地址相同
>>> a is b
True                     #a 引用的对象和 b 引用的对象是同一个对象
```

对于较大的数，每次赋值都创建新对象。

```
>>> a=257
>>> b=257
>>> id(a)
51576240
>>> id(b)
```

```
51576496                #a 引用的对象和 b 引用的对象地址不同
>>> a is b
False                   #a 引用的对象和 b 引用的对象是不同的对象
```

对于浮点数、带汉字的字符串，Python 在创建对象时不采用重用内存技术。例如：

```
>>> a='Python'
>>> b='Python'
>>> a is b              #a 和 b 引用的对象是同一个对象'Python'
True
>>> x='语言'
>>> y='语言'
>>> x is y              #a 和 b 引用的对象不相同
False
>>> x is not y
True
```

注意：is 用于判断两个变量引用对象是否为同一个（同一块内存空间），==用于判断引用变量的值是否相等。

2.4.6　优先级和结合性

优先级和结合性是 Python 表达式中比较重要的两个概念，它们决定了先执行表达式中的哪一部分。

所谓优先级，就是当多个运算符同时出现在一个表达式中时，先执行哪个运算符。

例如，对于表达式 16+2 * 4，Python 会先计算乘法再计算加法，2 * 4 的结果为 8，16+8 的结果为 24，所以最终的值也是 24。先计算 * 再计算+，说明 * 的优先级高于+。

Python 支持几十种运算符，被划分成将近 20 个优先级，有的运算符优先级不同，有的运算符优先级相同，见表 2-6。

表 2-6　Python 运算符优先级和结合性一览表

运算符说明	Python 运算符	优先级	结合性	优先级顺序
小括号	( )	19	无	高
索引运算符	x[i] 或 x[i1: i2 [:i3]]	18	左	︿
属性访问	x. attribute	17	左	|
乘方	* *	16	右	|
按位取反	~	15	右	|
符号运算符	+(正号)、-(负号)	14	右	|
乘除	*、/、//、%	13	左	|
加减	+、-	12	左	|
位移	>>、<<	11	左	|

（续）

运算符说明	Python 运算符	优先级	结合性	优先级顺序
按位与	&	10	右	|
按位异或	^	9	左	|
按位或	|	8	左	|
比较运算符	==、!=、>、>=、<、<=	7	左	|
is 运算符	is、is not	6	左	|
in 运算符	in、not in	5	左	|
逻辑非	not	4	右	|
逻辑与	and	3	左	|
逻辑或	or	2	左	|
逗号运算符	exp1, exp2	1	左	|

所谓结合性，就是当一个表达式中出现多个优先级相同的运算符时，先执行哪个运算符：先执行左边的叫左结合性，先执行右边的叫右结合性。

例如，对于表达式 100/25 * 16，/和 * 的优先级相同，应该先执行哪一个呢？这个时候就不能只依赖运算符优先级决定了，还要参考运算符的结合性。/和 * 都具有左结合性，因此先执行左边的除法，再执行右边的乘法，最终结果是 64。

Python 中大部分运算符都具有左结合性，也就是从左到右执行；只有 * * 乘方运算符、单目运算符（例如 not 逻辑非运算符）和赋值运算符例外，它们具有右结合性，也就是从右向左执行。

总之，当一个表达式中出现多个运算符时，Python 会先比较各个运算符的优先级，按照优先级从高到低的顺序依次执行；当遇到优先级相同的运算符时，再根据结合性决定先执行哪个运算符：如果是左结合性就先执行左边的运算符，如果是右结合性就先执行右边的运算符。

2.5 常用系统函数

2.5.1 常用内置函数

内置函数是指 Python 解释器自带的函数，内置函数在 Python 编辑环境下可以直接使用。前面已经用过的 int（）、float（）、eval（）等函数都是 Python 的内置函数。

利用 dir（）函数可以直接查看 Python 的所有内置函数和内置对象：

```
dir(__builtins__)
```

使用 help（）函数可以查看某个内置函数的用法，利用其查看 abs（）函数的用法：

```
help(abs)
```

Python 常用内置函数见表 2-7。

表 2-7　Python 常用的内置函数

函数		功能
数学函数	abs(x)	返回 x 的绝对值。x 可以是整数、浮点数。如果 x 是一个复数，则返回它的模
	max(x)	返回 x 中最大的元素，x 为可迭代对象，如列表、元组、字典、集合、字符串等
	min(x)	返回 x 中最小的元素，x 为可迭代对象，如列表、元组、字典、集合、字符串等
	sum(x)	对 x 中的元素求和并返回总值
	pow(x,y[,z])	返回 x 的 y 次幂。计算规则 (x**y) % z
	round(x[,n])	返回 x 舍入到小数点后 n 位精度的值，即对 x 四舍五入，保存 n 位小数
	divmod(a,b)	返回一对商和余数。对于整数结果是(a // b,a % b)，对于浮点数结果是(q,a % b)，q 通常是 math. floor(a/b)，但可能会比 1 小
功能函数	callable(object)	如果 object 是可调用的返回 True，否则返回 False
	isinstance(object,classinfo)	如果 object 是 classinfo 的实例返回 True，否则返回 False
	range(start,stop[,step])	返回一个等差数列的 range 对象，不包括终值
	type(object)	返回 object 的类型
	id(object)	返回对象的“标识值”。该值是一个整数，在此对象的生命周期中保证是唯一且恒定的
	help(obj)	返回对象或模块的帮助信息
	dir(x)	返回指定对象或模块的成员列表
类型转换函数	int(x)	将 x 转换成整数类型
	float(x)	将 x 转换成浮点数类型
	complex(real,[,imag])	创建一个复数
	str(x)	将 x 转换为字符串
	repr(x)	将 x 转换为可打印表示形式的字符串
	eval(str)	计算在字符串中的有效 Python 表达式，并返回一个对象
	chr(x)	将整数 x(Unicode 编码值)转换为一个字符
	ord(x)	将一个字符 x 转换为它对应的整数值(Unicode 编码值)
	hex(x)	将一个整数 x 转换为一个十六进制字符串
	oct(x)	将一个整数 x 转换为一个八进制的字符串
序列处理函数	len(s)	返回对象 s 的长度(元素个数)。s 是序列(如 string、bytes、tuple、list 或 range 等)或集合(如 dictionary、set 等)
	filter(function,iterable)	用 iterable 中函数 function 返回真的那些元素，构建一个新的迭代器。即(item for item in iterable if function(item))
	map(function,iterable)	返回一个将 function 应用于 iterable 中每一项并输出其结果的迭代器
	sorted(iterable[,key = None[,reverse = False]])	根据 iterable 中的项返回一个新的已排序列表。reverse 为 True，则每个列表元素将按反向顺序比较进行排序
	zip(seq1[,seq2[...]])	返回一个元组的迭代器，其中的第 i 个元组包含来自每个参数序列或可迭代对象的第 i 个元素
	reversed(seq)	返回序列 seq 的逆序

注：方括号表示可选参数。

内置函数众多且功能强大，很难一下子全部解释清楚。这里只通过几个例子演示部分内置函数的使用。

1）abs（ ）返回给定参数的绝对值。如果参数是一个复数，那么就返回 math. sqrt（num. real2+num. imag2）。

```
abs(3-4j)                        #结果为复数的模 5.0
```

2）divmod（ ）内置函数把除法和取余运算结合起来，返回一个包含商和余数的元组。对整数来说，divmod（num1，num2）返回的商是 num1 整除 num2 的结果，返回的余数是 num1 对 num2 取余操作的结果，对浮点数来说，返回的商部分是 math. floor（num1/num2）；对复数来说，商部分是 math. floor((num1/num2). real)。

```
divmod(10,3)                     #结果为(3,1)
divmod(10,2.5)                   #结果为(4.0,0.0)
divmod(2.5,10)                   #结果为(0.0,2.5)
divmod(2+1j,2.3+4.3j)            #结果为(0j,(2+1j))
```

3）round（ ）用于对浮点数进行四舍五入运算。它有一个可选的小数位数参数。如果不提供小数位参数，它返回与第一个参数最接近的整数（但仍然是浮点类型）。第二个参数告诉 round 函数将结果精确到小数点后指定位数。

```
round(3)                         #结果为 3.0
round(3.154)                     #结果为 3.0
round(3.499999,1)                #结果为 3.5
```

4）pow(x,y,z) 的参数可以是 2 个（z 可以为空）或者 3 个。参数为 2 个时，其功能是计算 x＊＊y，参数为 3 个时，其功能是计算（x＊＊y）% z。

```
pow(2,3,4)                       #计算(2**3) % 4,结果为 0
```

5）callable（ ）函数的功能是判断函数是否可以调用。

```
def getname():                   #定义函数
    print("name")
callable(getname)                #判断函数 getname 是否可用,结果为 True
s='Python'
isinstance(s,str)                #判断 s 是否是 str 类型的对象,结果为 True
```

6）chr(x) 和 ord(x) 是一对功能相反的函数。ord(x) 用来返回单个字符的 Unicode 编码或 ASCII 码；chr(x) 则用来返回指定 ASCII 码或 Unicode 编码对应的字符。str(x) 直接将任意类型的参数转换为字符串。

```
ord('P')                         #结果为 80
chr(80)                          #结果为'P'
ord('语')                        #结果为 35821
chr(35821)                       #结果为'语'
hex(35821)                       #结果为'0x8bed'
print('\u8bed')                  #结果为语
```

7）dir( ) 和 help( ) 这两个函数非常有用。使用 dir( ) 函数可以查看指定模块中包含的所有成员或指定对象类型所支持的操作。而 help( ) 函数则返回指定模块或函数的说明文档。如果想了解一个内置函数的功能，可以通过 help( ) 函数查看该函数的使用帮助。初学者应尽快养成使用这两个函数的习惯。

2.5.2 常用模块函数

Python 程序设计语言包含了一些函数和类。为了使 Python 语言能高效地运行，以及使用更加方便，Python 语言只将一些核心函数和类作为内置的函数和类。除了内置函数外，Python 还定义了许许多多的函数和类，它们被组织在一起，称为模块函数。每个模块包含一组特定应用领域相关的函数和类。本节介绍最常用的数学模块。

Python 语言核心仅支持基本的数学运算符，如果需要使用其他数学函数，例如二次方根函数和三角函数，则需要数学模块。数学模块包含数学常量和许多数学函数。其主要功能有：

1）幂数：幂次方、二次方根。

2）对数：2、10、e 相关的对数操作。

3）圆相关：π、弧度与角度的转换。

4）三角函数：正三角函数、反三角函数。

5）其他常用：小数的整数部分、向上取整、向下取整、两个数的最大公约数、取余数等。

要使用数学模块中的函数，必须先显式导入该模块。

```
import math
```

数学模块包含的数学常量有：math.pi 和 math.e。

```
>>> math.pi                 #值为 3.141592653589793
>>> math.e                  #值为 2.718281828459045
```

1）幂数（幂次方、二次方根）的使用举例：

```
# pow(x,y):返回 x 的 y 次方
print(math.pow(2,4))              #2**4
# sqrt(x):求 x 的二次方根
print(math.sqrt(16))              #4.0
# factorial(x):取 x 的阶乘的值
print(math.factorial(5))          #5*4*3*2*1 的运算结果为 120
```

2）对数（2、10、e 相关的对数操作）的使用举例：

```
# 常数 e
math.e                          #2.718281828459045
# exp(x):返回常数 e 的 x 次方
math.exp(2)                     #7.38905609893065,相当于 math.e**2
# log2(x):返回 x 的以 2 为底的对数
```

```
print(math.log2(128))               # 7
# log10(x):返回 x 的以 10 为底的对数
print(math.log10(100))              # 2
# log(x,base):返回 x 的自然对数,默认以 e 为基数,base 参数给定时,将 x 的对数
返回给定的 base,计算式为:log(x)/log(base)
print(math.log(256,4))              # 4
```

3）圆相关（π、弧度与角度的转换）的使用举例：

```
# pi:常数 π,圆周率
print(math.pi)                      # 3.141592653589793
angle=30                            # 30 度
# radians:把角度 x 转换成弧度
print(math.radians(angle))          # 0.5235987755982988
print(30 * math.pi/180)             # 效果相同
# degrees:把 x 从弧度转换成角度
temp=math.radians(angle)
print(math.degrees(temp))         # 29.999999999999996
```

4）三角函数（正三角函数、反三角函数）的使用举例：
math 模块对正三角函数的计算，变量是弧度，所以在计算时需要先将角度转换为弧度：

```
angle=30                            # 30 度
radian=math.radians(angle)          # 角度转换成弧度
print(math.sin(radian))
print(math.cos(radian))
print(math.tan(radian))
```

math 模块对反三角函数的计算，返回值是弧度：

```
h=math.asin(0.5)              # sin(30)=0.5
print(math.degrees(h))          # 30.000000000000004
h=math.acos(0.5)              # cos(60)=0.5
print(math.degrees(h))          # 60.00000000000001
h=math.atan(1)                # tan(45)=1
print(math.degrees(h))          # 45.0
```

5）其他常用数学函数的使用举例：

```
# trunc(x):返回 x 的整数部分
print(math.trunc(8.3))              # 8
# ceil(x):取大于等于 x 的最小的整数值,如果 x 是一个整数,则返回 x
print(math.ceil(10.2))              # 11
```

```
# floor(x):取小于等于 x 的最大的整数值,如果 x 是一个整数,则返回自身
print(math.floor(15.3))             # 15
# fabs(x):返回 x 的绝对值
print(math.fabs(-13))               # 13.0
# modf(x):返回由 x 的小数部分和整数部分组成的元组
print(math.modf(132.333))           # (0.3329999999999984,132.0)
# copysign(x,y):把 y 的正负号加到 x 前面,可以使用 0
print(math.copysign(10 ,-15))       # -10.0
# fmod(x,y):得到 x/y 的余数,其值是一个浮点数
print(math.fmod(15,2))              # 1.0
# gcd(x,y):返回 x 和 y 的最大公约数
print(math.gcd(8,100))              # 4
# frexp(x):返回一个元组(m,e),其计算方式为:x 分别除 0.5 和 1,得到一个值的范围
print(math.frexp(10))
# fsum(x):对迭代器里的每个元素进行求和操作
print(math.fsum([1,2,3,4]))         # 10.0
# isfinite(x):如果 x 是正无穷大或负无穷大,则返回 False,否则返回 True
# isinf(x):如果 x 是正无穷大或负无穷大,则返回 True,否则返回 False
# isnan(x):如果 x 不是数字返回 True,否则返回 False
print(math.isnan(1.222))
```

习　题　2

1. 叙述定义标识符的规则及注意事项。
2. 为什么 Python 语言要使用数据类型？
3. 空串和空格串的区别是什么？
4. 叙述转义字符的含义和用途。
5. 空值的含义是什么？
6. “5.” 是整数还是浮点数？
7. 简述变量的 3 个属性。
8. 解释 Python 中的运算符/和//的区别。
9. 解释运算符%是否可以对浮点数进行求余运算，如何确定求余结果的正负？
10. 下面的赋值语句是否合法？

```
b=(a=a+5)
```

11. 叙述 int( )、float( )、eval( ) 函数的区别。
12. round( ) 一定能实现指定位的四舍五入吗？

第 3 章 顺序结构程序设计

顺序、分支、循环是程序设计的三种基本结构。顺序结构是指程序按照源文件中的代码顺序，逐条执行。为了让计算机完成一项任务，需要描述完成任务的一系列操作步骤，每一个操作步骤都是由语句来实现的。这些描述操作步骤的语句构成了程序。Python 程序是由语句构成的，完成数据的输入、处理和输出。

本章首先介绍顺序结构程序设计，然后重点讨论赋值语句以及数据的输入和输出，最后介绍程序设计基本步骤与调试。

3.1 顺序结构程序设计

Python 程序是由多个 Python 语句序列构成的。Python 语句序列存储在一个或多个文件中，文件是由程序开发人员使用编辑器创建的。

执行 Python 程序就是按顺序执行 Python 语句序列，即按照语句出现的先后次序顺序执行，并且每个语句都会被执行到。

例 3-1 下面通过一个只有四行的 Python 程序，说明 Python 语句的顺序执行过程。程序保存在 four. py 文件中。注意文件的扩展名为 py。

```
#four.py
print("This is the 1st line.")
print("This is the 2nd line.")
print("This is the 3rd line.")
print("This is the 4th line.")
```

程序运行结果为：

```
This is the 1st line.
This is the 2nd line.
This is the 3rd line.
This is the 4th line.
```

通过程序运行结果，可以很清楚地看到 Python 程序是按照程序中 Python 语句的顺序执行的。

练习：编程打印一首唐诗或下面一首英文诗。

To see a world in a grain of sand, 一沙见世界

And a heaven in a wild flower,　　　　一花窥天堂
Hold infinity in the palm of your hand,　　　　手心握无限
And eternity in an hour.　　　　须臾纳永恒

一条 Python 语句完成一个具体的数据处理功能，如上面的四行 Python 程序，每一条语句完成一个输出打印功能，顺序执行完所有的语句，就实现了程序的功能。有时需要根据不同的情况来执行不同的特定代码。为此，Python 引入了条件语句，控制程序根据不同的条件执行不同的代码。有时一些代码需要反复执行，为此，Python 引入了循环语句，控制这些代码的执行次数。

可见，有的 Python 语句完成一个具体的数据处理功能，有的 Python 语句用来控制程序的执行流程。

顺序结构、分支结构和循环结构是程序设计的三种基本结构。由这三种基本结构组成的程序是结构化程序。结构化程序设计方法是一种规范的、面向过程的程序设计方法。

3.2　赋值语句

Python 程序是由 Python 语句组成的，下面介绍一些常用的 Python 语句用法，用来设计 Python 基本程序。

3.2.1　赋值语句的基本格式

在代数中，一个三角形的三条边分别是勾三、股四、弦五，求这个三角形的周长，我们常常是这样做的：

设 a=3　b=4　c=5

则周长 s=a+b+c

上述问题，用 Python 语句编写，代码如下：

```
a=3
b=4
c=5
s=a+b+c
```

在 Python 程序中，编写的 Python 语句几乎和代数是一样的，仅仅是去掉了“设、则周长”等辅助性的汉字说明。

在 Python 世界里，上述程序执行过程可解释为：创建了 4 个对象，前 3 个分别存储 3、4、5 数值，分别由变量 a、b、c 标识（或指向、引用）3 条边对象，变量 s 标识周长对象。如图 3-1 所示。

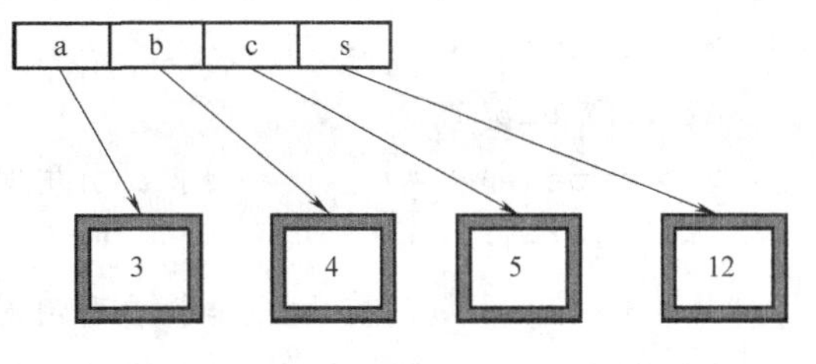

图 3-1　赋值给新变量 a、b、c 和 s

赋值语句的基本格式：

变量=表达式

其中变量部分是一个标识符，等号表示赋值。赋值语句把表达式值所在的对象用变

量来标识，或者说赋值给变量。

赋值语句有两个作用：一是创建新对象并存储表达式的值，二是定义新变量并标识（或引用）对象。赋值语句中的等号是赋值运算符，也称赋值号。

变量必须先定义后使用，即变量标识或引用某个具体有值对象后，才能使用。或简单地说，赋过值的变量可以在表达式中使用。如给变量 a、b、c 赋过值后，就可以使用 s=a+b+c 这条赋值语句。使用没有定义的变量是错误的。如变量 a、b、c 中只要有一个变量没有赋过值，那么使用赋值语句 s=a+b+c 时就会出错。

变量赋值就是定义。Python 允许在代码中随时定义新变量，不需要声明。给原来没有定义过的变量赋值，该变量就有了定义。如求周长 s 之前，就随时引进了 3 个新变量 a、b、c。

要特别注意赋值运算符（=）和相等运算符（==）的区别：x=7 是对象的值为 7，并用 x 变量来标识该对象；x==7 这是一个布尔表达式，比较变量 x 标识对象的值和数值 7 是否相等。如果两者相等，则返回 True，如果两者不等，则返回 False。

```
>>> x=7
>>> x==7
True
```

表达式可以是任何类型，可以是整型、浮点型、复数型、字符串型、布尔型，也可以是列表、元组、集合、字典等组合类型。

计算机中的每一个数据对象都是有类型的，都在内存中占据一定的空间，我们通过定义一个变量来标识（引用）该数据对象，通过 type（变量）函数得到该数据对象的类型，通过 id（变量）得到该数据对象的内存地址（即身份号）。例如，a=7 就是定义一个变量 a 来标识数值 7 对象，数值 7 对象的类型是整型，可通过 type（a）求得，数值 7 对象的内存地址（即身份号）可通过 id（a）求得。另外，变量所引用的对象可随程序的执行发生变化。如：

```
>>> a=7                      #此时 a 引用整型对象 7
>>> print("a=",a)
a= 7
>>> type(a)                  #求 a 引用对象的类型
<class 'int'>
>>> id(a)                    #求 a 引用对象的 id 号,即身份号
8791461250912                #上述操作如图 3-2 所示
>>> a=2.71828                #此时 a 引用浮点型对象 2.71828
>>> print("a=",a)
a= 2.71828
>>> type(a)                  #求 a 引用对象的类型
<class 'float'>
>>> id(a)                    #求 a 引用对象的 id 号,即身份号
47090000                     #上述操作如图 3-3 所示
```

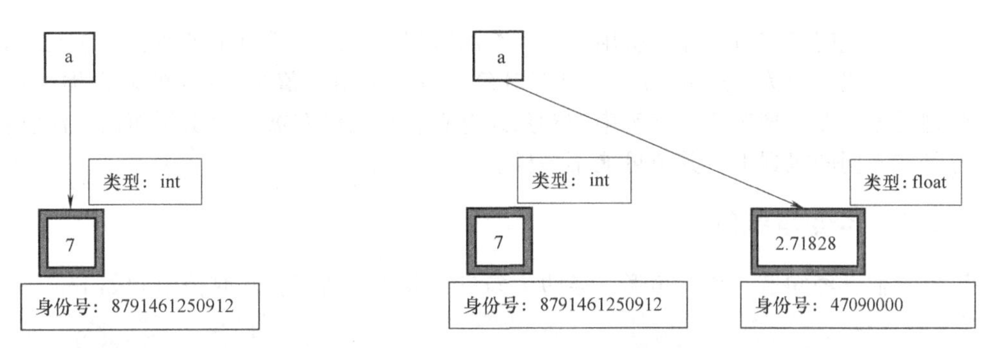

图 3-2　赋值语句 a=7 示意图　　　　图 3-3　赋值语句 a=2.71828 示意图

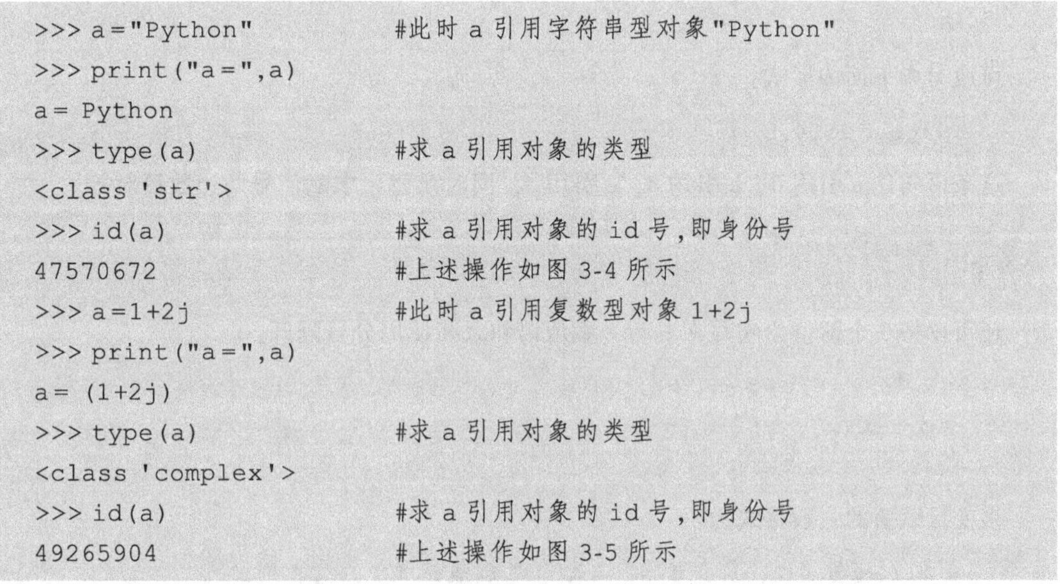

```
>>> a="Python"              #此时 a 引用字符串型对象"Python"
>>> print("a=",a)
a= Python
>>> type(a)                 #求 a 引用对象的类型
<class 'str'>
>>> id(a)                   #求 a 引用对象的 id 号,即身份号
47570672                    #上述操作如图 3-4 所示
>>> a=1+2j                  #此时 a 引用复数型对象 1+2j
>>> print("a=",a)
a= (1+2j)
>>> type(a)                 #求 a 引用对象的类型
<class 'complex'>
>>> id(a)                   #求 a 引用对象的 id 号,即身份号
49265904                    #上述操作如图 3-5 所示
```

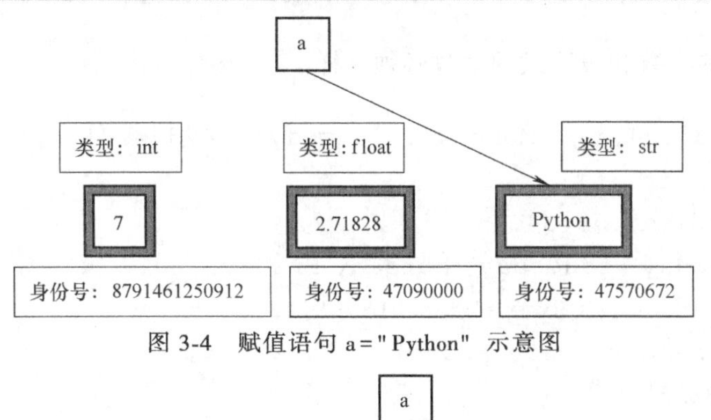

图 3-4　赋值语句 a="Python" 示意图

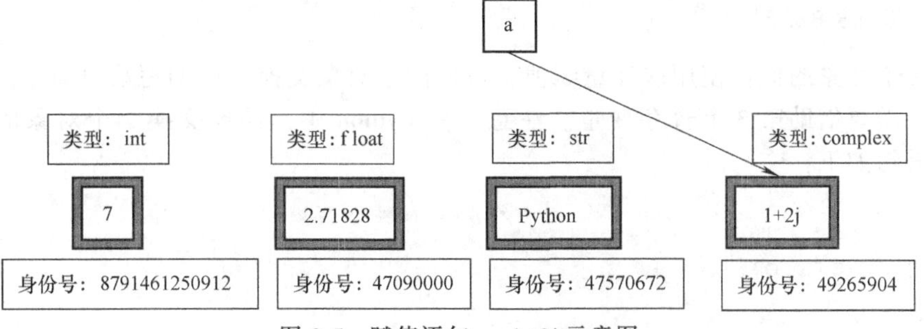

图 3-5　赋值语句 a=1+2j 示意图

上面说明了变量 a 开始引用了值为 7 的整型对象，然后引用了值为 2.71828 的浮点型对象，再引用了值为 Python 的字符串型对象，最后引用了值为 1+2j 的复数类型对象。此时，整型对象、浮点型对象、字符串型对象还存在，只是没有被变量引用而已。注意：对象的身份号在不同的机器上，其值可能不一样。

3.2.2 多变量赋值

我们已经知道一个三角形三条边为勾三、股四、弦五，其赋值语句如下：

```
a=3
b=4
c=5
```

可改写成下面的形式：

```
>>> a,b,c=3,4,5
```

这条语句让 a 引用 3，b 引用 4，c 引用 5，同时赋值要求赋值号两边数目对等。

```
>>> print(a,b,c)
3 4 5
```

还可以将 3 个赋值语句写在一行，赋值语句之间使用分号隔开：

```
>>> x=3;y=4;z=5
>>> print(x,y,z)
3 4 5
```

多变量赋值的一般格式为：

```
变量名 1,变量名 2,…,变量名 n=表达式 1,表达式 2,…,表达式 n
```

注意：变量的个数和表达式的个数必须一样。

```
>>> d1,d2,d3,d4,d5='Monday','Tuesday','Wednesday','Thursday',
'Friday'
>>> print(d1,d2,d3,d4,d5)
Monday Tuesday Wednesday Thursday Friday
>>> name,sex,age,score='张三','男',18,88.5
>>> print(name,sex,age,score)
张三 男 18 88.5
```

交换两个对象的值：使用多变量赋值，可使两个对象交换其值的写法更简单。不使用多变量赋值，需要借助第 3 个暂存变量。注意：在 Python 中，需要交换 2 个对象的类型可以不一样。语句如下：

```
>>> a,b=8,'lang'            #字符串和整数交换
>>> print(a,b)
8 lang
```

```
>>> a,b=b,a
>>> print(a,b)
lang 8
>>> a,b=5,1+2j              #复数和整数交换
>>> print(a,b)
5 (1+2j)
>>> temp=a                  #借助第 3 个暂存变量 temp
>>> a=b; b=temp
>>> print(a,b)
(1+2j) 5
```

多个变量可以赋同一个值，其语法格式是：

```
变量 1=变量 2=变量 3=表达式
```

等价于（赋值处理过程）：

```
temp=表达式
变量 1=temp
变量 2=temp
变量 3=temp
```

链式赋值用于给多个变量赋同一个值。例如：

```
>>> a=b=3+2
>>> id(a)
8791435691808
>>> id(b)
8791435691808                #变量 a 和 b 指向同一个地址 8791435691808
>>> print(a,b)
5 5                          #变量 a 和 b 的值都为 5
```

Python 赋值的流程如下：先计算表达式 3+2 的值，得到对象 5，然后将对象 5 的内存地址传递给 temp，接着 temp 先传递给变量 a，再传递给变量 b。

注意：y=x=1 合法，y=(x=1)非法。

多个变量定义相同的值，有下面几种写法，语句如下：

```
>>> a,b,c,d=8,8,8,8
>>> print(a,b,c,d)
8 8 8 8
>>> a=b=c=d=9
>>> print(a,b,c,d)
9 9 9 9
>>> a=1
```

```
>>> b=a
>>> c=b
>>> d=c
>>> print(a,b,c,d)
1 1 1 1
```

总之，不管哪种写法，都是多个变量引用同一个对象。如图 3-6 所示，引用值为 8 的那个对象。

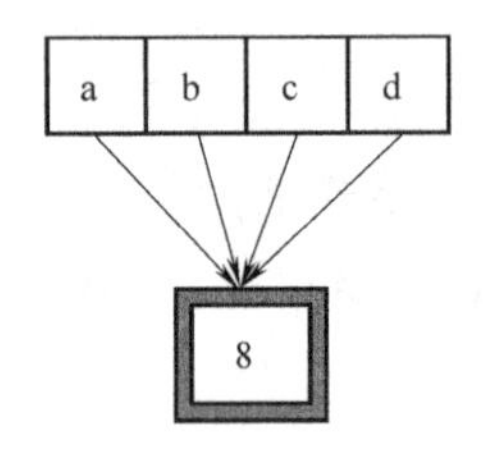

图 3-6　多变量赋值 a，b，c，d=8，8，8，8 示意图

3.2.3　复合赋值语句

一个变量可以在赋值运算符的两边同时使用。例如：

```
>>> x=7
>>> x=x+1
>>> print(x)
8
```

变量 x 引用对象的值为 7，在赋值语句中，先计算表达式 x+1 的值，其过程是首先取出 x 引用对象的数值 7，再加上数值 1，得到值为 8 的表达式对象，最后使用变量 x 标识该表达式对象。

在 Python 中，x=x+1 可以简写成：x+=1。

类似地，x=x-(2+y) 可以简写成：x-=2+y。

x=x*3 可以简写成：x*=3。

x=x/(y+1) 可以简写成：x/=y+1。

x=x//(y+1) 可以简写成：x//=y+1。

x=x%(y+2) 可以简写成：x%=y+2。

x=x**(y+3) 可以简写成：x**=y+3。

Python 语言还提供了以下 12 种复合赋值运算符：+=、-=、*=、/=、%=、**=、//=、|=、&=、^=、<<=、>>=。

前 7 个复合赋值运算符是由算术运算符和赋值运算符复合而成的，用于先进行算术运算，再赋值，见表 3-1，后 5 个复合运算符是由位运算与赋值运算符复合而成的，用于先进行位运算，再赋值。这部分内容，我们以后再做介绍。

表 3-1　复合赋值运算符

运算符	描述	实例
+=	加法赋值运算符	c += a 等效于 c=c+a
-=	减法赋值运算符	c -= a 等效于 c=c - a
*=	乘法赋值运算符	c *= a 等效于 c=c * a
/=	除法赋值运算符	c /= a 等效于 c=c/a
%=	取模赋值运算符	c %= a 等效于 c=c % a
**=	幂赋值运算符	c **= a 等效于 c=c ** a
//=	取整除赋值运算符	c //= a 等效于 c=c // a

这种赋值运算符只能针对已经存在的变量赋值，因为赋值过程中需要变量本身参与运算，如果变量没有提前定义，它的值就是未知的，无法参与运算。例如，下面的写法就是错误的：

```
n += 10
```

该表达式等价于 n=n+10，n 没有提前定义，所以它不能参与加法运算。

注意：在代数中，x=5x+2 表示一个方程。然而，在 Python 中，x=5 * x+2 是一个赋值语句，其含义是对表达式 5 * x+2 求值，然后使用变量 x 标识或引用表达式对象。

3.3　数据输入/输出

3.3.1　标准输出

在 Python 中，使用内置函数 print( ) 进行输出。print( ) 函数可输出传入的参数。该参数是一个常量时，就输出该常量；该参数是多个常量时，就输出多个常量。示例语句如下：

```
>>> print('张三的年龄是:')          #参数是一个字符串常量'张三的年龄是:'
张三的年龄是:
>>> print(18)                      #参数是一个整型常量 18
18
>>> print('身高是')                 #参数是一个字符串常量'身高是'
身高是
>>> print(1.83)                    #参数是一个浮点型常量 1.83
1.83
>>> print('数理化的成绩为')          #参数是一个字符串常量'数理化的成绩为'
数理化的成绩为
>>> print((95,90,88))              #参数是一个元组型常量(95,90,88)
(95,90,88)
>>> print('张三的年龄是:',18,'身高是',1.83,'数理化的成绩为',(95,90,
88))
```

```
张三的年龄是: 18 身高是 1.83 数理化的成绩为 (95,90,88)
>>> print('张三的年龄是:',18,',身高是',1.83,',数理化的成绩为',(95,90,88),'.')
张三的年龄是: 18 ,身高是 1.83 ,数理化的成绩为 (95,90,88) .
```

print( ) 函数传入的参数是一个变量时，就输出该变量所引用的值；传入的参数是多个变量时，就输出多个变量各自所引用的值。示例语句如下：

```
>>> name='李四'
>>> bodyWeight=47.6
>>> isMarried=True
>>> hobby=['shopping','tour','swimming']
>>> print(name)
李四
>>> print(bodyWeight)
47.6
>>> print(isMarried)
True
>>> print(hobby)
['shopping','tour','swimming']
>>> print(name,bodyWeight,isMarried,hobby)
李四 47.6 True ['shopping','tour','swimming']
```

当然，所传参数的常量和变量是可以同时存在的。示例语句如下：

```
>>> print('Her name is ',name,',bodyWeight = ',bodyWeight,',isMarried=',isMarried,',hobby are ',hobby,'.')
Her name is  李四 ,bodyWeight=47.6 ,isMarried= True ,hobby are ['shopping','tour','swimming'] .
```

如果所传参数是一个表达式或多个表达式，则先对表达式求值，然后输出计算结果。

3.3.2 标准输入

1. input( ) 函数

程序执行时，常常需要与用户进行交互，input( ) 函数能实现该功能。

input( ) 函数用于向用户生成一条提示信息，然后获取用户输入的内容。在使用 input( ) 函数时，用户可以输入任何内容，input( ) 函数经常位于赋值语句的右侧。

input( ) 函数输入数据的语法格式是：

```
变量=input("提示信息")    或    变量=input('提示信息')
```

功能：将用户的输入内容放入字符串中，并用变量标识该字符串。

示例语句如下：

```
>>> name=input("请输入姓名：")
请输入姓名：
```

当 Python 执行这个 input( ) 函数时，将输出该函数的输入参数，即字符串“请输入姓名:”。然后中断程序运行，并等待用户在键盘上输入内容。当用户输入内容，如张三，并按键盘上的 Enter/Return 键后，程序将继续运行。用户输入的任何内容都将记录在一个字符串中。变量 name 引用该字符串。函数输出变量 name 引用的值，显示张三。

```
>>> name=input("请输入姓名：")
请输入姓名：张三
>>> print(name)
张三
```

2. eval( ) 函数

input( ) 函数总是把用户输入的所有内容作为字符串来处理，即 input( ) 函数总是返回一个字符串。而用户常常需要非字符串数据，这时就会用到 eval( ) 函数了。

eval（ ）函数的一般格式是：eval （ 字符串 ）。

功能是：把字符串作为表达式进行求值，并返回求值结果。

示例语句如下：

```
>>> eval('3.14')
3.14
>>> eval('4* 9')
36
```

常常把 input( ) 函数作为 eval( ) 函数的参数，就会产生这样的效果：可以计算出用户输入的算术表达式的结果。

```
>>> s=input("输入一个表达式:")
输入一个表达式:1+3+4+4 * 3
>>> print(eval(s))
20
```

还可以将上面两条语句合为一条语句。

```
>>> print(eval(input("输入一个表达式:")))
输入一个表达式:78+95.2 * 3.14-5//2
374.928
```

将用户输入的内容作为一个表达式来求值，用户可得到想要的类型数据。如用户想得到年龄数据，语句如下：

```
>>> age=eval(input('请输入年龄:'))
```

```
请输入年龄:18
>>> print("age=",age,",类型为",type(age))
age= 18 ,类型为 <class 'int'>
```

3. int( ) 函数和 float( ) 函数

还可以使用 int( ) 函数、float( ) 函数等将用户输入的内容转换成用户所需的类型数据。int( ) 函数只能把整数字符串转换成整数并返回，或对十进制数字向下取整并返回。float( ) 函数是把实数字符串转换成浮点数并返回。

示例语句如下：

```
>>> a=int(input("a="))
a=345
>>> print("a=",a)
a= 345
>>> pi=float(input("pi="))
pi=3.1415926
>>> print("pi=",pi)
pi= 3.1415926
```

注意：int( ) 函数完成一个简单的转换，不能用于非整型字符串。int（‘2.78’）会出错。eval( ) 函数不仅完成一个简单的转换，而且还能计算表达式的值。eval（'4 * 9'）返回 36。特别地，字符串前面有先导 0，int(“007”）能执行；而 eval(“007”）却不能执行。

3.3.3 格式化输出

为了让输出的数据更容易阅读，程序需要将输出结果按某种格式输出，如按某种对齐方式输出，以固定的宽度一列一列地显示输出等。

1. 带可选参数的 print 函数

(1) 带可选参数 sep 的 print 函数

下列形式的语句：

```
print(value0,value1,value2,…,valueN)
```

将依次显示每个 value 的值并用空格分隔，其中，value 的值可以是字符串或者数字。因此，可以说 print 使用一个将空格字符作为分隔符的字符串。我们可以通过 sep 参数将分隔符改变为想要的任何字符串。如果 sepString 是一个字符串，那么下列形式的语句：

```
print(value0,value1,value2,…,valueN,sep=sepString)
```

将依次显示每个 value 的值并用 sepString 分隔。例如：

```
>>> print("My email is Zhangsan","163.com.",sep='@')
My email is Zhangsan@163.com.
```

```
>>> print("My email is Zhangsan","163. com. ",sep='*****')
My email is Zhangsan*****163. com.
>>> print("My email is Zhangsan","163. com. ",sep='')
My email is Zhangsan163. com.
```

（2）带可选参数 end 的 print 函数

在上面提到的任一语句执行后，输出的显示在当前行也就结束了。后面语句的输出将显示在下一行中。因此，可以说 print 语句是以执行了一个换行操作结束的（也可以说，print 语句将光标移动到了下一行的开始位置或者 print 语句执行了一个“回车和换行”）。我们可以通过 end 参数将结束操作进行改变。如果 endString 是一个字符串，那么下列形式的语句：

```
print(value0,value1,value2,…,valueN,end=endString)
```

将依次显示每个 value 的值，然后在同一行的末尾显示 endString，从而代替了换行操作。例如：

```
>>> print("My nane is",end=" "); print("Zhangsan")
My nane is Zhangsan
>>> print("My nane is"); print("Zhangsan")
My nane is
Zhangsan
```

2. 带转义序列的 print 函数

转义序列是位于字符串中的短序列，用于指示光标或者允许一些特殊字符的输出。第一个转义字符是反斜杠（\）。最为常见的两个光标指示转义序列是\t（产生一个水平制表符）和\n（产生一个换行操作）。默认情况下，制表符的大小是 8 个空格，但是可以使用 expandtabs 方法增加或者减少制表符的大小。

例 3-2　输出一个“收入-支出-余额”栏目账单。栏目大小开始占 8 个位置，然后占 16 个位置，再变回占 8 个位置。程序保存在 escape. py 文件中。

```
#escape. py
print("0123456789012345678901234567890123456789")
print("income\tcosts\tbalance")
print("1000\t800\t200")
print("1000\t800\t200". expandtabs(16))
print("2000\n\t\t2200". expandtabs(8))
print("\t400")
print("\t\t1800")
```

程序运行结果：

```
0123456789012345678901234567890123456789
income  costs   balance
```

```
1000  800  200
1000       800       200
2000
                     2200
           400
                     1800
```

当计算一个字符串的长度时，每个转义序列可当作一个字符。例如，len（" a\tb\tc" ）的结果为 5。反斜杠不被认为是一个字符，而是一个指示器，告诉 Python 对跟随其后的字符进行特殊处理。转义序列\n 经常被看作为一个换行符。

反斜杠也可用于将引号变为普通字符。例如：

```
>>> print('I'm 18 years old. ')
SyntaxError: invalid syntax
>>> print('I\'m 18 years old. ')
I'm 18 years old.
```

语句 print（'I'm 18 years old. '）没有使用反斜杠（\）产生句法错误。反斜杠字符告诉 Python 将引号视为普通的单引号，而不是一个两旁的引号。另外两个有用的转义序列是\" 和\\，可让 print 函数分别显示一个双引号字符和一个反斜杠字符。

注意：一个比较常见的错误是书写转义序列时用正斜杠（/）代替了正确的反斜杠（\）。

3. ljust(n)、rjust(n)、center(n) 方法

此外，ljust(n)、rjust(n)、center(n) 方法输出的字符串应占据 n 个字符宽度，分别位于指定宽度的左边、右边或中间。如果一个字符串没有达到指定的宽度，该字符串的右边、左边或者两边将用空格填充。如果该字符串长度大于指定的宽度，对齐方法可以忽略。

例 3-3 使用 ljust(n)、rjust(n)、center(n) 方法完成下面通讯录的输出（序号居中，姓名左对齐，电子邮箱右对齐）。程序保存在 formatNo1. py 文件中。

序号	姓名	电子邮箱
1	Zhangsan	zhangsan@ 163. com
2	Lisi	13512345678@ qq. com
3	Wangwu	xawu@ sina. com

```
#formatNo1. py
print("01234567890123456789012345678901234567890123456789 0")
print("No". center(5),"name". ljust(20),"email". rjust(20))
print("1". center(5),"Zhangsan". ljust(20),"zhangsan@163. com".
rjust(20))
print("2". center(5),"Lisi". ljust(20),"13512345678@ qq. com". rjust
(20))
```

```
print("3".center(5),"Wangwu".ljust(20),"xawu@sina.com".rjust
(20))
```

程序运行结果：

```
0123456789012345678901234567890123456789012345678901234567890
No  name                                    email
1  Zhangsan                         zhangsan@163.com
2  Lisi                           13512345678@qq.com
3  Wangwu                                xawu@sina.com
```

4. %运算符

print( ) 函数使用以%开头的转换说明符对各种类型的数据进行格式化输出，见表 3-2。

表 3-2　Python 格式字符

格式字符	解释
%d、%i	转换为带符号的十进制整数
%o	转换为带符号的八进制整数
%x、%X	转换为带符号的十六进制整数
%e	转化为科学计数法表示的浮点数(e 小写)
%E	转化为科学计数法表示的浮点数(E 大写)
%f、%F	转化为十进制浮点数
%g	智能选择使用%f 或%e 格式
%G	智能选择使用%F 或%E 格式
%c	格式化字符及其 ASCII 码
%r	使用 repr( ) 函数将表达式转换为字符串
%s	使用 str( ) 函数将表达式转换为字符串

%运算符配合“格式字符”产生“格式字符串”。其格式为：

```
'%[-][+][0][m][.n]格式字符'%表达式
```

功能：将表达式按“格式字符串”描述的格式输出。其中 [ ] 为可选项，中间的%是一个分隔符，它前面是格式化字符串，后面是要输出的表达式。

示例：

```
>>> i =123
>>> print('%d'%i)                    #按十进制整数形式输出
123
#%x 只是一个占位符,它会被后面 i 的值代替
>>> print('123 的 16 进制为%x'%i)
123 的 16 进制为 7b
>>> print('i=%e'%i)          #%e 只是一个占位符,它会被后面 i 的值代替
```

```
i=1.230000e+02
>>> f=2.71828
>>> print('%f'%f)                        #按十进制浮点数形式输出
2.718280
>>> print('2.71828 按整数形式输出的结果是:%d'%f)
2.71828 按整数形式输出的结果是:2
>>> s="Python"
#%s 只是一个占位符,它会被后面 s 的值代替
>>> print('I love %s! '%s)
I love Python!
>>> print('ASCII 码 65 对应的字符是%c'%65)
ASCII 码 65 对应的字符是 A
```

格式化字符串中也可以包含多个转换说明符，这个时候也要提供多个表达式，用以替换对应的转换说明符，多个表达式必须使用小括号（ ）包围起来。占位符和后面的表达式要一一对应。

```
>>> print('%s 这门课的成绩是%f,是全班第%d 名'%(s,98.5,1))
Python 这门课的成绩是 98.500000,是全班第 1 名
```

成绩是 98.500000 不是希望的输出形式，想要的形式是：98.5。格式化字符串指定小数的输出精度的格式：

```
%m.nf
%.nf
```

m 表示最小宽度，n 表示输出精度，“.”是必须存在的。

```
>>> print('%.1f'%98.5)                  #%.1f 指明只有 1 位小数
98.5
>>> print('123456789012345\n% 10.1f'%98.5)
                                        #%10.1f 中 10 表明数据最少占 10 位
123456789012345
98.5
>>> print('123456789012345\n%3.1f'%98.5)
123456789012345
98.5              #数据 98.5 位数大于最小宽度 3,数据按实际数值输出
>>> n=123456
>>> print('123456789012345\n%10d\n%5d'%(n,n))
123456789012345
123456                                  #%10d 输出形式
```

```
123456          #%5d 输出形式,123456 位数大于最小宽度 5,数据按实际数值输出
```

默认情况下，print( ) 输出的数据总是右对齐的。也就是说，当数据不够宽时，数据总是靠右边输出，而在左边补充空格以达到指定的宽度。Python 允许在最小宽度之前增加一个标志来改变对齐方式，Python 支持的标志见表 3-3。

表 3-3　Python 支持的标志

标志	说明
-	指定左对齐
+	表示输出的数字总要带着符号;正数带+,负数带-
0	表示宽度不足时补充 0,而不是补充空格

示例：

```
>>> print('123456789012345\n%010d\n%0+10d\n%-10d\n%-+10d'%(n,
n,n,n))
123456789012345
0000123456              #%010d 的输出形式
+000123456              #%0+10d 的输出形式
123456                  #%-10d 的输出形式
+123456                 #%-+10d 的输出形式
```

5. format 方法

format 方法有很强大的功能。例如，可以左对齐、右对齐、居中对齐。在数字中加入千位分隔符、四舍五入和将数字转换为百分数等。

例 3-4　上面例 3-3 中的通讯录，要求按指定格式输出（序号居中，姓名左对齐，电子邮箱右对齐）。程序保存在 formatNo. py 文件中。

```
#formatNo.py
print("01234567890123456789012345678901234567890123456789O")
print("{0:^5s}{1:<20s}{2:>20s}".format("No","name","email"))
print("{0:^5s}{1:<20s}{2:>20s}".format("1","Zhangsan","zhangshan
@163.com"))
print("{0:^5s}{1:<20s}{2:>20s}".format("2","Lisi","13512345678@
qq.com"))
print("{0:^5s}{1:<20s}{2:>20s}".format("3","Wangwu","xawu@
sina.com"))
```

程序运行结果与例 3-3 结果相同，此处省略。

"{0:^5s}{1:<20s}{2:>20s}" 字符串有 3 对大括号，每对大括号指定一个数据输出形式，冒号前的数字表示输出数据的序号（从 0 开始排序），冒号后的^、<、>分别代表居中、

左对齐和右对齐，之后的数字 5、20 表示序号数据占 5 列（域宽），姓名和电子邮箱数据占 20 列（域宽），s 表示数据是字符串。format 方法的 3 个参数分别表示要输出的 3 个字符串数据。

当需要格式化数字时，我们使用字母 d 表示整型，字母 f 表示浮点型，符号%表示数字以百分数显示，而不是使用大括号中的字母 n（n 可以表示任何类型数字）。当使用 f 和%时，它们前面应该有一个小数点和一个整数。整数决定了小数部分显示的位数。在上面的 3 种情况中，如果我们想要千位分隔符，也可以通过在指定域宽的数字后面加入逗号来实现。

当 format 方法用于格式化字符串时，居左对齐是默认的对齐方式。因此，当没有出现符号<、^和>时，字符串在其域内将居左对齐显示。

当 format 方法用于格式化数字时，居右对齐是默认的对齐方式。因此，当没有出现符号<、^或者>时，数字在域内将居右对齐显示。一些语句及其对应的输出见表 3-4。

表 3-4 格式化数字输出示例

语句	输出	注释
print("{0:010d}".format(12345678)) print("{0:10d}".format(12345678))	0012345678 12345678	数字是个整型
print("{0:0,10,.2f}".format(1234)) print("{0:10,.2f}".format(1234))	001,234.00 1,234.00	添加千位符
print("{0:010.2f}".format(1234.5678)) print("{0:10.2f}".format(1234.5678))	0001234.57 1234.57	四舍五入
print("{0:010,.3f}".format(1234.5678)) print("{0:10,.3f}".format(1234.5678))	01,234.568 1,234.568	四舍五入并添加千位符
print("{0:010.2%}".format(3.1415926)) print("{0:10.2%}".format(3.1415926))	000314.16% 314.16%	转换为百分数并四舍五入
print("{0:010,.2%}".format(3.1415926)) print("{0:10,.2%}".format(3.1415926))	00,314.16% 314.16%	转换为百分数、四舍五入并添加千位符

跟随在冒号之后的域宽数字可以被忽略。在这种情况下，数字的显示方式将由冒号后的其他说明符来决定。

跟随着“.format”的字符串总是包含一对或多对大括号。然而，这个字符串是可以包含大括号的任意字符串。在这种情况下，大括号是占位符，告诉 Python 在什么位置插入 format 方法使用的参数。例如：

```
>>> name="Zhangsan"
>>> age=18
>>> print("My name is {0:8s},I'm {1:2d} years old.".format(name,
age))
My name is Zhangsan,I'm 18 years old.
```

注意：当大括号中冒号右边仅仅是字母 s 时，冒号和字母 s 可以被忽略。例如，t{0:s} 可以简写为 {0}。

占位符，如 {0}，不仅仅可以用于字符串，也可以用于数字和表达式。例如：

```
>>> str1="Ask not what {0:s} {1:s} you,ask what you {1} {0}."
>>> print(str1.format("your country","can do for"))
Ask not what your country can do for you,ask what you can do for your country.
```

format 方法可以接受的参数不限个数，位置可以不按顺序。

```
>>>"{} {}".format("hello","world")          #不设置指定位置,按默认顺序
'hello world'
>>> "{0} {1}".format("hello","world")       #设置指定位置
'hello world'
>>> "{1} {0} {1}".format("hello","world")  #设置指定位置
'world hello world'
```

3.4　程序设计概述

3.4.1　程序设计基本步骤

我们使用计算机编写程序的目的，就是用来解决实际问题，完成工作任务的。下面通过一个简单问题来介绍程序设计的基本步骤。

对于一个需要解决的实际问题，首先要对它进行深入的分析，明确需求。分析它的输入是什么数据，输出是什么数据，要完成什么样的功能。其次，设计出解决这个问题的有限步骤，即解决策略或解决方案，也就是算法。最后，使用计算机语言实现这个解决方案。

例 3-5　大洋中行驶的船舶常常使用海里来表示距离。现在编写一段程序，给出目的地的公里数值，使之转换成要航行的海里数值。

分析问题：求解该问题，需要用户给出目的地的公里数值，要求输出要航行的海里数值，需要完成公里数转换为海里数。

解决策略（即算法）：算法是问题求解的有限步骤。算法可以用自然语言或伪代码（即自然语言与某些程序代码的混合应用）描述。这个简单算法可描述为：

1）从用户处获取目的地的公里数。

2）利用下面公式计算对应的海里数。

$$1 海里 = 1.852 公里$$

3）显示结果。

编写代码：就是将一个算法翻译成一段程序。需要记录的数据：公里数和海里数，而且距离可能带有小数，所以这 2 个数据必须是实数，即浮点类型。分别使用变量名 kilometers 和 seamiles 表示（指向）公里数值和海里数值。第一步，使用 input 函数输入公里数，并转换成浮点类型赋给变量 kilometers，第二步计算海里数赋给变量 seamiles，第三步使用 print 函数输出 seamiles 的值。

```
#seamiles.py
kilometers=eval(input("input an value forkilometers:"))
seamiles=1.852* kilometers
print("The seamiles for ",kilometers,"kilometers is ",seamiles)
```

程序运行结果为：

```
input an value forkilometers:100
The seamiles for  100 kilometers is  185.20000000000002
```

练习：编程求出 50 升汽油是多少加仑汽油？注：1 加仑=4.546 升。

3.4.2 程序的调试与程序设计错误

程序设计错误被称为 bug，查找 bug 的过程被称为调试。

程序设计中的错误，有一些编译器会帮助我们检查出来，有一些编译器检查不出来。程序设计很容易出错，有些错误简单，可以直接解决。有些错误复杂一些，需要通过调试来解决。

程序设计错误可以分为三类：语法错误、运行时错误和逻辑错误。

1. 语法错误

和任何一种程序设计语言一样，Python 也有自己的语法，需要遵从语法规则编写代码。如果编写的代码违反了这些规则，例如，忘写一个引号或者拼错一个单词，Python 将会报告语法错误。

初学者遇到的错误大多数都是语法错误。

语法错误来自代码编写过程中的错误，例如，输入错了一条语句，不正确的缩进，忽略某些必需的标点符号，或者只使用了左括号而忘了右括号。这些错误通常很容易被检测出来，因为 Python 会告诉你这些错误在哪里以及是什么原因造成了这些错误。例如，下面的 print 语句有一个语法错误：

print(“Hello,world)

字符串“Hello，world”少了右引号（”）。

2. 运行时错误

人们在网络上聊天时，如果网络断了，就无法继续聊天。

在 Python 中也会遇到类似的错误。这种导致程序意外终止的错误是运行时错误。在程序运行过程中，如果 Python 解释器检测到一个不可能执行的操作，就会出现运行时错误。

输入错误、内存用尽、除数为 0 等是典型的运行时错误。当用户输入一个程序无法处理的值时，就会出现输入错误。例如，如果程序希望读取一个数字，而用户输入了一个英文字符串，这就产生了数据类型错误。

3. 逻辑错误

乘车去甲地时，你坐错了车，车把你拉到了乙地，你是到了一个地方，但不是你想去的地方。同样，当程序不能实现它原来打算要完成的任务时就会导致逻辑错误。发生这种类型错误的原因有很多种。例如：

例 3-6　下面这个程序将华氏温度（35 度）转换成摄氏温度。

```
Show LogicErrors.py
1  #Convert Fahrenheit to Celsius
2  print("Fahrenheit 35 is Celsius degree ")
3  print(5/9 * 35-32)
Fahrenheit 35 1s Celsius degree
-12.555555555555554
```

得到摄氏-12.55 度，但这不是你想要的结果，是错的，正确的应该是 1.66。为了获取正确的结果，需要在表达式中使用 5/9 *（35-32）而不是 5/9 * 35-32，也就是说，需要添加圆括号括住（35-32）。这样，Python 会在做除法之前先计算这个表达式。

在 Python 中，语法错误事实上是被当作运行时错误来处理的，因为程序执行时它们会被解释器检测出来。通常，语法错误和运行时错误都很容易找出并且易于更正，因为 Python 给出提示信息以便找出错误来自哪里以及为什么它们是错的，而查找逻辑错误则非常具有挑战性。

习　题　3

1. 输入一个四位整数 X，计算并输出 X 的每一位数字相加之和。

2. 使用 3 次 input( ) 函数，分别输入年、月和日，输出××××年××月××日，即 2020 年 07 月 22 日。

3. 用户输入两个数字，计算并输出两个数字之和。输出形式为：12+34=46。

4. 用户输入三角形三边长度，并计算三角形的面积。输出形式为：area=34.56，要求保留 2 位小数。计算三角形面积的公式为：s=（s(s-a)(s-b)(s-c)）* *0.5。

5. 三种程序错误是什么？

6. 如果忘记在字符串后面加引号，将会产生什么错误？

7. 如果程序需要从文件中读取数据，但是这个文件并不存在，那么运行这个程序时就会导致错误。这个错误是哪类错误？

8. 假设你编写一个程序计算一个矩形的周长，而你写错了程序，导致它计算成矩形的面积。这个错误是哪类错误？

第 4 章 分支结构程序设计

分支是指程序可以根据某个条件选择执行哪些语句，也就是根据条件进行判断，如果判断的结果为“真”，则执行一部分语句；如果判断的结果为“假”，则执行另外一部分语句。这种控制程序中语句的执行流（执行顺序）称为流程控制。Python 允许程序根据不同的情况、不同的条件等，控制执行不同的语句，采取不同的动作，进行不同的操作。

本章首先介绍了判断条件和 if 语句的语法，然后讨论如何使用 if 语句实现单分支、双分支、多分支的选择结构，最后介绍分支结构的嵌套。

4.1 条件的描述

在分支结构和循环结构中都要使用条件表达式来确定下一步的执行流程，在 Python 中单个常量、变量或者任意合法的表达式都可以作为条件表达式。在条件表达式中可以使用算术运算符、关系运算符、测试运算符、逻辑运算符、位运算符和矩阵运算符。在分支和循环结构中条件表达式的值，只要不是 False、0（或 0.0、0j 等）、空值 None、空列表、空元组、空集合、空字典、空字符串、空 range 对象或其他空迭代对象，Python 解释器均认为是与 True 等价。从这个意义上讲，几乎所有的 Python 合法表达式都可以作为条件表达式，包括含有函数调用的表达式。

4.1.1 关系运算

关系运算符小于（<）可以用于数字、字符串和其他数据类型，如果在数轴上 a 位于 b 的左侧，那么认为数字 a 小于数字 b，例如，2.71828<3.14。

如果使用 ASCII 码表来对字符进行排序时，a 在 b 的前面，则认为字符串 a 小于字符串 b。数字优先于大写字母，大写字母优先于小写字母，两个字符串从左到右逐个字符进行比较来确定哪个字符串应该先于另外一个，例如，“ball”<“car”，“8zyy”<“Abcaa”，“Xyz”<“abc”，“car”<“cart”，“sales_99”<“sales_retail”。这种类型的排序被称为按字典序排序。关系运算符见表 4-1。

表 4-1 关系运算符

运算符	数学含义	字符串含义
= =	等于	相同的
! =	不等于	不同的

（续）

运算符	数学含义	字符串含义
<	小于	按字典顺序左边先于右边
<=	小于等于	按字典顺序左边先于右边，或相同
>	大于	按字典顺序左边后于右边
>=	大于等于	按字典顺序左边后于右边，或相同
in		是子字符串
not in		不是子字符串

用关系运算符连接起来的运算式称为关系表达式。关系表达式的运算结果是逻辑值真或假，分别用 True 和 False 表示。也就是说，如果表达式成立，则表达式结果为 True（表示真）；如果表达式不成立，则表达式结果为 False（表示假）。例如，“fun” in “refunded” 的结果为 True。“dog” in “dog” 的结果为 True。“dog” not in “Dog” 的结果为 True。

```
>>> 10>5
True
>>> 10<5
False
>>> "dog" in "dog"
True
>>> "dog" not in "Dog"
True
>>> "fun" in "refunded"
True
```

条件还可以包含变量、数值运算符和函数。为了判断一个条件是真还是假，首先计算数值表达式或者字符串表达式，然后再判断该条件是真还是假。

```
>>> a=4;b=3;c="hello";d="bye"
>>> (a-b)<(2 * a)
True
>>> (len(c)+b)==(a/2)
False
>>> c<("good"+d)
False
```

注意：

1）整型数可以和浮点型数进行比较，不能和其他不同类型的值进行比较，例如，整数不能与字符串进行比较。

2）如果关系运算符由两个符号组成（如>=），这两个符号之间不能出现空格。

4.1.2 逻辑运算

关系运算能够进行比较简单的判断，如判断成绩不及格可使用关系表达式 score<60。如果进行比较复杂的判断，如需要判断 70 分段的成绩（score>=70 且 score<80），就需要用到逻辑运算符把多个关系运算表达式连接起来，形成逻辑表达式。在 Python 中有 3 个逻辑运算符：and（逻辑与）、or（逻辑或）和 not（逻辑非）。其中 and 和 or 是双目运算符，not 是单目运算符。3 种逻辑运算的运算规则见表 4-2。

表 4-2 逻辑运算符

x	y	not x	not y	x and y	x or y
False	False	True	True	False	False
False	True	True	False	False	True
True	False	False	True	False	True
True	True	False	False	True	True

3 种逻辑运算符的运算规则可以描述如下：

1）and（逻辑与）：当两个运算对象有一个为 False，则结果为 False；当两个运算对象都为 True 时，则结果为 True。

2）or（逻辑或）：当两个运算对象有一个为 True，则结果为 True；当两个运算对象都为 False 时，结果为 False。

3）not（逻辑非）：当运算对象为 False 时，则结果为 True；当运算对象为 True 时，则结果为 False。

有了逻辑运算符，判断 70 分段的成绩就可以写成：score>=70 and score<80。

```
>>> score=75
>>> score>=70 and score<80
True
>>> score=69
>>> score>=70 and score<80
False
>>> answer="Y"
>>> (answer=="Y") or (answer=="y")
True
>>> (answer=="Y") and (answer=="y")
False
>>> not(answer=="y")
True
>>> not(answer! ="y")
False
```

注意：

1）逻辑运算符与运算对象之间要留有空格。

2）逻辑表达式的值是一个逻辑值：真或假，真用 True 表示，假用 False 表示。首字母大写，其他字母小写，TRUE、FALSE、true、false、TRue、FAlse 等形式都是错误的。

具有多个运算符的表达式还需考虑优先级和结合性的情况。优先级规则是先运算优先级高的运算符，然后运算优先级低的运算符。结合性规则是判断在同样的优先级情况下，是先算左边的运算符，还是先算右边的运算符。先算左边的运算符是左结合，先算右边的运算符是右结合。见表 4-3。

表 4-3　运算符的优先级和结合性

运算符	优先级		结合性
**（幂运算） !（逻辑非） +、-（正号、负号）	同级	↑	右结合
*、/、//、%（乘除运算）	同级		左结合
+、-（）加减运算	同级		
>、>=、<、<=（大小判断关系运算）	同级		
==、!=（相等判断关系运算）	同级		
and（逻辑与）			
or（逻辑或）			

例如：a+b-c 等价于（a+b）-c；a**b**c 等价于 a**（b**c）。

表达式 1：score1 >=60 and score2 >=60 or score3 >=60。

表达式 2：（score1 >=60 and score2 >=60）or score3 >=60。

表达式 3：score1 >=60 and（score2 >=60 or score3 >=60）。

根据运算符的优先级规则，表达式 1 和表达式 2 的含义相同；表达式 1 和表达式 2 与表达式 3 的含义不同。如果一时没有准确掌握各运算符的优先级，可用加括号的形式明确指定各运算符的优先级。实际上应多采用表达式 2 和表达式 3 的写法，能够更清楚地表达编程者的意图，也易于程序阅读者理解表达式的含义。

and（逻辑与）和 or（逻辑或）的短路运算：当遇到条件（表达式 1 and 表达式 2）时，Python 会首先对表达式 1 求值，如果表达式 1 为假，将会认为整个条件为假，进而不会对表达式 2 求值。同样，当遇到条件表达式 1 or 表达式 2 时，Python 会首先对表达式 1 求值，如果表达式 1 为真，则会认为整个条件为真，进而不会对表达式 2 求值。这个过程叫短路求值。这样，（number != 0） and （m ==（n/number））条件表达式永远不会出现除 0 错误。

短路求值在某些情况下会提高程序性能，例如，当表达式 2 的求值耗时非常长的时候：

判断 70 分段的成绩表达式：score>=70 and score<80

还可以简写成（和数学写法几乎一样）：70 <= score<80。

上面的简化条件表达式隐含了逻辑与运算。类似地，判断下列表达式的值：

```
>>> 3<4<5
True
>>> 3<4>5
False
>>> 3<5>4
True
>>> 8<5>2
False
```

考试成绩一般在［0，100］之间，非法成绩可表示为：not(score>=0 and score<=100)，还可表示为：score<0 or score>100。

在逻辑代数中，有一个摩尔定律：

```
not(表达式1 and 表达式2) 等价于not(表达式1) or not(表达式2)
not(表达式1 or 表达式2) 等价于not(表达式1) and not(表达式2)
```

这样，非法成绩也可表示为：not(score >= 0) or not (score <=100)。

此外，(grade == “A”) or (grade == “B”) or (grade == “C”) or (grade == “D”) 表达式可简写为：grade in [“A”, “B”, “C”, “D”]。

4.1.3 测试运算

如果 str1 和 str2 是字符串，当且仅当 str1 以 str2 为开头时，条件 str1.startswith (str2) 为真；当且仅当 str1 以 str2 为结尾时，条件 str1.endswith (str2) 为真。例如：

```
>>> "goodbye".startswith("good")
True
>>> "goodbye".endswith("by")
False
>>>
>>> "张三".startswith("张")
True
```

一个常量或变量 item，当且仅当 item 的值具有特定的数据类型时，其中，dataType 为任意一种数据类型（int、float、str、bool、tuple 等）：isinstance（item，dataType）这种形式条件为真。例如，isinstance（3.14，int）为假，而 isinstance（3.14，float）为真。其他几种字符串的方法，见表 4-4。

表 4-4　返回 True 或 False 的方法

方法	返回 True
str1. isdigit( )	str1 所有字符都是数字
str1. isalpha( )	str1 所有字符都是字母表中的字母
str1. isalnum( )	str1 所有字符都是字母表中的字母或数字
str1. islower( )	str1 至少有一个字母字符,且所有字母字符都小写
str1. isupper( )	str1 至少有一个字母字符,且所有字母字符都大写
str1. isspace( )	str1 仅含有空白字符

4.2　分支结构的实现

4.2.1　单分支选择结构

在生活中，我们每天早上上班或上学前都要看看天是否下雨，如果下雨，我们就带把伞，然后再出去。单分支语句和这个生活场景非常类似，也就是在正常的流程中，如果满足某种条件，就先做另外一件事情，然后继续原来的流程。

if 语句的语法形式：

```
if  表达式:
     缩进语句块
非缩进语句
```

功能：当表达式的值为 `True` 或其他等价值时，表示条件满足，缩进语句块将被执行，否则缩进语句块不被执行。`if` 语句执行完后，继续顺序执行非缩进语句。

注意：表达式后面的冒号“:”（半角）不可缺少，它表示一个语句块的开始。下一行开始的语句块必须缩排。

例 4-1　从键盘输入一个百分制考试成绩，如果不及格，则打印 NOT pass，程序结束打印 continue doing。

```
#NotPass.py
score=int(input("score is :"))
if score < 60:
print("NOT pass")
print("continue doing")
```

程序运行结果：

```
score is :59
NOT pass
continue doing
```

练习：从键盘输入一个百分制考试成绩，如果是 90 分段的，则打印 A。

例 4-2 从键盘输入一个实数，打印其绝对值，即如果该实数为负数，则将其变为正数。

```
#myabs1.py
x=float(input("x="))
if x < 0:
      x=-x
print(" |x |=",x)
```

程序运行结果：

```
x=-100
|x|= 100.0
```

例 4-3 从键盘输入 2 个实数，从小到大打印这 2 个数。

思路：让 x 代表小数，y 代表大数，如果 x 大于 y，就交换这 2 个数。

```
#myswap.py
x=   float(input("x= "))
y=   float(input("y= "))
if x > y:
      x,y=y,x
print("x={0:n},y={1:n}".format(x,y))
```

程序运行结果：

```
x= 89
y= 73
x=73,y=89
```

4.2.2 双分支选择结构

如果分数大于 60 分就显示“及格”，否则显示“不及格”。当单个条件有 2 个选择时，就如同口语中的“如果……就……，否则……”。

If-else 语句的语法形式：

```
if  表达式:
    缩进语句块 1
else:
    缩进语句块 2
非缩进语句
```

功能：当表达式的值为 True 或其他等价值时，表示条件满足，缩进语句块 1 将被执行，否则执行缩进语句块 2。if 语句执行完后，顺序执行非缩进语句。

例 4-4 从键盘输入一个百分制考试成绩，如果不及格，则打印 NOT pass，否则打印 pass。

```
#NotPass1.py
score=int(input("score is :"))
```

```
if score < 60:
      print("NOT pass")
else:
      print("pass")
```

程序运行结果：

```
score is :88
pass
```

练习：从键盘输入一个实数（用变量 x 引用该实数），用变量 y 引用该绝对值，并打印输出 y。

例 4-5　从键盘输入一个年份，判断该年份是否为闰年。

思路：历法规定，四年设一闰，即能被四整除的年份为闰年。另附加规定凡遇世纪年（末尾数字为两个零的年份），必须被 400 整除才算闰年。

```
#leapyear.py
year=int(input("year="))
if (year%400 == 0) or ((year%4 == 0) and (year%100 != 0)):
      print(year,"is Leap year.")
else:
      print(year,"is Not Leap year.")
```

程序运行结果：

```
year=2020
2020 is Leap year.
```

练习：从键盘输入一个登陆 ID（即一个字符串），检测输入的 ID 是否是下面的 3 个管理员中的一位（Smith、John、Jack）。如果是其中的一位，就输出“Welcome!”，否则输出“User　unknown!”。

在 Python 中，if-else 语句还可以写成如下表达式形式：

```
表达式 1　if 条件表达式　else 表达式 2
```

功能：先计算条件表达式的值，若其值为 True，则整个表达式的值为表达式 1 的值，否则，整个表达式的值为表达式 2 的值。例如，例 4-4 判断及格问题可写成：

```
>>> score=88
>>> "pass" if score>=60 else "NOT pass"
'pass'
```

或

```
>>> score=int(input("score is :"))
score is :88
>>> "pass" if score>=60 else "NOT pass"
'pass'
```

写成表达式的形式一是简洁，二是它可以放在其他表达式中。

4.2.3 多分支选择结构

一个月有多少天？有的月有 30 天，有的月有 31 天，还有的月有 28 天或 29 天，会出现 3、4 种情况。在 Python 中，可使用 if…elif…else 语句实现类似这种多分支选择的情况。

if…elif…else 语句的语法形式：

```
if 表达式 1:
    缩进语句块 1
elif 表达式 2:
    缩进语句块 2
    …
elif 表达式 n:
    缩进语句块 n
else:
    缩进语句块 n+1
非缩进语句
```

功能：依次计算各表达式的值，如果表达式 1 的值为 True，则执行缩进语句块 1；如果表达式 2 的值为 True，则执行缩进语句块 2；以此类推，如果表达式 n 的值为 True，则执行缩进语句块 n；如果前面所有的条件都不成立，则执行缩进语句块 n+1。即按顺序依次判断表达式 1、表达式 2、表达式 n 的取值是否为 True，如果某个表达式的取值为 True，则执行与之对应的缩进语句块，然后结束整个 if…elif…else 语句，顺序执行非缩进语句；如果所有表达式的取值都不为 True，则执行与 else 对应的缩进语句块，然后结束整个 if…elif…else 语句，顺序执行非缩进语句。

例 4-6 从键盘输入一个月份（1~12），判断该月有多少天，并输出该月的天数。

```
#monthday.py
month=int(input("input 1~12 month:"))
if month == 4 or month == 6 or month == 9 or month == 11:
    print(month,"month : 30 days")
elif  month == 2:
    print(month,"month : 28 days or days")
else:
    print(month,"month : 31 days")
```

程序运行结果：

```
input 1--12 month:3
3 month : 31 days
```

练习：数学中有一个符号函数：当 x>0 时，返回 1；当 x=0 时，返回 0；当 x<0 时，返回-1。使用多分支的编程方法，实现该函数功能。

例 4-7　从键盘输入一个百分制考试成绩，将其转换成五分制（A、B、C、D、E）成绩输出。

```
#fivepoint.py
score=int(input("score="))
if score >=90:
    print("A")
elif score >=80:
    print("B")
elif score >=70:
    print("C")
elif score >=60:
    print("D")
else:
    print("E")
```

程序运行结果：

```
score=70
C
```

思考：先判断不及格，再判断 60 分段，…，最后判断 90 分段。可以吗？

练习：从键盘输入一个人的年龄，判断他是幼儿（0~6 岁）、儿童（7~12 岁）、少年（13~17 岁）、青年（18~40 岁）、中年（41~59 岁）还是老年人（60 岁及以上）？

注意：

1）多分支选择结构的一条基本规则：优先处理包含范围小的条件。或者说，确保各个条件表达式互斥。

2）在依次对各表达式进行判断时，遇到一个结果为真的表达式就结束，即使有多个表达式成立，后面的表达式也不再作判断。

3）最后的 else 以及与之对应的语句可以省略，此时，若前述所有的表达式都不成立，则语句什么都不执行。

4.2.4　分支结构的嵌套

无论是在 if 语句、if-else 语句、还是 if…elif…else 语句中，表达式的取值为 True 所对应的缩进语句块在语法上没有作限制，可以是任何语句。当然也可以是分支语句。如果在缩进语句块中出现了分支语句，就形成了选择结构的嵌套。

例 4-8　输入一家公司的支出和收入。如果公司收支平衡，则输出“Break　even”，否则，输出盈利或亏损的数额。

思路：要定义 5 个变量 costs、revenue、profit、loss、result，分别记录支出、收入、盈利、亏损和打印结果。根据收支情况，首先分为收支平衡和不平衡两种情况；在收支不平衡里，又分为盈利和亏损两种情况。

```
#profit. py
costs=eval(input("costs="))
revenue=eval(input("revenue="))
if costs == revenue:
      result="Break even"
else:
      if costs < revenue:
            profit=revenue - cost;
            result="Profit is {0:,. 2f}. ". format(profit)
      else:
        loss=costs-revenue
        result="Loss is {0:,. 2f}. ". format( loss)
print( result)
```

程序运行结果：

```
costs=12000
revenue=10500
Loss is 1,500. 00.
```

练习：从键盘输入 3 个数，找出其中的最大值并输出。

注意：在选择结构的嵌套中，同一级别的语句块、同一语句块中的不同语句具有相同的缩进量。一定要严格遵守不同级别缩进语句块的缩进量。它决定了不同级别缩进语句块的从属关系以及业务逻辑是否被正确实现。

4.3　分支结构程序举例

例 4-9　从键盘输入 2 个实数，分别用变量 x、y 引用这 2 个实数。求 | x-y | ，即 x-y 的绝对值。

方法 1：使用 if 语句实现。

```
#abs_xy1. py
x=float( input( "x="))
y=float( input( "y="))
      if x < y:
x,y=y,x
print( " |x-y |=",x-y)
```

程序运行结果：

```
x=30. 5
y=45. 7
```

```
|x-y|=15.200000000000003
```

方法 2：使用 if-else 语句实现。

```
#abs_xy2.py
x=float(input("x="))
y=float(input("y="))
if x < y:
    print("|x-y|=",y-x)
else:
    print("|x-y|=",x-y)
```

程序运行结果同上，此处省略。

方法 3：使用 if-else 表达式实现。

```
#abs_xy3.py
x=float(input("x="))
y=float(input("y="))
a=x-y if x>=y else y-x
print("|x-y|=",a)
```

程序运行结果同上，此处省略。

例 4-10　有一个“三天打鱼，两天晒网”的成语。从键盘输入一个天数（用变量 days 引用该天数），问：从今天开始过 days 天，那天是打鱼还是晒网？

思路：5 天一个周期，days%5 的结果是 0，1，2，3，4。余数为 0，1，2 就是打鱼天，余数为 3，4 就是晒网天。

```
#fishing.py
days=int(input("days="))
d=days %5
if d==0 or d==1 or d==3 :
    print("fishing")
else:
    print("Having a rest")
```

程序运行结果：

```
days=777
Having a rest
```

例 4-11　从键盘输入 2 个实数和 1 个运算符，分别用变量 x、y 和 op 引用这 2 个实数和运算符。实现形如 x　op　y 的算术运算。

```
#calculator.py
x=float(input("x="))
y=float(input("y="))
```

```
op=input("op=")
if op=="+":
    z=x+y
elif op=="-":
    z=x-y
elif op=="*":
    z=x*y
elif op=="/":
    z=x/y
elif op=="**":
    z=x**y
print(x,op,y,"=",z)
```

程序运行结果：

```
x=9
y=0.5
op=**
9.0 ** 0.5=3.0
```

依照税法规定，工薪个人应纳税所得额是全月收入扣除 5000 元标准后的余额。个人所得税实行 7 级超额累进所得税税率。见表 4-5。

应纳税额=应纳税所得额×适用税率-速算扣除数。

表 4-5　超额累进所得税税率

级数	全月应纳税所得额	适用税率	速算扣除数
1	不超过 3000 元的	3%	—
2	超过 3000 元至 12000 元的部分	10%	210
3	超过 12000 元至 25000 元的部分	20%	1410
4	超过 25000 元至 35000 元的部分	25%	2660
5	超过 35000 元至 55000 元的部分	30%	4410
6	超过 55000 元至 80000 元的部分	35%	7160
7	超过 80000 元的部分	45%	15160

例 4-12　从键盘输入一个人的月工资，计算其应缴的所得税。

思路：关键是确保各个条件表达式互斥。

```
#incometax.py
salary=float(input("salary="))
taxSalary=salary-5000
if taxSalary <=3000:
    tax=taxSalary * 0.03
```

```
elif  taxSalary < 12000:
       tax=taxSalary * 0.1-210
elif  taxSalary < 25000:
       tax=taxSalary * 0.2-1410
elif  taxSalary < 35000:
       tax=taxSalary * 0.25-2660
elif  taxSalary < 55000:
       tax=taxSalary * 0.3-4410
elif  taxSalary < 80000:
       tax=taxSalary * 0.35-7160
else:
       tax=taxSalary * 0.45-15160
print("tax=",tax)
```

程序运行结果：

```
salary=8423
tax=132.3
```

例 4-13　从键盘输入 2 个数字串，使用 isdigit 方法检测非法输入。

思路：验证输入，需考虑到以下可能的情况：

1）当 x1 和 x2 都是数字串时，无非法输入。

2）否则，即至少有一个是非法输入，须进一步判断排除。

3）当 x1 是非法输入时，进一步判断 x2 是否非法。

4）否则，x2 是非法输入。

```
#validate.py
x1=input("x1=")
x2=input("x2=")
if x1.isdigit()and  x2.isdigit():
      print("each was a proper number.")
elif not x1.isdigit():
      if not x2.isdigit():
          print("Neither entry was a proper number.")
      else:
          print("x1 was not a proper number.")
else:
      print("x2 was not a proper number.")
```

程序运行结果：

```
x1=56.8
x2=67
x1 was not a proper number.
```

例 4-14 编程求方程 $ax^2+bx+c=0$ 的解。

思路：求解此方程，需考虑到各种可能的情况。

1）当 a=0 时，不是二次方程。

2）当 $b^2-4ac=0$ 时，方程有 2 个相同的实根。

3）当 $b^2-4ac>0$ 时，方程有 2 个不相同的实根。

4）当 $b^2-4ac<0$ 时，方程有 2 个共轭复根。

```
#equation.py
a=float(input("a="))
b=float(input("b="))
c=float(input("c="))
if abs(a)>=1e-6:                                  #a!=0
    disc=b*b-4*a*c
    if abs(disc)< 1e-6:                           #disc==0
        x1=x2=-b/(2*a)
    elif  disc > 0:
        x1=(-b + disc**0.5)/(2*a)
        X2=(-b-disc**0.5)/(2*a)
    else:
        x1=complex(-b/(2*a),(-disc)**0.5/(2*a))
        x2=complex(-b/(2*a),-(-disc)**0.5/(2*a))
    print("x1=",x1)
    print("x2=",x2)
else:
    print("a=0,  Not quadratic equation.")
```

程序运行结果：

```
a=1
b=2
c=2
x1=(-1+1j)
x2=(-1-1j)
```

注意：float 类型不能比较相等或不等，但可以比较>、<、>=和<=。用==从语法上说没错，但是本来应该相等的两个浮点数，由于计算机内部表示的原因，可能有微小的误差，这时用==就会认为它们不等。应该使用两个浮点数之间的差异的绝对值小于某个可以接受的值来判断它们是否相等。比如本例中使用 abs（a）>=1e-6 判断不等于 0 和 abs（disc）< 1e-6 判断等于 0。

习　题　4

1. 根据下列描述，写出相应的 Python 表达式：

1）85≤x≤100。

2）a 和 b 中至少有一个能被 5 整除。

3）a 是 7 的倍数，并且 b 不是 7 的倍数。

4）a 和 b 中一个是奇数，一个是偶数。

5）构成三角形的条件，三个边长分别用 a、b、c 表示。

2. 从键盘输入一个实数（用变量 x 引用该实数），用变量 y 引用该绝对值，并打印输出 y。

3. 今天是星期日，再过 1000 天是星期几?

4. 编写一个程序，处理储蓄账户的取钱问题。程序输入的是目前账户余额和需要取款的数目，输出的是取款后的账户余额。如果取款数大于账户余额，请输出“Withdrawal denied”，如果取款后账户余额小于 150 元，则输出信息“Balance below 150”。

5. 编写一个程序，要求用户输入一个大写字母，如果用户输入错误，请给出提示：You did not comply with the request。

6. 编写一个程序，输入身高（米）和体重（千克），计算人体体重指数（BMI）。BMI 的计算公式为：

bmi=weight）/height^2

要求：当 bmi<18.5 时，输出“体重过轻”；当 18.5≤bmi<24 时，输出“正常”；当 24≤bmi<28 时，输出“体重超重”；当 bmi≥28 时，输出“肥胖”。

7. 编写一个程序，实现符号函数的功能。

$$\mathrm{sign}(x)=\begin{cases}-1 & x<0\\ 0 & x=0\\ 1 & x>0\end{cases}$$

8. 编写一个程序，实现下面分段函数的功能。

x	y
x<0	0
0≤x≤5	x
5≤x<10	3x-5
10≤x<20	0.5x-2
20≤x	0

9. 人民币和美元互换。汇率为 1 美元=6.78 人民币。要求输入 2 个数据，首先根据提示选择输入哪种货币，其次输入兑换的金额。

第5章 循环结构程序设计

我们用计算机解决实际问题时，经常会遇到有些数据处理工作需要重复进行的情况。例如，在学生成绩管理系统中，需要向学校教务系统录入每个学生的成绩，需要计算每个学生各门课程的总成绩等。这些都涉及累加计算和输入数据的数据处理工作。解决这类问题有两个方式，一是在程序中重复书写有关输入数据和累加的程序代码，二是将有关输入数据和累加代码重复执行。第一种方法会使程序代码量很大，增加编写程序的难度和工作量。第二种方法能比较简单方便地实现同样的功能，这种方法就是循环结构程序设计方法。

循环结构程序设计是通过循环语句来实现的，Python 语言中有两种循环语句：while 循环语句和 for 循环语句。

本章首先介绍 while 语句和 for 语句的用法，然后讨论循环语句的嵌套和循环控制语句，最后通过精选的一些例题，期望读者能迅速使用循环语句编写 Python 程序。

5.1 while 循环结构

5.1.1 while 语句

在程序中可以重复执行的一段代码，称为循环体。循环体执行的次数取决于循环条件。想要执行循环体，首先要判断是否满足循环条件。如果不满足循环条件，则循环体一次都不被执行。如果满足循环条件，则执行一次循环体。执行完后再判断循环条件，如果满足循环条件，就第二次执行循环体，执行完后再判断循环条件，如此反复循环，直至循环条件不被满足，结束循环。

例 5-1 重要的事情说 3 次。在程序中，重要的事情是重复代码。重要的事情可能很多，不应重复书写 3 次，应该只书写一次，并使用循环语句执行 3 次。为了执行 3 次，需要设计一个计数器 counter 记录执行次数。即在第一次执行时，使 counter 的值为 1；在第二次执行时，使 counter 的值为 2；在第三次执行时，使 counter 的值为 3。这样，循环条件可写为：counter<=3。第一次判断是否满足循环条件时，counter 应该有值，显然，应令 counter=1。执行完重要的事情，再次判断是否满足循环条件 counter<=3 前，counter 的值应该发生改变，显然，应令 counter=counter+1。完整代码如下：

```
#thirdtimes.py
counter=1
while counter <=3:
```

```
    print("The important thing is",counter,"times.")
    counter=counter + 1
```

程序运行结果：

```
The important thing is 1 times.
The important thing is 2 times.
The important thing is 3 times.
```

while 循环语句的语法格式：

```
while  条件表达式:
       缩进语句块
```

功能：首先计算条件表达式的值，如果条件表达式的值为真，则执行循环体缩进语句块。然后再次计算条件表达式的值，如果结果仍为真，再次执行循环体语句块，如此继续下去，直至条件表达式的值为假，则结束循环。如图 5-1 所示。

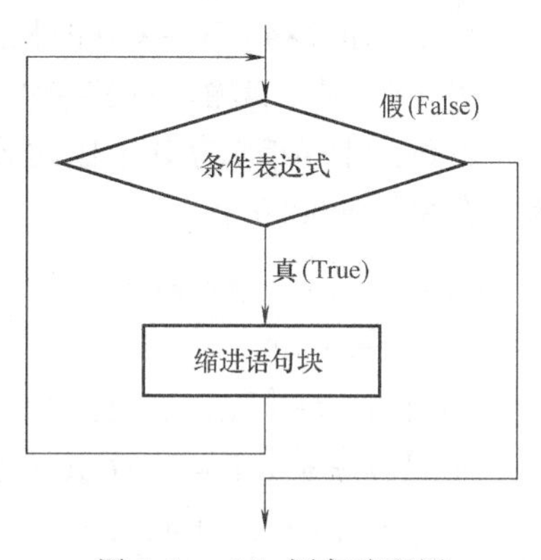

图 5-1 while 语句流程图

在循环体语句块中要有修改循环条件的语句，在执行完指定次数的循环后，使条件表达式的值变为假。若条件表达式的值总为真，则形成无限循环。若条件表达式的值一开始就为假，则循环语句块一次也不执行。

例 5-2 求 1+2+3+…+1000 的和。

思路：这是累加问题。如果使用 sum 变量标识累加和，则重复语句是 sum=sum+□，□在第 1 次循环中应为 1，在第 2 次循环中应为 2，…，在第 1000 次循环中应为 1000。sum=sum+□和循环语句构成一个累加公式。

```
#sum1000.py
sum=0
i=1
while i<=1000:
    sum=sum +i
    i=i+1
print("sum=",sum)
```

程序运行结果：

```
sum=500500
```

练习：求 1+3+7+…+999 的和。

例 5-3 求 1×2×3×…×20 的积（即求 20!）。

思路：这是连乘问题。如果使用 prod 变量标识连乘积，则重复语句是 prod=prod * □，

□在第 1 次循环中应为 1，在第 2 次循环中应为 2，…，在第 20 次循环中应为 20。同样，prod = prod * □和循环语句构成一个连乘公式。

```
#prod20.py
prod=1
i=1
while i<=20:
        prod=prod * i
        i=i+1
print("prod=",prod)
```

程序运行结果：

```
prod=2432902008176640000
```

练习：求 2×4×6×…×20 的积。

例 5-4 从键盘输入一笔存款，假设年利率为 3%，计算多久后你才能成为一个百万富翁？

思路：计算年末存款余额的公式为（重复语句）：存款 = 存款+存款 * 0.03，结束条件为：存款>1000000。

```
#millionaire.py
numYear=0
balance=eval(input("balance="))
while balance < 1000000:
    balance=balance + balance * 0.03
    numYear=numYear + 1
print("numYear=",numYear)
```

程序运行结果：

```
balance=10000
numYear=156
```

练习：有一张很薄的纸，只有 0.01mm 厚，但可以任意大。不断对折这张纸，问对折多少次，这张纸的厚度就超过了珠穆朗玛峰（8848.86m）？

5.1.2 while 循环的应用

例 5-5 从键盘输入一个正整数，判断其是否为素数？

思路：只能被 1 和自身整除的数是素数。因此，判断 n 是否为素数，就是用 n 逐一除以 2，3，4，…，n-1。如果都不能整除，n 就是素数。只要有一次能被整除，n 就不是素数。

```
#prime.py
flag=False
n=int(input("n="))
```

```
count=2
while count < n:
    if n% count==0:
        flag=True
    count=count + 1
if flag==False:
    print(n,"is prime. ")
else:
    print(n,"is Not prime. ")
```

程序运行结果：

```
n=26
26 is Not prime.
```

分析：26 被 2 整除后，就能得出 26 不是素数的结论。但循环并没有停止，一直除到 25。使用 flag 变量是常用的编程技巧。flag 变量可以用来指示一个特定事件是否发生，或者某个特定状态是否存在。这道题使用 flag 变量来表明“整除这个事件”是否发生。

练习：试一试不用 flag 变量，从键盘输入一个正整数，判断其是否为素数？

例 5-6　输入若干学生的百分制成绩，求这些学生成绩的平均分、最高分和最低分。输入-1 时表示输入结束。

思路：求平均数首先要累加求和并计算人数，需要累加公式和计数器。求最大值好比打擂台，第一个人先上擂台（即第一个数就为最大值），每来一个人就打一次擂台（每输入一个数就和最大值比较一次），赢者站上擂台（大者赋给最大值）。

```
#averMaxMin. py
counter=0
total=0
score=eval(input("score="))
max=score
min=score
while score ! =-1:
      counter=counter + 1
      total=total + score
      if  score < min:
          min=score
      if  score > max:
          max=score
      score=eval(input("score="))
if counter > 0:
      print("Average=",total/counter)
      print("Max=",max)
```

```
        print("Min-",min)
else:
        print("No input")
```

程序运行结果：

```
score=60
score=70
score=80
score=90
score=100
score=-1
Average=80.0
Max=100
Min=60
```

分析：没有考虑输入的成绩是否是百分制成绩，特别是，没有考虑第一次输入的成绩是否是百分制成绩。

例 5-7 从键盘输入 2 个整数，求这 2 个整数的最大公约数。

思路：使用辗转相除法，除式为 m=n · q+r （0≤r<n），这是一个反复执行的循环过程。以除数 n 和余数 r 反复做除法运算，当余数为 0 时，取当前算式除数 n 为最大公约数。如图 5-2 所示。

```
#gcd.py
m=int(input("m="))
n=int(input("n="))
r=m % n
while  r ! =0:
        m=n
        n=r
        r=m % n
print("gcd=",n)
```

程序运行结果：

```
m=8
n=12
gcd=4
```

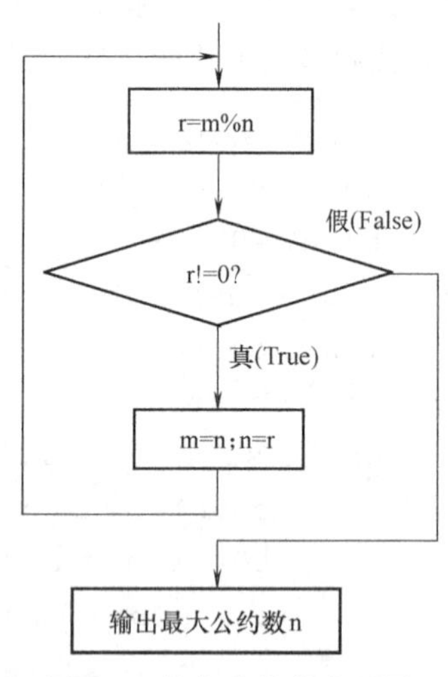

图 5-2　最大公约数流程图

练习：从键盘输入 2 个整数，求这 2 个整数的最小公倍数。注意：两个数的乘积等于这两个数的最大公约数与最小公倍数的积。

例 5-8 求下列式子的前 20 项的和。

$$\frac{2}{1}\times\frac{2}{3}\times\frac{4}{3}\times\frac{4}{5}\times\frac{6}{5}\times\frac{6}{7}\times\cdots$$

思路：使用连乘公式。每一项的特点是：分子是前一项分母加 1，分母是前一项分子加 1。

```
#fract20.py
prod=1
count=1
n=2
m=1
while count <=20:
        prod=prod * n / m
        n, m=m+1, n+1
        count +=1
print("prod=",prod)
```

程序运行结果：

```
prod=1.5338519033217493
```

练习：求下列组合的值，其中 m=40，n=20。

$$C_m^n=\frac{p_m^n}{n!}=\frac{m}{n}\times\frac{m-1}{n-1}\times\frac{m-2}{n-2}\times\frac{m-3}{n-3}\times\cdots\times\frac{m-n+1}{1}$$

例 5-9　求下列数列的和，直到最后一项绝对值小于 10^{-6} 为止。

$$1-\frac{1}{3}+\frac{1}{5}-\frac{1}{7}+\cdots$$

思路：定义一个符号变量 s，s=-s 放到循环体中，实现每循环一次变一次符号。循环结束条件：最后一项绝对值 $<10^{-6}$，注意：累加和中最后一项的绝对值 $<10^{-6}$。

```
#quartPI.py
pi=0
s=1
n=1
t=s / n
while abs(t)>=1e-6:
        pi=pi + t
        s=-s
        n=n + 2
        t=s / n
print("pi/4=",pi+t)
```

程序运行结果：

```
pi/4=0.7853986633964231
```

5.2 for 循环结构

5.2.1 for 语句

for 循环语句的语法格式：

```
for  循环变量  in  序列或其他可迭代对象:
     缩进语句块
```

功能：循环变量从左到右依次取得序列的值，每取得一次值，循环体缩进语句块就执行一次，直至序列中的数据都取完为止，如图 5-3 所示。

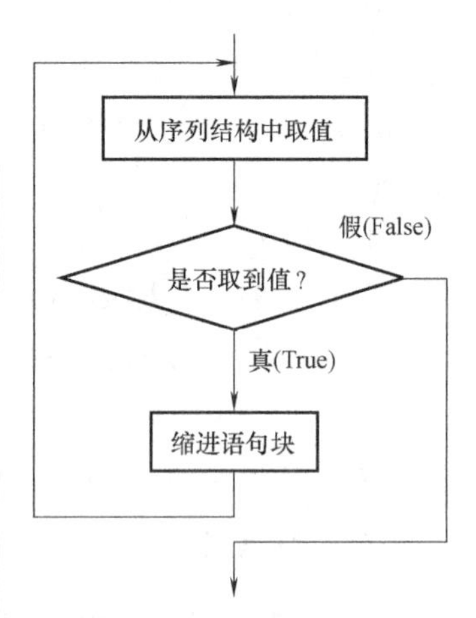

图 5-3 for 语句流程图

注意：序列或其他可迭代对象通常是字符串、列表、元组、字典、集合、range( )函数等。

例 5-10 例如，将字符串 python 的每个字符取出并输出。

```
#pythonChar.py
word="python"
for ch in word:
      print(ch)
```

程序运行结果：

```
p
y
t
h
o
n
```

range（ ）函数常在 for 语句中使用。range（ ）函数的语法格式是：

```
range( start,end,step)
```

功能：生成一个等差数列。初始值为 start，步长为 step，结束值最接近 end-1（注意，不包括 end）的等差数列。其中，start 和 step 都可以省略，省略时默认值分别为 0 和 1。如下表所示：

range( )函数	range( )函数产生的等差数列
range(10)	0、1、2、3、4、5、6、7、8、9
range(1,10)	1、2、3、4、5、6、7、8、9
range(5,9)	5、6、7、8
range(-10)、range(-1)、range(0)、range(9,5)、range(-3,-5)	step 为正，start 大于或等于 end，不产生数据

（续）

range( )函数	range( )函数产生的等差数列
range(-10,0)	-10、-9、-8、-7、-6、-5、-4、-3、-2、-1
range(-10,-5)	-10、-9、-8、-7、-6
range(-3,5)	-3、-2、-1、0、1、2、3、4
range(0,10,2)	0、2、4、6、8
range(1,10,2)	1、3、5、7、9
range(-4,4,2)	-4、-2、0、2
range(0,24,3)	0、3、6、9、12、15、18、21
range(0,10,4)	0、4、8
range(3,12,5)	3、8
range(-12,12,5)	-12、-7、-2、3、8
range(10,0,-2)	10、8、6、4、2
range(-4,-22,-3)	-4、-7、-10、-13、-16、-19
range(-4,0,-2)	step 为负，start 小于或等于 end，不产生数据

例 5-11　从键盘输入一个字符串，输出该字符串所有的元音字母。

```
#vowel.py
str=input("input a string:")
for ch in str:
    if ch in 'aeiouAEIOU'  :
        print(ch,end=','  )
```

程序运行结果：

```
input a string:I like python
I, i, e, o,
```

练习：从键盘输入一个字符串，将小写字母转换成大写字母，将大写字母转换成小写字母，并输出。

例 5-12　求下列式子的和。

$$1-\frac{1}{2}+\frac{1}{3}-\frac{1}{4}+\cdots-\frac{1}{100}$$

```
#sum1div100.py
s=1
sum=0
for n in range(1,101):
    sum=sum + s/n
    s=-s
print("1-1/2+1/3-1/4+…-1/100=",sum)
```

程序运行结果：

```
1-1/2+1/3-1/4+…-1/100=0.688172179310195
```

练习：求 12+22+32+…+n2 的和。n 值由键盘输入。

例 5-13 从键盘输入一个正整数 n，输出包含 n 的所有因子。每输出 5 个数据就换行。

```
#divisors.py
count=0
n=int(input("n="))
for m in range(1,n+1):
      if n % m==0:
          count +=1
          if count % 5==0:
              print(m)
          else:
              print(m, end='    ' )
```

程序运行结果：

```
n=60
1  2  3  4  5
6  10  12  15  20
30  60
```

练习：求 1 到 100 之间能被 7 整除但不能被 5 整除的所有整数。

例 5-14 求 1+2+3+…+1000 的和。像这种能确定循环次数的计算，用 for 语句实现更为简洁。

```
n=1000
sum=0
for i in range(1,n+1):
      sum +=i
print(sum)
```

我们在循环体中修改 n 的值，例如，n=n+1000，发现结果没有发生任何改变。

```
#sum1000_1.py
sum=0
n=1000
for  i  in range(1,n+1):
      sum=sum + i
      n=n+1000
print("sum=",sum)
```

可见，在 for 语句序列中的值，只在开始时求值一次，在循环体中修改并不影响循环次数。另外，for 语句序列中的值为空时，循环一次也不执行。

我们在循环体中修改变量 i 的值，例如，i=i+100，发现结果也没有发生改变。

```
#sum1000_2.py
sum=0
n=1000
for  i  in range(1,n+1):
        sum=sum + i
        i=i+100
print("sum=",sum)
```

这是因为循环体执行完一次循环，开始下一次循环时，变量 i 从序列中重新取值，在循环体中对变量 i 值的修改，就失效了。

5.2.2　for 循环的应用

例 5-15　输出“水仙花数”。所谓水仙花数是指 1 个 3 位十进制数，其各位数字的三次方和恰好等于该数本身。例如，153 是水仙花数，因为 $1^3+5^3+3^3=153$。

```
#Narcissus.py
for n in range(100,1000):
        ge=n % 10
        shi=n //10 % 10
        bai=n // 100
        if ge * ge * ge + shi * shi * shi + bai * bai * bai==n:
                print(n)
```

程序运行结果：

```
153
370
371
407
```

练习：求 10000 以内所有的完数。所谓完数是指一个数正好是它所有因子之和。例如，6 就是一个完数，因为 6 的因子有 1、2、3，并且 6=1+2+3。

例 5-16　缩略词是一个短语中每个单词的第一个字母组成的单词。例如，RAM 是 random access memory 的缩略词。从键盘输入一个短语（即一个字符串），输出该短语的缩略词。注意：缩略词应该全为大写。

思路：for 语句能遍历整个短语。难点是如何定位单词的第一个字符。特点：单词前面的字符一定是空格。当前字符不是空格，且当前字符的前面一个字符是空格时，该字符就是单词的第一个字符。因此，设变量 space=True 表示当前字符的前面一个字符是空格。

```
#acronym.py
str1=input("input a string:")
```

```
    space=True
    for ch in str1:
          if ch.isspace():
              space=True
          else:
              if space:
                  space=False
                  if ch.islower():
                        print(ch.upper(),end='')
                  elif ch.isupper():
                        print(ch,end='')
                  else:
                        print("\n illegal string.")
```

程序运行结果：

```
input a string:central processing unit
CPU
```

练习：从键盘输入一个字符串，统计该字符串中单词的个数。

5.3 循环语句的嵌套

在 Python 语法中，循环体中的语句没有作限制。因此，可以是任何合法语句，当然也可以是循环语句。这样就形成了循环语句的嵌套。

在 Python 程序中，循环语句的嵌套是很常见的。我们以打印乘法口诀表为例，说明循环语句可进行嵌套。

输出乘法口诀表第一行的代码，可以写成下列形式：

```
>>> for j in range(1,10):
        print(1*j,end='    ')
1 2 3 4 5 6 7 8 9
```

为了使乘法口诀表整齐美观，假设每个数据只占 3 位，上述 for 语句可格式化写为：

```
>>> for j in range(1,10):
        print("{0:3d}".format(1*j),end='')
  1  2  3  4  5  6  7  8  9
```

乘法口诀表有 9 行，因此，类似的 for 语句要书写 9 次。为了避免书写相同或类似 for 语句，可使用循环语句。这样，可以改写成下列形式：

```
>>> for i in range(1,10):
        for j in range(1,10):
```

```
        print("{0:3d}".format(i * j),end='')
  1  2  3  4  5  6  7  8  9  2  4  6  8  10  12  14  16  18  3  6  9
12  15  18  21  24  27  4  8  12  16  20  24  28  32  36  5  10  15  20
25  30  35  40  45  6  12  18  24  30  36  42  48  54  7  14  21  28  35
42  49  56  63  8  16  24  32  40  48  56  64  72  9  18  27  36  45  54
63  72  81
```

乘法口诀表的数值是对的，但乘法口诀表的样式不对。原因是打印完一行后，没有换行。外循环的循环体中应包含 2 个内容后打印一行数据后换行。可以改写成下列形式：

```
>>> for i in range(1,10):
        for j in range(1,10):
            print("{0:3d}".format(i* j),end='')
        print()
1    2    3    4    5    6    7    8    9
2    4    6    8    10   12   14   16   18
3    6    9    12   15   18   21   24   27
4    8    12   16   20   24   28   32   36
5    10   15   20   25   30   35   40   45
6    12   18   24   30   36   42   48   54
7    14   21   28   35   42   49   56   63
8    16   24   32   40   48   56   64   72
9    18   27   36   45   54   63   72   81
```

例 5-17　乘法口诀表是有表头的，而且是三角形样式。如果是下三角形样式，特点是行号大于或等于列号的位置打印数据。程序如下：

```
#multi9* 9.py
#打印表头
print("    |",end='')
for k in range(1,10):
    print("{0:3d}".format(k),end='')
print()                          #换行
print('-'  * 30)                 #每列占 3 位,9 个乘积列和 1 个行号列,该行占 30 位
for i in range(1,10):            #控制行,循环 9 次,打印 9 行
    print(i,'|'  ,end='')        #打印行头
    for j in range(1,i+1):       #第 i 行有 i 个乘积。在第 i 行循环 i 次
        print("{0:3d}".format(i * j),end='')       #乘积
    print()                      #换行
```

程序运行结果：

```
  | 1  2  3  4  5  6  7  8  9
  ------------------------------
 1 |  1
 2 |  2  4
 3 |  3  6  9
 4 |  4  8 12 16
 5 |  5 10 15 20 25
 6 |  6 12 18 24 30 36
 7 |  7 14 21 28 35 42 49
 8 |  8 16 24 32 40 48 56 64
 9 |  9 18 27 36 45 54 63 72 81
```

练习：打印出下列样式的乘法口诀表。

```
  |    1       2       3       4       5       6       7       8       9
          ------------------------------------------------------------------
1 |  1*1=1
2 |  2*1=2   2*2=4
3 |  3*1=3   3*2=6   3*3=9
4 |  4*1=4   4*2=8   4*3=12  4*4=16
5 |  5*1=5   5*2=10  5*3=15  5*4=20  5*5=25
6 |  6*1=6   6*2=12  6*3=18  6*4=24  6*5=30  6*6=36
7 |  7*1=7   7*2=14  7*3=21  7*4=28  7*5=35  7*6=42  7*7=49
8 |  8*1=8   8*2=16  8*3=24  8*4=32  8*5=40  8*6=48  8*7=56  8*8=64
9 |  9*1=9   9*2=18  9*3=27  9*4=36  9*5=45  9*6=54  9*7=63  9*8=72  9*9=81
```

例 5-18 求 1+12+123+1234+…+123456789 的和。

思路：使用累加公式。难点：确保第一次循环□为 1，第二次循环□为 12，第三次循环□为 123，…，第九次循环□为 123456789。求每一项□，再次使用循环语句。重复语句为：□=□×10+计数器。

```
#sun123456789.py
sum=0
count=1;
while count <=9:
    s=0
    n=1
    while n <=count:
```

```
        s=s*10+n
        n=n+1
    sum=sum+s
    count=count+1
print("1+2+…+123456789=",sum)
```

程序运行结果：

```
1+2+…+123456789=137174205
```

练习：求 2+22+222+2222+…+22…22（9 个 2）的和。

5.4 循环控制语句

5.4.1 break 语句

在循环语句的执行过程中，有时不需要执行完所有的循环次数，需要提前退出循环。例如，在判断一个正整数 n 是否为素数时，只要在 2~n-1 中有一个数能除尽 n，就能确定 n 不是素数，不需要继续循环，需要退出循环。在 Python 中，可使用 break 语句实现提前退出循环。

break 语句的语法格式：

break

功能：在循环体中执行 break 语句时，循环会马上中止，退出循环，然后继续执行紧跟在循环语句后面的语句。

例 5-19　求 300 以内被 19 整除的最大正整数。

思路：从 300 开始，从大到小依次除以 19，一旦整除，使用 break 语句立即结束循环。

```
#divid19.py
for n in range(300,0,-1):
    if n % 19==0:
        print(n)
        break
```

程序运行结果：

```
285
```

练习：从键盘输入一个数，使用 break 语句判断其是否为素数。

注意：

1）break 语句能在循环体中的任何位置退出循环。

2）break 语句常常出现在 if 语句里面。

3）如果 break 语句出现在嵌套循环模式的循环体代码中，则只中断包含 break 语句的最内层循环。

while 循环语句和 for 循环语句都可以带 else 子句，其语法格式如下：

while　条件表达式：

```
    缩进语句块
else:
    缩进 else 子句块

for 循环变量  in  序列或其他可迭代对象:
    缩进语句块
else:
    缩进 else 子句块
```

功能：如果循环因为条件表达式不成立而自然结束（不是因为执行了 break 语句或 return 语句而结束），则执行缩进 else 子句块；循环是因为执行了 break 语句或 return 语句而导致提前结束，则不执行缩进 else 子句块。

例 5-20　从键盘输入一个数，判断其是否为素数。

```
#primeelse.py
n=int(input("n="))
for i in range(2,n):
    if n % i==0:
        print(n," is NOT a prime.")
        break
else:
    print(n," is a prime.")
```

程序运行结果：

```
n=113
113 is a prime.
```

可见，使用带 else 子句的 for 循环语句，逻辑更加清晰，写法更加简洁明了。

练习：求出小于 200 的最大素数。

5.4.2　continue 语句

continue 语句的语法格式：

```
continue
```

功能：在循环体中执行 continue 语句时，中止本次循环，并忽略 continue 之后的所有语句，直接回到循环的顶端，提前进入下一次循环。

例 5-21　接下来我们分析一下以前做过的题：输入若干学生的百分制成绩，求这些学生成绩的平均分、最高分和最低分。输入-1 时表示输入结束。

当时程序的问题是：没有考虑输入的成绩是否是百分制成绩，特别是，没有考虑第一次输入的成绩是否是百分制成绩。

解决方法：进入循环体后，首先判断输入数据是否合法，如果不是百分制成绩，则什么都不做，继续输入数据并重新循环，这样就可使用 continue 语句来实现；如果是百分制成绩，接下来要做的第一件事情是判断这个百分制成绩是不是第一个成绩。如果是，就将该成绩赋给记录最大值的变量 max 和记录最小值的变量 min。

```
#averMaxMin1.py
counter=0
total=0
score=eval(input("score="))
while score ! =-1:
        if not(0<=score<=100):
            score=eval(input("score="))
            continue
        if counter==0:
            max=score
            min=score
        counter=counter + 1
        total=total + score
        if  score < min:
            min=score
        if  score > max:
            max=score
        score=eval(input("score="))
if counter > 0:
        print("Average=",total/counter)
        print("Max=",max)
        print("Min=",min)
else:
print("No input")
```

练习：将"while score ！ =-1:" 写成"while True:"，改写此程序。

注意：

1)continue 语句能在循环体中的任何位置中止本次循环。

2)continue 语句常常出现在 if 语句里面。

3)如果 continue 语句出现在嵌套循环模式的循环体代码中，则只中止包含 continue 语句的当前最内层循环语句的本次循环，继续执行当前最内层循环语句的下一次循环。

4)如果 break 语句或 continue 语句能够使代码更加简洁或更加清晰，可以使用，否则不要轻易使用。

5.4.3 pass 语句

在 Python 中，if 语句、while 语句、for 语句、函数定义语句 def 必须有一个语句体（即非空缩进语句块）。如果没有非空缩进语句块，则程序会发生语法错误。在极少数情况下，当非空缩进代码块中不需要做任何事时，Python 语法要求必须要有代码。由于这个原因，Python 提供了 pass 语句，它不执行任何操作，但 pass 语句是一个有效的语句。

当 Python 语法需要代码时，可以使用 pass 语句。当缩进语句块还没有实现时，也可以临时使用 pass 语句。

5.5 循环结构程序举例

例 5-22 打印斐波那契数列的前 20 项。斐波那契数列的第一项为 1，第二项为 1，第三项为 2，第四项为 3，从第三项开始，每项等于前两项之和，即 1、1、2、3、5、8、13、21、34、55、89、144、233、377、610、987、1597、2584、4181、6765。

```
#Fibonacci.py
f1=1
f2=1
print(f1,f2,end='')
for n in range(3,21):
        f=f1 + f2
        print(f,end='')
        f1,f2=f2,f
```

程序运行结果：

```
1 1 2 3 5 8 13 21 34 55 89 144 233 377 610 987 1597 2584 4181 6765
```

例 5-23 判断一个整数是否为回文数。所谓回文数是指一个数的正序和逆序值相等，如 1234321、38755783 等。

思路：首先要分离出整数的各个位的值。例如，数 12345 对 10 求余得出个位数字 5，数 12345 对 10 取整得出缩小 10 倍数 1234；对缩小 10 倍数重复执行这种求余、取整运算，可分离出十位、百位、千位……一直到缩小 10 倍数为 0，停止运算。其次，从分离出的数字构造出新数。构造公式为：新数=新数 * 10+分离出数字。

```
#palin.py
num1=int(input("num1="))
n=num1
num2=0
while n ! =0:
        ge=n % 10
        num2=num2 * 10 + ge
```

```
        n=n//10

    if num2==num1:
        print(num1," is a palindromic number")
    else:
    print(num1," is Not a palindromic number")
```

程序运行结果：

```
num1=38755783
38755783  is a palindromic number
```

例 5-24　求 1！+2！+3！+…+n！的和。n 值由键盘输入。

思路：总体来看是累加问题，累加的每一项是连乘问题。因此，外循环使用累加公式，内循环使用连乘公式。

```
#sumprod.py
n=int(input("n="))
sum=0
for i in range(1,n+1):
    prod=1
    for j in range(1,i+1):
        prod=prod * j
    sum=sum + prod
print("sum=",sum)
```

程序运行结果：

```
n=10
sum=4037913
```

这道题还可以用单循环语句结构，借助（n-1）！来计算 n!。程序如下：

```
#sumprod1.py
n=int(input("n="))
sum=0
prod=1
for i in range(1,n+1):
    prod=prod * i
    sum=sum + prod
print("sum=",sum)
```

例 5-25　猜数字游戏。机器随机产生一个正整数（1~100），让用户通过键盘输入去猜。猜中输出 You got it，并输出是第几次猜中的；猜小了输出提示信息 Too low；猜大了输出提示信息 Too high。

```
#guess.py
import random
num=random.randint(1,100)  #产生1~100之间的随机数
count=0
while True:
      guess=int(input("input num(1-100)="))
      count +=1
      if guess==num:
          print("You got it ",count,"times.")
          break
      elif  guess < num:
          print("Too low")
      else:
          print("Too high")
```

习 题 5

1. 求下列式子前 30 项的和。n 值由键盘输入。

$$\frac{1}{1\times2}+\frac{1}{2\times3}+\frac{1}{3\times4}+\cdots+\frac{1}{n\ (n+1)}$$

2. 从键盘输入一个非 0 数字赋给 a，求 a+aa+aaa+aaaa+…+aa…aa（9 个 a）的和。

3. 假设一个城市的人口在 2016 年是 4000000，年增长率为 2%，请输出从 2016 年到 2020 年每年的人口数量。

4. 从键盘输入若干学生一门课的成绩，计算出平均分，输出低于 60 分的学生成绩。当输入负数时结束输入。

5. 如果有 2 个数，每个数的所有因子（除它本身外）的和正好等于对方，则称这两个数为互满数。求出 10000 以内所有的互满数，并显示输出。

6. 输出整数的全部素数因子。例如，m=120，因子为 2，2，2，3，5。

7. 求出小于 200 的最大素数。

8. 求下列式子的和，直到最后一项绝对值小于 10^{-7} 为止。

$$1+\frac{1}{1!}+\frac{1}{2!}+\frac{1}{3!}+\cdots+\frac{1}{n!}$$

9. 打印出上三角形样式的乘法口诀表。

第6章 序列

Python 中最基本的数据结构是序列（sequence）。Python 中常用的序列结构有列表、元组、字典、字符串、集合等。其中，字典和集合属于无序序列，列表、元组和字符串等属于有序序列，均支持双向索引。有序序列中每个元素被分配一个序号，即元素的位置，也称为索引，第一个元素索引是 0，第二个元素索引是 1，以此类推；也可以使用负数作为索引，最后一个元素索引为-1，倒数第二个元素索引为-2，以此类推。根据序列中元素是否可以改变，又可将序列分为不可变序列和可变序列。常用的不可变序列有：字符串、元组。常用的可变序列有：列表、集合和字典。

有序序列类型都可以进行的特定运算有：索引（indexing）、分片（sliceing）、加（adding）、乘（multiplying）、成员检测（检查某个元素是否属于序列）。大量经验表明，熟练掌握 Python 基本数据结构（尤其是序列）可以更加快速、有效的解决实际问题。

6.1 字符串

字符串是 Python 最常见的数据类型之一。句子、短语、单词、字母、名字、电话号码、地址、身份证号码都是典型的字符串。

6.1.1 字符串常量与变量

1. 常量

字符串常量是由 0 个或多个字符构成的一个序列，并视其为一个整体。字符串中的字符可以是键盘上的任意字符（例如，字母、数字、标点符号、空格）和其他特殊字符。

在 Python 中，字符串常量是由一对定界符括起来的字符序列。定界符可以是单引号、双引号、三单引号、三双引号。例如，'Python'、"Python"、'''Python'''、"""Python"""都是正确的字符串常量表达形式。单引号、双引号比较常用。

由 0 个字符构成的字符串是空字符串（''或""），即不包括任何字符串。

不同的定界符之间，可以互相嵌套。例如，'欢迎选修"Python 语言程序设计"课程'。相同的定界符之间，不能互相嵌套。

在 string 模块中定义了多个字符串常量，包括数字字符、英文字母、大写字母、小写字母、标点符号等，用户在引入模块 import string 后，可直接使用这些常量。

```
>>> import string
>>> string.digits                                   #数字字符
```

```
'0123456789'
>>> string.ascii_letters                          #英文字母
'abcdefghijklmnopqrstuvwxyzABCDEFGHIJKLMNOPQRSTUVWXYZ'
>>> string.ascii_uppercase                        #大写字母
'ABCDEFGHIJKLMNOPQRSTUVWXYZ'
>>> string.ascii_lowercase                        #小写字母
'abcdefghijklmnopqrstuvwxyz'
>>> string.punctuation                            #标点符号
'!"#$%&\'()*+,-./:;<=>?@[\\]^_`{|}~'
```

2. 变量

在 Python 中，为变量赋值就是定义变量。定义字符串变量有两种常用方式：直接赋值方式和 input（ ）函数方式。

直接赋值定义字符串变量的语法格式：

```
字符串变量名=字符串常量
```

功能：把字符串常量的值用字符串变量名标识（引用）。

例如：

```
>>> str1="Hello,world!"
>>> str2='5th Avenue'
>>> str3="'Python lanuage"'
>>> str4="""Python 语言"""
>>> str5='欢迎选修"Python 语言程序设计"课程'
>>> str6=str7='Time and tide wait for no man.'
>>> str8, srt9, str10="Goals","determine","what you are going to be."
```

使用 input（ ）函数，定义字符串变量的语法格式：

```
字符串变量名=input("提示信息")
```

功能：等待用户从键盘输入数据，并把输入数据作为字符串常量赋给字符串变量。

例如，给 name 变量输入姓名 zhangsan：

```
>>> name=input("input name:")
input name:zhangsan
```

注意：

1）用户在输入数据时不需要输入引号。

2）提示信息的作用是给用户提示，方便用户输入数据，可以没有，但一对圆括号不能省略。如果有提示信息，要以字符串的形式出现。

3）如果用户输入数字 123，则将 123 作为字符串，如果要进行算术运算，需要先将其转换为整数。

6.1.2 序列通用运算——索引与切片等

有序序列类型都可以进行的特定运算：索引（indexing）、切片（sliceing）、加（adding）、乘（multiplying）、成员检测（检查某个元素是否属于序列）。字符串属于有序序列，能进行上述运算。本节以字符串为例介绍有序序列通用运算。

1. 索引

在Python中，字符串中字符所在位置可以用索引来标识。索引编号可以从左边开始，使用数字0、1、2、3、4、5、6……来标识；也可以从右边开始，使用数字-1、-2、-3、-4、-5、-6……来标识。例如，字符串“silence is gold”中每个字符的索引，如图6-1所示。

0	1	2	3	4	5	6	7	8	9	10	11	12	13	14
s	i	l	e	n	c	e		i	s		g	o	l	d
-15	-14	-13	-12	-11	-10	-9	-8	-7	-6	-5	-4	-3	-2	-1

图6-1 字符串“silence is gold”中每个字符的索引

通过索引运算符（[]）可以访问一个字符串中的单个字符。语法格式如下：

```
字符串变量名[索引编号]
```

功能：从字符串中取出索引编号对应的字符。

例如，字符串“silence is gold”和字符串“Python语言”的取字符操作。

```
>>> str1="silence is gold"
>>> str1[0]                              #结果为's'
>>> str1[5]                              #结果为'c'
>>> str1[-1]                             #结果为'd'
>>> str1[-3]                             #结果为'o'
>>> str1[14]                             #结果为'd'
>>> str1[-15]                            #结果为's'
>>> str2="Python语言"
>>> str2[-2]                             #结果为'语'
>>> str2[7]                              #结果为'言'
```

2. 子字符串或切片

子字符串或切片是字符串中连续字符的一个序列。例如，以字符串“silence is gold”为例，子字符串“silence”“is”“gold”起始位置分别是0、8和11，结束位置分别是6、9和14。访问子字符串的语法格式：

```
字符串变量名[m:n]
```

功能：在字符串中取出从m位置开始，n位置之前的字符串。即以位置m开始，以位置n-1结束的字符串。

如果str1是一个字符串，则str1［m：n］是以位置m开始，以位置n-1结束的字符串。

该字符串 str1 [m: n] 是从原字符串 str1 中产生的新字符串。即字符串 str1 [m: n] 与字符串 str1 是 2 个不同的字符串。

在 str1 [m: n] 中，m、n 其中一个或两个都可以省略，在这种情况下，左边边界 m 的默认值为 0，右边边界 n 的默认值为字符串的长度。

str1 [: n] 表示从字符串首字符到 str1 [n-1] 字符之间的所有字符。

str1 [m :] 表示从 str1 [m] 字符到字符串末尾的所有字符。

str1 [:] 或 str1 [: :] 表示整个字符串。str1 [:] 或 str1 [: :] 与 str1 虽然值相同，却是 2 个不同的字符串。

str1 [: : -1] 表示由字符串 str1 的逆序构成的新字符串。

仍以字符串“silence is gold”为例：

```
>>> str1="silence is gold"
>>> str1[8:10]                    #结果为'is'
>>> str1[:7]                      #结果为'silence'
>>> str1[11:]                     #结果为'gold'
>>> str1[:]                       #结果为'silence is gold'
>>> str1[-12:-8]                  #结果为'ence'
>>> str1[:-5]                     #结果为'silence is'
>>> str1[-7:]                     #结果为'is gold'
```

访问子字符串还可以使用下列方式：

```
字符串变量名[m:n:s]
```

功能：m、n 的用法和上面相同。s 代表步长，可以是正数，也可以是负数，默认值为 1。s 是正数，从左到右操作，m<n；s 是负数，从右到左操作，m>n。

仍以字符串“silence is gold”为例：

```
>>> str1[:12:2]            #结果为'slnei '
>>> str1[6::3]             #结果为'eso'
>>> str1[-8:-12:-1]        #结果为'ecn'
>>> str1[10:4:2]           #结果为"s 是正数 2,m≥n 得到的是空字符串
>>> str1[-12:-8:-1]        #结果为"s 是负数-1,m≤n 得到的是空字符串
```

3. 字符串连接

两个字符串连接起来组成一个新的字符串，这个操作叫连接。使用加号（+）运算符表示连接。例如，'micro'+'computer'形成'microcomputer'。

字符串不能和数字连接。例如，5+'G'是错误的。可这样连接：'5'+'G'。

例 6-1 从键盘输入一个字符串，然后逆序输出。

```
#reverseword.py
word=input("input a word:")
reverseword=""
for ch in word:
    reverseword=ch + reverseword
```

```
print("The reversed word is "+reverseword+".")
```

程序运行结果：

```
input a word:python
The reversed word is nohtyp.
```

4. 字符串重复

* 运算符用来重复连接一个字符串自身。表达式的形式为：str1 * n。其中，str1 可以是字符串常量、变量或表达式，n 是一个正整数。例如：

```
>>> "mom" * 2                    #结果为'mommom'
>>> s * 4                        #结果为'abcabcabcabc'
>>> ("5G-" * 2)+"5G"             #结果为'5G-5G-5G'
```

例 6-2　从键盘输入一个字符串，把字符串中的数字字符分离出来，并组成一个整数，再乘以数字字符的个数后输出。如果输入“qw12ghj345bm”，则输出数值 61725（12345×5=61725）。

思路：首先遍历整个字符串，取出各个字符，再挑出数字字符并组成一个整数，需要用到切片类型转换等操作。

```
#strdigitToInt.py
str1=input("input a string:")
count=0                          #计数器初值为 0
str_num=""                       #数字字符串初值为空

for  ch in str1:                 #遍历字符串,取出各个字符
     if  '0'<=ch <='9':          #挑出数字字符
         str_num +=ch            #连接成数字字符串
         count +=1               #统计数字字符个数
num=int(str_num) * count         #数字字符串转换成整数,并进行运算
print(num)
```

程序运行结果：

```
input a string:as45cv67hj
18268
```

5. 字符串检测

成员测试 in 是判断一个字符串是否出现在另一个字符串中，如果出现返回 True，如果不出现返回 False。成员测试 not in 是判断一个字符串是否没有出现在另一个字符串中，如果没有出现返回 True，如果出现返回 False。例如：

```
>>> "h" in "Python"                #结果为 True
>>> "thon" in "Python"             #结果为 True
>>> "p" in "Python"                #结果为 False
>>> "then" not in "Python"         #结果为 True
```

6.1.3 字符串比较运算和常用函数

1. 字符串比较运算

和数值一样，字符串可以使用比较运算符（==、!=、>、<等）进行比较，例如，对于相等运算符（==），如果运算符两侧的字符串的值相同，则返回 True。相等运算符（==）和不等运算符（!=）用于测试两个字符串是否相等，比较运算符小于（<）和大于（>）则使用字典序来比较字符串。例如：

```
>>> s1="Python";  s2='Hello'
>>> s1==s2                          #结果为 False
>>> s1 !=s2                         #结果为 True
>>> s1 > s2                         #结果为 True
>>> s1 < s2                         #结果为 False
>>> "Hello"==s2                     #结果为 True
>>> "H"==s2                         #结果为 False
>>> "H" < s2                        #结果为 True
>>> 'Pythen'> s1                    #结果为 False
```

所谓字典序的严格定义如下：

字符串“$a_1a_2a_3\cdots a_k$”在字典序中排在字符串“$b_1b_2b_3\cdots b_l$”之前，必须满足下列条件之一：

1）$a_1=b_1$，$a_2=b_2$，…，$a_k=b_k$ 并且 $k<l$。

2）满足 a_i 和 b_i 不同的最小索引 i，a_i 的 Unicode 编码小于 b_i 的 Unicode 编码。

例 6-3 从键盘输入一个字符串，求该字符串逆序的个数。例如，在字符串“ABBFHDL”中，因为字符 F 出现在 D 之前，因此，F 和 D 构成了逆序。“ABBFHDL”中逆序的个数是 2。

```
#inverted.py
str1=input("str1=")
count=0
for i in range(len(str1)):
     for j in range(i+1,len(str1)):
         if str1[i] > str1[j]:
             count +=1
print("count=",count)
```

程序运行结果：

```
str1=ABBFHDL
count=2
```

2. 字符串的常用函数

常用的 4 个字符串运算函数见表 6-1。

表 6-1　常用的字符串运算函数

函数	示例	值	功能描述
len(字符串)	len('Python 语言')	8	求字符串中字符的数目
str(数字)	str(2.71828)	2.71828	把数字转换为字符串
chr(编码值)	chr(65)	A	求编码值对应的字符
ord(字符)	ord("A")	65	求字符对应的编码值

注：表中编码值是指 Unicode 编码值。

注意：>>> str（3.14）　　　　#结果为'3.14'

　　　>>> str（3.）　　　　#结果为'3.0'

例 6-4　从键盘输入一个字符串，判断该字符串是否是回文字符串。

```
#plalindrome.py
str1=input("str1=")
i=0
j=-1
for i in range(len(str1)//2):
    if str1[i] ! =str1[j]:
        print(str1,"is Not a plalindrome.")
        break
    i +=1
    j -=1
else:
    print(str1,"is a plalindrome.")
```

程序运行结果：

```
str1=莺啼岸柳弄春晴,柳弄春晴夜月明。明月夜晴春弄柳,晴春弄柳岸啼莺
莺啼岸柳弄春晴,柳弄春晴夜月明。明月夜晴春弄柳,晴春弄柳岸啼莺 is a plalin-
drome.
```

如果使用切片操作，程序可更加简洁。

```
#plalindrome1.py
str1=input("str1=")
if str1==str1[::-1]:
    print(str1,"is a plalindrome.")
else:
    print(str1,"is Not a plalindrome.")
```

程序运行结果：

```
str1=able was I ere I saw elba
able was I ere I saw elba is a plalindrome.
```

6.1.4 字符串的常用方法

1. 字符串查找与统计的方法

字符串查找与统计的常用方法有：find( )、rfind( )、index( )、rindex( )、count( ) 方法。见表 6-2。

表 6-2 find( )、rfind( )、index( )、rindex( )、count( ) 方法

函数	功能描述
str1. find(subStr[,start[,end]])	从左到右搜索 str1,返回 subStr 在 str1 首次出现的索引位置
str1. rfind(subStr[,start[,end]])	从右到左搜索 str1,返回 subStr 在 str1 首次出现的索引位置
str1. index(subStr[,start[,end]])	从左到右搜索 str1,返回 subStr 在 str1 首次出现的索引位置
str1. rindex(subStr[,start[,end]])	从右到左搜索 str1,返回 subStr 在 str1 首次出现的索引位置
str1. count(subStr[,start[,end]])	计算 subStr 在 str1 中出现的次数

注：1. start 代表搜索的起始索引位置，end 代表搜索的结束索引位置。可省略。

2. find( ) 方法，没有找到指定字符串 subStr 时，返回-1。index( ) 方法，没有找到指定字符串 subStr 时，返回 ValueError 的错误信息。

示例：

```
>>> str1='  one two three'
>>> str1. find('two')                   #结果为 4
>>> str1. find('two',5,9)               #结果为-1
>>> str1. rfind('one')                  #结果为 0
>>> str1. find('t')                     #结果为 4
>>> str1. rfind('t')                    #结果为 8
>>> str1. index('three')                #结果为 8
>>> str1. rindex('e')                   #结果为 12
>>> str1. count('e')                    #结果为 3
>>> str1. count('twe')                  #结果为 0
```

成员检测运算符 in 和 not in 只是检测字符串在不在另一个字符串中；find( ) 等方法不仅判断在不在，而且还返回字符串在另一个字符串中首次出现的索引位置。可见，成员检测运算符是模糊查找，find( ) 等方法是精确查找。

2. 字符串转换方法

字符串常见的转换方法有：lower ( )、upper ( )、capitalize ( )、title ( )、swapcase ( ) 等。见表 6-3。

表 6-3 字符串常见的转换方法

方法	功能描述
str1. lower( )	将字符串 str1 转换为小写字符
str1. upper( )	将字符串 str1 转换为大写字符
str1. capitalize( )	将字符串 str1 首字母大写,其他字母小写
str1. title( )	将字符串 str1 中每个单词的首字母大写,其他字母小写
str1. swapcase( )	将字符串 str1 中字符大小写互换

示例：

```
>>> str1="Madam,I'm Adam."
>>> str1.lower( )
"madam,i'm adam."
>>> str1.upper()
"MADAM,I'M ADAM."
>>> str1.capitalize()
"Madam,i'm adam."
>>> str1.title( )
"Madam,I'M Adam."
#str1 一直未变,始终是"Madam,I'm Adam.",返回的是产生的新字符串
>>> str1.swapcase( )
"mADAM,i'M aDAM."
```

3. 字符串分割与连接的方法

字符串分割与连接的常用方法有：split( )、rsplit( )、join( ) 等方法。见表 6-4。

表 6-4　split( )、rsplit( )、join( ) 方法

方法	功能描述
str1.split(sep=None,maxsplit=-1)	从 str1 左端开始,用字符 sep 将 str1 分割为多个字符串。maxsplit 为分割次数,默认值为-1。sep 默认值为空格
str1.rsplit(sep=None,maxsplit=-1)	从 str1 右端开始,用字符 sep 将 str1 分割为多个字符串。maxsplit 为分割次数,默认值为-1。sep 默认值为空格
str1.join(iterable)	将多个字符串连接起来,并在相邻字符串之间插入指定字符

注：使用 split( ) 方法分割字符串时，会将分割后的字符串以列表（list）返回。

示例：

```
>>> str1='one two three'
>>> print(str1.split())
['one','two','three']
>>> print(str1.split(maxsplit=1))
['one','two three']
>>> print(str1.rsplit(maxsplit=1))
['one two','three']
>>> '2020/2/25'.split('/')
['2020','2','25']
>>> "18:38:58".split(':')
['18','38','58']
>>> d='2020/2/25'.split('/')
```

```
>>> '-'.join(d)
'2020-2-25'
>>> "/".join("18:38:58".split(':'))
'18/38/58'
>>> s='I am a boy'
>>> print(" ".join(s.split()[::-1]))          #将 s 中的字符串逆序
boy a am I
```

例 6-5 从键盘输入一个短语（即一个字符串），输出该短语的缩略词。注意：缩略词应该全为大写。在第 5 章中，编写过这个程序。现在使用字符串的 split（ ）方法，程序写法更为简洁。

```
#wordabbr.py
str1=input("input a string:")
words=str1.split( )
result=''
for w in words:
    result=result + w[0].upper()
print(result)
```

程序运行结果：

```
input a string:random access memory
RAM
```

4. 删除空白字符

删除空白字符或连续指定字符的方法有：strip( )、rstrip( )、lstrip( )。见表 6-5。

表 6-5 常用的删除字符串空白字符的方法

方法	功能描述
str1.strip(str2)	删除字符串 str1 两端的空白字符或连续的指定字符(str2 中的字符)
str1.rstrip(str2)	删除字符串 str1 尾部的空白字符或连续的指定字符(str2 中的字符)
str1.lstrip(str2)	删除字符串 str1 首部的空白字符或连续的指定字符(str2 中的字符)

示例：

```
>>> "aaaaafffggh".strip("a")
'fffggh'
>>> "aaaaaaffggghhaa".strip("ag")
'ffggghh'
>>> "aaasdfaaaaaaa".rstrip("a")
'aaasdf'
>>> "aaasdfaaaaaaa".lstrip("a")
'sdfaaaaaaa'
```

5. startswith( )、endswith( ) 方法

startswith( )、endswith( ) 方法是判断字符串 str1 是否以指定字符串 str2 开始和结束。这两个方法可以接受两个整数参数来限定字符串的检测范围。见表 6-6。

表 6-6　startswith( )、endswith( ) 方法

方法	功能描述
str1. startswith(str2)	判断字符串 str1 是否以指定字符串 str2 开始
str1. endswith(str2)	判断字符串 str1 是否以指定字符串 str2 结束

示例：

```
>>> str1="Was it a cat I saw?"
>>> str1. startswith("Was")
True
>>> str1. startswith("Was",3)
False
>>> str1. startswith("Was",0,3)
True
```

6. replace( ) 方法

str1. replace（str2，str3）方法是用 str3 来替换字符串 str1 中指定字符或子字符串 str2 的所有重复出现，每次只能替换一个字符或子字符串。例如：

```
>>> str1="Python: I like Python very much. "
>>> str1
'Python: I like Python very much. '
>>> str1. replace("Python","Java")
'Java: I like Java very much. '
```

在 Python 中，字符串属于不可变序列，不能对字符串对象进行元素增加、修改与删除等操作。对象字符串提供了 replace( ) 方法，并不是对原有字符串进行直接修改替换，而是返回一个修改替换后的结果字符串。类似地，strip( )、rstrip( )、lstrip( )、split( )、rsplit( )、join( )、lower( )、upper( )、capitalize( )、title( )、swapcase( ) 等方法，都没有改变原有字符串，而是返回一个新字符串。这个新字符串就是操作的结果。

此外，在 3. 3. 3 格式化输出一节中，已经介绍了字符串的 format( )、ljust( )、rjust( )、center( ) 方法，在此就不再赘述。

例 6-6　若要加密一个非负整数的字符串，要求用加密密钥指定的数字替换其每一个数字。例如，一个 10 位字符串"3941068257"指定了一个替换密码，其中数字 0 被替换为数字 3，数字 1 被替换为数字 9，数字 2 被替换为数字 4，…明文"132"加密后的密文是"914"。

```
#cipher. py
key=input("key=")
```

```
if key.isdecimal()and len(key)= =10:
str1=input("str1=")
str2="
if str1.isnumeric():
        for i in range(len(str1)):
            str2=str2 + key[int(str1[i])]
        print(str2)
      else:
        print("str is not numeric. ")
else:
      print("key error!")
```

程序运行结果：

```
key=3941068257
str1=654321
860149
```

6.2 列表

列表是 Python 对象的一个有序序列，其中对象可以是任何类型，并不要求类型必须一致。列表中的元素（对象）是可以修改的。列表是一个可变有序序列。

6.2.1 列表的基本操作

1. 列表的创建

列表的创建，可以使用中括号将所有元素括起来，并且每个元素之间用逗号分隔。列表创建的语法格式：

```
列表变量名=[ 元素 1,元素 2,元素 3,……,元素 n ]
```

功能：把零个或多个元素放到中括号内，并用变量来标识，如果有多个元素，元素之间用逗号分隔。

```
>>> numint=[1,3 ,6 ,8, 9]                          #由相同类型整数构成
>>> nums=[5, 8, 0, -9, 3.14, -2.7]                 #由不同类型构成
>>> words=['apple','classroom','school','www']#由字符串构成
>>> score=[[70,80,90], 240]                         #有的元素是列表
>>> student=['05191234','张三', 18, '男', False, 530.5, "电子信息"]
                                                     #由不同类型构成
>>> list0=[ ]                                        #空列表
>>> list1=[2.7]                                      #只有一个元素列表
```

```
>>> lst=['I','love','you'  ]          #列表封装
>>> [a,b,c]=lst          #列表 lst 拆封,将列表中的元素分别赋给 a,b,c
>>> a
'I'
>>> b
'love'
>>> c
'you'
>>> [d,e]=1,'this'      #赋值运算符(=)两边变量和数据要一一对应
>>> d
1
>>> e
'this'
```

列表的元素可以是任何类型，既可以是整型、浮点型、字符串等简单的数据类型，也可以是列表、元组、字典、集合等组合的数据类型；列表中元素的类型可以相同，也可以不同；列表可以有任意个元素，既可以有若干个元素，也可以有一个元素，也可以没有任何元素。

list 是 Python 的一个内置函数名，因此，列表变量名不能定义成 list。如果定义成 list 会使内置的 list（ ）函数失去作用。同样，tuple、dict 和 set 分别作为元组名、字典和集合名，它们也是 Python 的内置函数名，不应该作为变量名。

列表还可以通过 Python 的内置函数 list( ) 函数来创建。例如：

```
>>> series1=list([2, 4, 6, 8, 10])                #列表为 [2, 4, 6, 8, 10]
>>> series2=list(range(1,10))       #列表为 [1, 2, 3, 4, 5, 6, 7, 8, 9]
>>> series3=list(range(1,10,3))     #列表为 [1, 4, 7]
>>> series4=list("st 列表")          #列表为 ['s','t','列','表']
>>> series5=list( )                           #列表为 [ ]
```

还可以使用列表推导式，快速产生有规律的数据。列表推导式的语法格式：

```
[表达式  for 变量 in 序列等可迭代对象 ]
[表达式  for 变量 in 序列等可迭代对象  if  表达式 1]
语法上等价于
    series=[ ]
    for  变量  in  序列等可迭代对象:
        if  表达式 1:
            series.append(表达式)
```

示例：

```
>>> s1=[ x * x for x in range(1,11)]
```

```
>>> s1
[1, 4, 9, 16, 25, 36, 49, 64, 81, 100]
>>> s2=[ 'x'+ n for n in ['1','2','3']]
>>> s2
['x1','x2','x3']
>>> s3=[ 'x'+ str(n)for n in range(1,10)]
>>> s3
['x1','x2','x3','x4','x5','x6','x7','x8','x9']
>>> [s.upper()  for  s  in ['hello','world','Python'] ]
['HELLO','WORLD','PYTHON']
```

列表推导式的功能非常强大，简单示例如下：

将两个列表的元素进行全排列：

```
s4=[ ch+num  for ch in ['a','b','c']  for num in ['1','2','3'] ]
>>> s4
['a1','a2','a3','b1','b2','b3','c1','c2','c3']
```

ch+num for ch in ['a', 'b', 'c'] for num in ['1', '2', '3'] 写成下列形式可能更好理解一些：

```
        for ch in ['a','b',c]:
            for num in [1,2,3]:
                ch+num
```

将嵌套列表变成简单列表：

```
vec=[ [1,2,3],[4,5,6],[7,8,9] ]
>>> s5=[ num  for obj in vec  for num in obj ]
>>> s5
[1, 2, 3, 4, 5, 6, 7, 8, 9]
```

过滤不符合条件的元素。在列推导式中，可以使用 if 语句来筛选。只在结果列表中保留符合条件的元素。例如，在下列列表中选择数值大于 0 的元素组成新列表。

```
>>> nums=[ 23, -3, 6, -5, 67.8, 88, -5.6, -99, 111 ]
>>> [ n  for  n in nums  if  n>0 ]
[23, 6, 67.8, 88, 111]
>>> [ n for n in range(50,101)  if (n% 7==0)]
[56, 63, 70, 77, 84, 91, 98]
```

生成 100 以内的所有素数：

```
[ p for p in range(2,101) if 0 not in [ p% d for d in range
(2,p)] ][2, 3, 5, 7, 11, 13, 17, 19, 23, 29, 31, 37, 41, 43, 47, 53, 59, 61, 67,
71, 73, 79, 83, 89, 97]
```

2. 列表的运算符

列表运算符有：索引运算法（[ ]）、切片、连接运算符（+）、重复运算符、成员检测运算符（in 和 not in）。这些运算符的用法与字符串的用法相同。区别仅是运算对象不同：前者的运算对象是列表，后者的运算对象是字符串。现有列表 s1=[1,3,5,7,9,11]，列表运算符的示例见表 6-7。

表 6-7　列表的运算符

用法	示例	值	功能描述
lst[i]	s1[2], s1[0],s1[-1], s1[-5]	5, 1, 11, 3	访问列表索引为 i 的元素
lst[m:n]	s1[1:3], s1[-4::-1]	[3,5], [5,7,9,11]	返回从 m 到 n-1 的新列表
lst1 + lst2	s1+[6,8]	[1,3,5,7,9,11,6,8]	连接 2 个列表形成新列表
lst * n 或 n * lst	[6,8] * 3	[6,8,6,8,6,8]	列表自身连接 n 次形成新列表
x in lst	7 in s1	True	元素在列表中返回 True
x not in lst	5 not in s1	False	元素不在列表中返回 True

注：lst、lst1、lst2 均为列表。

注意：连接运算 lst1 + lst2、重复运算 lst * n 或 n * lst、切片 lst [m：n] 都产生了新的列表。一个列表中的元素可以发生变化，但列表的 id 号始终不变。例如：

```
>>> lst1=lst2=[1,2,3,4,5,6]
>>> id(lst1)
42061056
>>> id(lst2)
42061056
>>> lst3=lst1[:]
>>> id(lst3)
48368512
>>> lst3
[1, 2, 3, 4, 5, 6]
>>> lst4=lst1[::-1]
>>> id(lst4)
51825792
>>> lst4
[6, 5, 4, 3, 2, 1]
>>> lst=[1,2,3,4,5,6,7,8,9,0]
>>> k=4
```

```
>>> newL1=lst[:k]                    # 由 k 之前元素构成列表 newL1
>>> newL2=newL1[::-1]                # 将列表 newL1 中元素逆序,产生列表 newL2
>>> newL3=lst[k:]
>>> newL4=newL3[::-1]
>>> newL2+newL4                      #合并列表 newL2 和列表 newL4
[4, 3, 2, 1, 0, 9, 8, 7, 6, 5]
>>> lst[:k][::-1]+lst[k:][::-1]#将上述几条语句用一条语句实现
[4, 3, 2, 1, 0, 9, 8, 7, 6, 5]
```

例 6-7 使用连接运算符（+）创建列表。

```
#listplus.py
lst=[ ]
for n in range(10):
    lst=lst + [n]
print(lst)
```

程序运行结果：

```
[0, 1, 2, 3, 4, 5, 6, 7, 8, 9]
```

3. 列表的更新

列表是一种可变类型，即列表中的元素是可以改变的。此外，还可以向列表添加元素和删除元素，也就是说，列表的长度也是可以改变的。列表更新操作主要有：append( )、insert( )、remove( )、del 等。见表 6-8。

表 6-8 列表的更新

用法	功能描述
lst.append(item)	把元素 item 添加到列表尾部
lst.insert(index, item)	在列表索引 index 之前插入元素 item
lst.extend(lst1)	在列表 lst 尾部插入列表 lst1 的所有元素
lst.remove(item)	移除列表中第一个出现的元素 item
lst.pop( )	移除列表中最后一个元素
del lst[index]	移除列表中索引 index 上的元素
del lst	移除整个列表 lst
lst[index]=item	索引 index 上的元素替换成元素 item

注：lst 为列表。

注意：append（ ）和 pop（ ）是在列表的尾部插入和删除列表元素。insert( )、remove( ) 和 del 可在列表中间插入和删除列表元素，会引起列表中元素的移动。因此，一般来说，append( ) 和 pop( ) 要比 insert( )、remove( ) 和 del 速度快、效率高，应尽量使用 append( ) 和 pop( )。

示例：

```
>>> lst1=[2,4,6,8]; lst2=['cat','dog']
>>> lst1.append(10)
>>> lst1
[2, 4, 6, 8, 10]
>>> lst2.insert(1,'goldfish')
>>> lst2
['cat', 'goldfish', 'dog']
>>> lst1.extend(lst2)
>>> lst1
[2, 4, 6, 8, 10, 'cat', 'goldfish, 'dog']
>>> lst1.insert(-5,'dog')
>>> lst1
[2, 4, 6, 'dog', 8, 10, 'cat', 'goldfish', 'dog']
>>> lst1.remove('dog')
>>> lst1
[2, 4, 6, 8, 10, 'cat', 'goldfish', 'dog']
>>> lst1.pop()
'dog'
>>> lst1
[2, 4, 6, 8, 10, 'cat', 'goldfish']
>>> del lst1[-1]
>>> lst1
[2, 4, 6, 8, 10, 'cat']
>>> lst1[3]=555
>>> lst1
[2, 4, 6, 555, 10, 'cat']
```

例 6-8　使用 append( ) 创建列表。

```
#listappend.py
lst=[ ]
for n in range(10):
      lst.append(n)
print(lst)
```

程序运行结果：

```
[0, 1, 2, 3, 4, 5, 6, 7, 8, 9]
```

说明：使用连接运算符（+）创建列表和使用 append（ ）创建列表相比较，使用 append( ) 创建列表速度快、效率高，所以应尽量使用 append( )。

6.2.2 列表的常用函数和方法

列表的常用函数和方法，见表 6-9。

表 6-9 列表的常用函数和方法

用 法	功能描述
len(lst)	返回列表 lst 中元素的个数
max(lst)	返回列表 lst 中元素的最大值(元素必须是相同类型)
min(lst)	返回列表 lst 中元素的最小值(元素必须是相同类型)
sum(lst)	返回列表 lst 中元素的和(元素必须是数字)
lst.count(item)	返回列表 lst 中元素 item 出现的次数
lst.index(item)	返回元素 item 在列表 lst 中第一次出现的索引
lst.sort( )	把列表排序
lst.reverse( )	把列表中的元素逆序排序
sep.join(lst)	用分隔符 sep 把字符串列表 lst 变成一个字符串
zip(lst1,lst2,…)	将 lst1,lst2,…对应位置的元素组成元组,放在 zip 对象中
enumerate(lst)	枚举列表 lst 中的元素,返回枚举对象

注：lst 为列表。

示例：

```
>>> lst=[1,2,3,4,5,6,7,8,9,10,11,12]
>>> import random
>>> random.shuffle(lst)                    #打乱顺序
>>> lst
[6, 8, 2, 12, 3, 1, 10, 5, 9, 7, 11, 4]
>>> lst.sort()
>>> lst
[1, 2, 3, 4, 5, 6, 7, 8, 9, 10, 11, 12]
>>> lst.sort(reverse=True)                 #降序排序
>>> lst
[12, 11, 10, 9, 8, 7, 6, 5, 4, 3, 2, 1]
>>> lst.sort(key=lambda x: len(str(x)))
>>> lst
[9, 8, 7, 6, 5, 4, 3, 2, 1, 12, 11, 10]
>>> lst.reverse()                          #体会逆序和降序的区别
>>> lst
[10, 11, 12, 1, 2, 3, 4, 5, 6, 7, 8, 9]
```

说明：sort(key) 是按 key 值排序。lambda 先将列表元素转成字符串，再对其求出长度后返回。

列表对象的 sort( ) 和 reverse( ) 方法是对列表对象的元素进行排序和逆序排序。Python 提供了内置函数 sorted( ) 和 reversed( )，支持对列表元素进行排序和逆序排序。与列表对象的 sort( ) 和 reserve( ) 方法不同，内置函数 sorted( ) 和 reversed( ) 不对原列表做任何修改，而是返回一个排序后的新列表或逆序排序后的迭代对象。

```
>>> lst=[10, 11, 12, 1, 2, 3, 4, 5, 6, 7, 8, 9]
>>> newlst=sorted(lst)                          #产生新列表 newlst
>>> newlst
[1, 2, 3, 4, 5, 6, 7, 8, 9, 10, 11, 12]
>>> newlst1=reversed(newlst)                    #产生新迭代对象 newlst1
>>> for i in newlst1:                           #迭代对象可用在 for 语句中
>>> print(i,end='')
12 11 10 9 8 7 6 5 4 3 2 1

>>> str2=['student','teacher','worker','farmer']
>>> sep=','
>>> print(sep.join(str2))                       #用','连接
student,teacher,worker,farmer
>>> sep=''
>>> print(sep.join(str2))                       #用空格''连接
student teacher worker farmer
>>> lst1=[1,2,3]
>>> lst2=[4,5,6]
>>> lst3=zip(lst1,lst2)         #lst1,lst2 生成的元组,放在 zip 对象中
>>> print(lst3)
<zip object at 0x000000000204E2C0>
>>> list(lst3)
[(1, 4), (2, 5), (3, 6)]
```

enumerate（lst）枚举列表、元组或其他可迭代对象 lst 中的元素，返回枚举对象。枚举对象中每个元素是包含下标和元素值的元组。该函数对字典和字符串同样有效。

```
>>> lst4=[ [1,2,3],[4,5,6],[7,8,9] ]
>>> for item in enumerate(lst4):       #枚举对象是迭代器,是可迭代的对象
    print(item)
(0, [1, 2, 3])
(1, [4, 5, 6])
(2, [7, 8, 9])
```

例 6-9　有一个成绩列表，列表中有 3 个元素，每个元素是一个学生的 3 门课成绩。要求计算出每个学生的平均分，并放到一个平均分列表中。

```
#avlist.py
scores=[ [78,65,84],[93,84,75],[65,88,91] ]
av=[ sum(item)/len(item)  for item in scores ]
print('平均: {0[0]:.3f},{0[1]:.3f},{0[2]:.3f}'.format(av))
print( )
```

程序运行结果：

```
平均: 75.667,84.000,81.333
```

av 是列表，format 方法设置字段格式时要配合索引编号，因此形成“{0［索引编号］:.3f}”，输出浮点数时含 3 位小数。

6.2.3 列表应用举例

例 6-10 求出一个正整数的所有因子，并放在列表中。

思路：采用穷举法。将所有可能的数都去试一试，如果能整除就添加到列表当中。

```
#listfactor.py
num=int(input("num="))
result=[ ]
for n in range(1,num+1):
    if num%n==0:
        result.append(n)
print(result)
```

程序运行结果：

```
num=28
[1, 2, 4, 7, 14, 28]
```

练习：求出一个正整数内的所有素数，并放在列表中。

例 6-11 使用 remove（ ）方法删除列表中指定的重复元素 5。

思路：遍历整个列表，依次取出列表中的每个元素。判断该元素是否是指定的重复元素 5，如果是则从列表中删除。

```
#delRepeat.py
lst=[5,6,5,6,6,5,5,5,7,9,11,34,56,78]
lstnew=lst[:]
print("lst=",lst)
print("lstnew=",lstnew)
for n in lstnew:
    if n==5:
        lst.remove(n)
```

```
print("After delate repeat 5 in lst:")
print("lst=",lst)
print("lstnew=",lstnew)
```

程序运行结果：

```
lst=[5, 6, 5, 6, 6, 5, 5, 5, 7, 9, 11, 34, 56, 78]
lstnew=[5, 6, 5, 6, 6, 5, 5, 5, 7, 9, 11, 34, 56, 78]
After delate repeat 5 in lst:
lst=[6, 6, 6, 7, 9, 11, 34, 56, 78]
lstnew=[5, 6, 5, 6, 6, 5, 5, 5, 7, 9, 11, 34, 56, 78]
```

程序中 for n in lstnew：不能写成 for n in lst：，因为在删除过程中，列表 lst 中的元素会发生移动，其元素序号发生了变化。这时，再按顺序取列表 lst 中的元素会出现错误。

练习：删除列表中所有的重复元素。

例 6-12 在一个月份列表中，将每个月份的全称换为它的 3 个字母的缩写。

思路：把每个月份的名称作为列表的一个元素。遍历列表，取出列表中的元素，即月份名字，然后使用切片方法将该月份名字更新为缩写。因为要修改元素的值，所以要使用列表。

```
#monthabbr.py
months=[ 'January ', 'February ', 'March ', 'April ', 'May ', 'June
', 'July ', 'August ', 'September ','October ', 'November ', 'December']
for i in range(len(months)):
    months[i]=months[i][0:3]
print(months)
```

程序运行结果：

```
['Jan, 'Feb ', 'Mar ', 'Apr ', 'May ', 'Jun ', 'Jul ', 'Aug ', 'Sep ', '
Oct ', 'Nov ', 'Dec ']
```

练习：在一个星期列表中，将每天的全称换为它的的缩写。

例 6-13 创建一个包含 52 张纸牌的列表。纸牌有 4 种花色（"♠","♡","◇","♣"）。每种花色有 13 张牌（"acs","1","2","3","4","5","6","7","8","9","jack","queen","king"）。要求输出这 52 张牌，每种花色占一行，按由小到大的顺序输出。例如：

♠acs ♠1 ♠2 ♠3 ♠4 ♠5 ♠6 ♠7 ♠8 ♠9 ♠jack ♠queen ♠king。

思路：使用二重循环遍历 2 个列表。从每个列表取出元素，连接后添加到新列表中。每输出 13 个元素后都要换行。

```
#cards.py
ranks=["acs","1","2","3","4","5","6","7","8","9","jack","queen",
"king"]
```

```
suits=["♠","♡","◇","♣"]
cards=[ ]
for suit in suits:
      for rank in ranks:
            cards.append(suit+rank)

count=0
for n in range(4*13):
      print(cards[n],end="\t")
      count +=1
      if count%13==0:
        print()
```

程序运行结果：

```
♠acs  ♠1  ♠2  ♠3  ♠4  ♠5  ♠6  ♠7  ♠8  ♠9  ♠jack  ♠queen  ♠king
♡acs  ♡1  ♡2  ♡3  ♡4  ♡5  ♡6  ♡7  ♡8  ♡9  ♡jack  ♡queen  ♡king
◇acs  ◇1  ◇2  ◇3  ◇4  ◇5  ◇6  ◇7  ◇8  ◇9  ◇jack  ◇queen  ◇king
♣acs  ♣1  ♣2  ♣3  ♣4  ♣5  ♣6  ♣7  ♣8  ♣9  ♣jack  ♣queen  ♣king
```

练习：使用列表输出下列图形：

```
A00  A01  A02  A03  A04
A10  A11  A12  A13  A14
A20  A21  A22  A23  A24
```

例 6-14 输入若干学生基本信息，每个学生的基本信息包括学号、姓名、性别、年龄和专业等。要求根据输入的学生姓名查找学生基本信息。

思路：一个学生基本信息作为学生列表中的一个元素。这个元素本身也是一个列表，学生的学号、姓名等信息是依次添加到这个元素（列表）中的。查找学生姓名，首先要遍历学生列表，依次取出列表中的元素，也就是学生基本信息，然后判断输入的学生姓名在不在这个学生基本信息里。

```
#findstudent.py
stulist=[ ]
while True:
    yn=input("输入学生信息,请按 Y/y 键=")
    if not(yn=='Y'or yn=='y'):
        print("学生信息输入结束.")
        break

    stu=[ ]
```

```
        no=input("学号=")
        stu.append(no)
        name=input("姓名=")
        stu.append(name)
        sex=input("性别=")
        stu.append(sex)
        age=int(input("年龄="))
        stu.append(age)
        major=input("专业=")
        stu.append(major)
        stulist.append(stu)

    findname=input("输入要查找的学生姓名=")
    for n in range(len(stulist)):
        if findname==stulist[n][1]:
            print("找到的学生是:",stulist[n])
            break
    else:
        print("列表中没有该学生")
```

程序运行结果:

```
输入学生信息,请按Y/y键=y
学号=001
姓名=张三
性别=男
年龄=19
专业=通信
输入学生信息,请按Y/y键=Y
学号=002
姓名=李四
性别=女
年龄=18
专业=金融
输入学生信息,请按Y/y键=y
学号=003
姓名=王五
性别=男
年龄=19
```

```
专业=电子
输入学生信息,请按 Y/y 键=y
学号=004
姓名=钱七
性别=男
年龄=20
专业=自动化
输入学生信息,请按 Y/y 键=n
学生信息输入结束
输入要查找的学生姓名=王五
找到的学生是:['003','王五','男',19,'电子']
```

练习：输入若干学生基本信息，每个学生的基本信息包括学号、姓名、性别、年龄和专业等。要求根据输入一个退学学生的姓名和学号，查找并删除该学生基本信息。

例 6-15 一个班有多名学生，每名学生有多门课程的成绩。计算并输出每个学生各门课程的成绩、平均成绩及总成绩，并按总成绩由高到低排序输出。

思路：学生的多门课成绩、平均成绩和总成绩应作为学生列表中的一个元素，这个元素本身又是一个列表。首先将学生的各门课成绩依次添加到这个元素（列表）当中，然后计算每个学生的总成绩、平均成绩，将它们添加到这个元素（列表）当中，最后根据总成绩对学生列表进行降序排序。

```
#scoresort.py
stu_scorelists=[ ]
stu_num=int(input("stu_num="))
course_num=int(input("course_num="))
for i in range(stu_num):
      scorelists=[ ]
      for j in range(course_num):
            score=float(input("score="))
            scorelists.append(score)
      stu_scorelists.append(scorelists)
for item in stu_scorelists:
      av=sum(item)/len(item)
      total=sum(item)
      item.append(av)
      item.append(total)

stu_scorelists.sort(key=lambda x:str(x[course_num+1]), reverse=
True)
```

```
    for i in range(stu_num):
        print(stu_scorelists[i])
```

程序运行结果：

```
stu_num=3
course_num=4
score=66
score=84
score=77
score=90
score=73
score=83
score=78
score=89
score=80
score=88
score=80
score=98
[80.0, 88.0, 80.0, 98.0, 86.5, 346.0]
[73.0, 83.0, 78.0, 89.0, 80.75, 323.0]
[66.0, 84.0, 77.0, 90.0, 79.25, 317.0]
```

练习：一个班有多名学生，每名学生有多门课程的成绩。要求计算并输出每门课程的平均成绩。

6.3　元组

元组与列表类似，是元素的有序序列。元组可以看作具有固定值的列表，对元组的访问与列表类似。元组和列表的主要区别在于：元组不可以直接修改，即元组没有 append（）、extend（）和 insert（）的方法。元组中的元素也不可以直接删除或修改。除此之外，列表中的其他函数和方法，对元组同样适用。元组中的元素可以索引。元组可以切片、连接和重复。

6.3.1　元组的基本操作

元组定义可以通过由逗号分隔和括号包括起来的一个序列来完成。元组还可以不使用括号来定义。创建元组的语法格式：

```
        元组变量名=(元素 1,元素 2,元素 3,……,元素 n)
或      元组变量名=元素 1,元素 2,元素 3,……,元素 n
```

功能：把零个或多个元素放到括号内，并用变量来标识，如果有多个元素，元素之间用逗号分隔。

```
>>> week=('Sun','Mon','Tues','Wed','Thur','Fri','Sat')
                                                        #由相同类型构成
>>> credit=1,2,3,4                                      #没有括号元素构成
>>> student=('05191234', '张三', 18, '男', False, 530.5, "电子信息")
                                                        #由不同类型构成
>>> score=('05191234', '张三',(88,79,92,80,75))         #元素是元组
>>> tup_exp=(1,'two'+'2','three')                       #元素是表达式
>>> tup_one=(88,)                                       #单元素元组
>>> tup_none=( )                                        #空元组
```

对于只有一个元素的元组，元素后面要跟上逗号，否则会被认为是一个表达式。例如：

```
>>> tup_one=(88,)
>>> type(tup_one)
<class 'tuple'>                       #说明 tup_one 引用的是元组对象(88)
>>> t=(88)
>>> type(t)
<class 'int'>                         #说明 t 引用的是整型数值 88
>>> w1=('Mon',)
>>> type(w1)
<class 'tuple'>                       #说明 w1 引用的是元组对象('Mon')
>>> w2=('Mon')
>>> type(w2)
<class 'str'>                         #说明 w2 引用的是字符串'Mon'
>>> data=("zhangsan", "China", "Python")     #元组封装
>>> name, country, language=data #元组拆封
>>> name
'zhangsan'
>>> country
'China'
>>> language
'Python'
>>> a,b,c,d='love'                    #字符串赋给元组
>>> print('a=',a,'b=',b,'c=',c,'d=',d)
a=l b=o c=v d=e
>>> a,b,c,d=[1,2,3,4]                 #列表赋给元组,每一种序列都可以赋给元组
>>> print('a=',a,'b=',b,'c=',c,'d=',d)
a=1 b=2 c=3 d=4
```

```
>>> a,* b='love'              #"* "可使变量接受任意多个数据(字符)
>>> a
'l'
>>> b
['o', 'v', 'e']
>>> * a,b='love'              # * a 称为序列解包,a 为解包变量
>>> a
['l', 'o', 'v']
>>> b
'e'
>>> a,* b,c='goodbye'
>>> b
['o', 'o', 'd', 'b', 'y']
```

说明：序列解包是根据元素位置来进行赋值的，不能出现多个解包变量

和创造列表相似，还可以利用 Python 的内置函数 tuple( ) 和生成器推导式来完成元组的创建。内置函数 tuple( ) 可将列表、字符串等可迭代对象转化为元组。例如：

```
>>> word='Python'
>>> tuple(word)                         #元组为('P', 'y', 't', 'h', 'o', 'n')
>>> lst=[2, 3.14, False,'abc']
>>> tuple(lst)                          #元组为(2, 3.14, False, 'abc')
>>> tuple(range(0,10,3))                #元组为(0, 3, 6, 9)
>>> tuple(('001','zhangsan',18)) #元组为('001', 'zhangsan', 18)
>>> tuple([4,5,6,7,8])                  #元组为(4, 5, 6, 7, 8)
>>> tuple( )                            #元组为(),即产生空元组
```

还可以使用生成器推导式，快速产生有规律的数据。生成器推导式的语法格式：

```
(表达式  for 变量 in 序列等可迭代对象 )
(表达式 1  for 变量 in 序列等可迭代对象 )  if  表达式
```

从形式上看，生成器推导式与列表推导式非常接近，生成器推导式使用的是圆括号，而列表推导式使用的是方括号。与列表推导式不同的是，生成器推导式的结果是一个生成器对象，而不是列表，也不是元组。因此，称为生成器推导式。

如果要访问生成器对象的元素，需要将其转化为列表或元组，也可以使用生成器对象的 next 方法，或者直接将其作为迭代器对象来访问。但是不管用哪种方法访问其元素，当所有元素访问完以后，如果需要重新访问其中的元素。必须重新创建该生成器对象。例如：

```
>>> a=(i* i for i in range(1,5))
>>> a
<generator object <genexpr> at 0x0000000002D9DAC0>
```

```
>>> tuple(a)                          #转化为元组
(1, 4, 9, 16)
>>> tuple(a)                          #访问完元素后,为空元组
()
>>> a=(i*i for i in range(1,5))
>>> list(a)                           #转化为列表
[1, 4, 9, 16]
>>> tuple(a)                          #访问完元素后,为空元组
()
>>> a=(i* i for i in range(1,5))
>>> a.__next__()                      #访问下一个元素,即第 1 个元素
1
>>> a.__next__()                      #访问下一个元素,即第 2 个元素
4
>>> a.__next__()                      #访问下一个元素,即第 3 个元素
9
>>> a.__next__()                      #访问下一个元素,即第 4 个元素
16
>>> a.__next__()                      #访问下一个元素,没有了,出错
Traceback (most recent call last):
  File "<pyshell#22>", line 1, in <module>
    a.__next__()
StopIteration
>>> a=(i* i for i in range(1,5))
>>> for i in a:
    print(i,end='')
1 4 9 16
```

说明：a 引用的是生成器对象

元组也可以使用索引运算法（[ ]）、切片、连接运算符（+）、重复运算符、成员检测运算符（in）和（not in）。使用方法与列表和字符串类似。例如：

```
>>> t=(1,3,5,7,9)
>>> t[1]            #访问元组中的元素 t[1],值为 3
>>> t[-1]           #访问元组中的元素 t[-1],值为 9
>>> t[3:]           #切片为(7, 9)
>>> t[3:20]         #切片为(7, 9),索引越界,右边索引过大,到元组最后一项
>>> t[:3]           #切片为(1, 3, 5),
>>> t[-20:3]        #切片为(1, 3, 5),索引越界,左边索引过小,从元组第一项开始
>>> t+(2,4)         #元组为(1, 3, 5, 7, 9, 2, 4)
```

```
>>> (2,8) * 3          #元组为(2, 8, 2, 8, 2, 8)
>>> 9 in t             #9 在 t 中,结果为 True
>>> 8 in t             #8 不在 t 中,结果为 False
>>> 2 not in t         #2 不在 t 中,结果为 True
```

注意：在切片中允许索引越界。如果切片的左边索引过小，切片会从元组的第一项开始。如果切片的右边索引过大，切片会一直到元组的最后一项。索引在切片中越界，同样适用于列表。此外，元组或列表中单个元素的索引是不允许越界的。

例 6-16　使用函数 len（ ）和索引运算法（[ ]），访问元组所有元素。

```
student=('05191234', '张三', 18, '男', False, 530.5, "电子信息")
for i in range(len(student)):
    print(student[i],end='')
```

程序运行结果是：

```
05191234 张三 18 男 False 530.5 电子信息
```

对于表 6-7 中的常用函数和方法，元组也可以使用［除 sort（ ）和 reverse（ ）之外］。并且使用方法相同。例如：

```
>>> t=(5 ,2, 7,6,2)
>>> print(len(t),max(t),min(t),sum(t))
5 7 2 22
>>> print(t.count(2),t.index(6))
2 3
>>>','.join(('7','8','9'))#用','连接'7','8','9',生成字符串'7,8,9'
'7,8,9'
>>> t1=(1,2,3)
>>> t2=(4,5,6)
>>> t3=(7,8,9)
>>> t=zip(t1,t2,t3)                  #t1,t2,t3 生成的元组,放在 zip 对象中
>>> tuple(t)
((1, 4, 7), (2, 5, 8), (3, 6, 9))
>>> t=((1, 4, 7), (2, 5, 8), (3, 6, 9))
>>> for item in enumerate(t):        #枚举对象是迭代器,是可迭代的对象
    print(item)
(0, (1, 4, 7))
(1, (2, 5, 8))
(2, (3, 6, 9))
>>> t=zip(t1,t2,t3)
>>> for item in enumerate(t):        #枚举对象是迭代器,是可迭代的对象
```

```
        print(item)
(0, (1, 4, 7))
(1, (2, 5, 8))
(2, (3, 6, 9))
```

有时候可能会因为程序的需求，将存放在元组等序列的元素快速拆分，同时赋给多个变量来使用。例如：

```
>>> a,b,c=(7,8,9)
>>> print(a,b,c)
7 8 9
>>> student=('05191234', '张三', 18, '男', False, 530.5, "电子信息")
>>> no,name,age,sex,party,score,spec=student
>>> print(no,name,age,sex,party,score,spec)
05191234 张三 18 男 False 530.5 电子信息
```

还可以同时遍历多个元组。

```
>>> nos=("001","002","003")
>>> names=('张三','李四','王五')
>>> ages=(18,19,18)
>>> for no,name,age in zip(nos,names,ages):
    print(no,name,age)
001 张三 18
002 李四 19
003 王五 18
```

6.3.2 列表与元组的区别

列表属于可变类型，可以随意地修改列表中的元素值，以及增加和删除列表中的元素。而元组属于不可变类型，元组一旦创建，就不能更改其内容。因此，元组没有提供 append( )、extend( ) 和 insert( ) 等方法，也无法向元组中添加元素。同样，元组没有 remove( ) 和 pop( ) 方法，也不支持对元组中的元素进行 del 删除操作，不能从元组中删除元素。只能使用 del 命令删除整个元组。元组也支持切片操作，但只能通过切片来访问元组中的元素，而不支持使用切片来修改元组中的元素值，也不支持使用切片操作来为元组增加或删除元素。

元组的访问和处理速度比列表快。如果定义了一系列常量值，主要用途仅是对它们进行遍历或其他类似的用途，而不需要对其元素进行任何修改。那么，一般就使用元组而不使用列表。

另外，作为不可变类型，与整数、字符串一样，元组可以用作字典的键，而列表则永远都不能当作字典的键使用，因为列表不是不可变的。

最后，虽然元组属于不可变类型，其元素的值是不可以改变的。但是，如果元组中包含列表等可变序列，情况略有不同。例如：

```
>>> t=([1,2],3)
>>> t[0][0]=9
>>> t
([9, 2], 3)
>>> t[0].append(8)
>>> t
([9, 2, 8], 3)
>>> t[0]=t[0]+[7]
Traceback (most recent call last):
    File "<pyshell#24>", line 1, in <module>
      t[0]=t[0]+[7]
TypeError: 'tuple'object does not support item assignment
>>> t
([9, 2, 8], 3)
```

6.3.3　元组应用举例

例 6-17　在一年 12 月的名字里，找出名字中包含字母 r 的月份。

思路：把每个月份的名称作为元组的一个元素。遍历元组，取出元组中的元素，即月份名字，然后判断该月份名字是否含有指定字母 r。

```
#rinmonth.py
months=( 'January','February','March','April','May','June',
'July','August','September','October','November','December')
for month in months:
        if 'r'in month.lower():
                print(month, end='  ')
```

程序运行结果：

```
January  February  March  April  September  October  November  De-
cember
```

练习：在一个星期 7 天的名字里，找出名字中包含字母 o 的那些天。

例 6-18　从键盘输入某个人的身份证号，首先判断是否是一个合法的身份证号。如果是合法的身份证号，输出这个人的出生日期及性别；如果不是合法的身份证号，提示用户重新输入。若输入三次仍然为非法的身份证号，则结束输入，并输出信息“输入的身份证号无法识别”。

思路：为简化问题，只要输入的身份证号为 18 位就认为合法，不足 18 位或超过 18 位就认为非法。

```
#id.py
for n in range(3):
      id_num=input("请输入身份证号=")
      if len(id_num)! =18 :
          continue
      else:
          year=id_num[6:10]
          month=id_num[10:12]
          day=id_num[12:14]
          sex=id_num[16]
          if int(sex)in (1,3,5,7,9):
                sex="男"
          else:
                sex="女"
          print("出身日期:"+year+"年"+month+"月"+day+"日")
          print("性别:"+sex)
          break
else:
      print("输入的身份证号无法识别")
```

程序运行结果：

```
请输入身份证号=610102200012181911
出身日期:2000 年 12 月 18 日
性别:男
```

练习：国际标准图书编号是由 ISBN 和 13 位数字组成，分五个部分：978 或 979、组号（国家、地区、语言的代号）、出版者号、书序号和校验码（1 位）。数字隔断之间用一个连接号（-）连接。例如，ISBN 978-7-111-49600-7。输入一个国际标准图书编号，输出组号、出版者号、书序号。

例 6-19 从键盘输入账号和密码。账号不区分字母的大小写，密码区分字母的大小写。如果输入三次都不对，则退出登录。

思路：把每个用户的账号和密码设定成元组中的一个元素。用户输入的账号和密码要与系统中设定的相符，才能进入系统。账号可以模糊一致，即不区分字母的大小写。密码要严格一致，即区分字母的大小写。

```
#accountpassword.py
t=(["张三","Abcd"],["李四","eFde"],["王五","GhIl"],["陈六","Lm-
nO"])
```

```
for i in range(3):
      name=input("账号:")
      password=input("密码:")
      for item in t:
          if item[0]==name.lower()  and  item[1]==password:
                print("欢迎进入系统")
                break
      else:
                print("账号或密码错误,请重新输入!")
                continue
      break
else:
      print("已经连续 3 次账号或密码错误,退出登录!")
```

程序运行结果：

```
账号:李四
密码:eFde
欢迎进入系统
```

练习：将上例中的“for i in range (3):”换成“while True:”，改写该程序。

例 6-20　计算向量之间的距离。

思路：数据挖掘领域的分类与聚类的基础，是计算各个样本属性向量之间的距离。距离小的样本相似度高，距离大的样本相似度低。

```
#distance.py
import math
t1=(1,0,2,3,1,5)
t2=(2,1,1,3,2,4)
t3=(3,2,1,1,4,5)
dist12=dist13=dist23=0
for i in range(6):
      dist12 +=(t1[i]-t2[i])**2
      dist13 +=(t1[i]-t3[i])**2
      dist23 +=(t2[i]-t3[i])**2
dist12=math.sqrt(dist12)
dist13=math.sqrt(dist13)
dist23=math.sqrt(dist23)
if dist12<=dist13  and dist12<=dist23:
      print("1、2 样本相似度高!")
```

```
if dist13<=dist12  and dist13<=dist23:
      print("1、3 样本相似度高!")
if dist23<=dist12  and dist23<=dist13:
      print("2、3 样本相似度高!")
```

程序运行结果：

```
1、2 样本相似度高!
```

习 题 6

1. 编写一个程序，找到1000~3000之间的所有这些数字（均包括在内），这样数字的每个数字都是偶数。获得的数字顺序打印在一行上。要求数字之间以逗号分隔。

2. 编写一个程序，根据控制台输入的事务日志，计算银行账户的净金额。事务日志格式如下所示：

D 100

W 200

D表示存款，而W表示提款。

3. 从键盘输入一系列逗号分隔的数字序列，使用列表推导式产生列表。使输入数字中每一个奇数都出现在列表中。

4. 编写一个程序，接受逗号分隔的单词序列作为输入，按字母顺序排序后按逗号分隔的序列打印单词。

5. 编写一个程序，接受一行序列作为输入，并再将句子中的所有字符大写后打印。

6. 编写程序，使用元组实现两个矩阵的乘法运算，两个作为乘数的矩阵用元组表示，乘积的值最后也用元组表示，计算过程可以使用列表等对象。

7. 编写程序，计算某门课程的平均成绩并输出，统计高于和等于平均成绩的人数并输出，成绩从键盘输入并存入列表。

8. 编写程序，找出矩阵中的最大值和最小值并输出，包括输出最大值和最小值所在的行值、列值。考虑同时存在多个最大值和最小值的情形。

9. 一个班有若干名学生。每名学生已选修了若干门课程，并有考试成绩。把学生姓名（假定没有重名的学生）和选修的课程名以及考试成绩等信息保存起来。编写程序，实现如下功能（可对每一项编写一个程序）：

1）根据输入的姓名，输出该学生选修的所有课程的课程名及成绩。

2）根据输入的课程名，输出选修了该课程的学生的姓名及该课程的成绩。

3）输出所有成绩不及格的学生姓名及不及格的门数。

4）输出所有学生已选修课程的课程名，重复的只输出一次。

5）按平均成绩的高低，输出学生姓名及平均成绩。

10. 从键盘输入一个字符串，编写程序，找出其中的整数和浮点数并输出。例如，如果输入“小张的年龄是26岁，体重是72.5公斤，身高是1.82米”，则输出26，72.5，1.82。

11. 编写程序实现简单的文本加密功能：程序运行时，接收用户输入的原文（只能为大小写英文字母和阿拉伯数字），并转换为密文输出。以下是原文和密文的对应关系。

原文：abc…xyzABC…XYZ012…789

密文：cde…zabCDE…ZAB123…890

12. 继续完善例6-18程序，增加如下功能：

1）细化身份证号码合法性，判断18位符号取值是否正确：除最后一位可以为小写字母X或数字外，其他17位必须都为数字；出生日期是否符合历法约束，即要考虑每年的1、3、5、7、8、10、12月份有31天，4、6、9、11月有30天，闰年的2月有29天，非闰年的2月有28天等；最后一位的校验码是否正确，校验码是根据前面各位的取值计算出来的。

2）输出这个人所在地信息。

第 7 章　函数与模块

结构化程序设计思想是指对一个复杂问题，先按功能划分成若干个模块，每一个模块再划分成更小模块，直至每一个小模块完成一个比较单一的功能，然后对每一个小模块编写一个子程序，最后将这些子程序组织成一个完整的程序。这种设计模式编写出的程序结构清晰，易于阅读理解，易于修改维护，同时还能消除重复性代码，并实现代码重用。

在 Python 中，一个小模块的功能由一个函数来实现，一个 Python 程序由若干个函数组成。函数之间通过调用关系形成一个完整的程序。

7.1　函数定义

在代数中，使用函数，求一个数的二次方，如 3 的二次方，通常是这样做的：

设　$f(x)=x^2$

　　$f(3)=9$

在 Python 中，使用函数完成上述功能，Python 函数应写成如下形式：

```
def  f(x):
     return  x* x
print("f(3)=", f(3))    或 print( f(3))          或 f(3)
```

从形式上看，函数名（f）、自变量（x）、因变量（f(x)）、函数使用（在 Python 中叫函数调用，即 f(x)）都完全一样。区别是“设”换成了“def”，函数自变量和因变量的对应关系“$=x^2$”换成了“：return　x * x”。

在代数中，先定义函数功能 $f(x)=x^2$，再使用函数 f（3）得到结果 9。在 Python 中，也是先定义函数功能 def　f(x)：return　x * x，再使用（调用）函数 f（3）打印结果 9。即函数要先定义，后调用。

可见，函数的几个要素：自变量、因变量、函数自变量和因变量的对应关系、函数名以及函数调用，在 Python 中都具备，只是在书写形式上与代数略有区别。

Python 中函数的语法形式：

```
def  函数名称(0 个或多个变量):
     缩进函数体
     [return 返回值]
```

说明：

1）def 是关键字，用于定义函数。

2）函数名用于标识函数，函数定义后，一般通过函数调用的方式来使用这个函数，函数调用时要用到函数的名字。函数名要符合标识符的命名规则，当函数名由多个单词组成时，本书采用非首单词首字母大写的形式，如 getValue（ ）。

3）零个或多个变量在 Python 中称为形式参数，简称形参。形参用于接收数据，进入函数体参加运算。如果有多个形参，形参之间用逗号分开。形参名也要符合标识符的命名规则。函数可以没有形参，此时形参表为空，但一对圆括号不能省略。

4）函数定义的第一行以冒号结束。

5）函数体由实现函数功能的一条或多条语句组成。

6）return 语句用于把函数的结果带回调用该函数的地方。如果函数没有返回值，可以不用 return 语句。有两种类型的函数，一种有返回值，另一种仅执行代码而没有返回值。第二种类型的函数经常使用 print 语句来显示输出或创建文件进行输出。

函数返回值的类型，由 return 语句返回值的类型来决定。如果函数中没有 return 语句，或者没有执行到 return 语句就返回了，或者执行了不带任何值的 return 语句，则函数返回 None。

从输入输出的角度看，代数中的函数必须要有自变量，也必须要有因变量，而且因变量的值可以是多个，如 4 的二次方根是±2。Python 中的函数可以没有自变量（0 个形参），也可以没有因变量（即没有返回值），但如果有返回值的话，返回值只能有一个，不能有多个。如果需要返回多个值，也是以一个元组对象等形式返回。

7.2　函数调用

定义函数的目的是为了使用函数（即调用函数），实现函数定义的功能。如果只有函数定义，而没有调用函数，就不能实现函数的功能。函数调用的语法格式：

```
函数名称(0 个或多个表达式)
```

说明：

1）函数调用时，函数名称要和定义的函数名称完全一致。

2）函数调用时 0 个或多个表达式称为实际参数，简称实参。实参将数据或对象传递给形参，因此，实参必须要有确切的值。要确保实参和形参之间在个数、顺序、类型三个方面一致。

例 7-1　编写一个函数，功能是求平面上的点到原点的距离，最后调用该函数。

```
#distance0.py
def dist(x,y):
    return (x * x+y * y) * * 0.5
```

函数调用语句为：

```
y=dist(3,4)
```

在该程序的函数调用中，实参形参的传递关系和函数返回值情况，如图 7-1 所示。

函数调用时把每个实参的值传递给对应的形参。每个实参是一个表达式，但函数的各个形参必须是变量，接收来自实参的值。实参表达式可以是简单表达式，如一个常量或一个变量等；也可以是比较复杂的表达式，如有常量、变量和函数组成的表达式。例如：

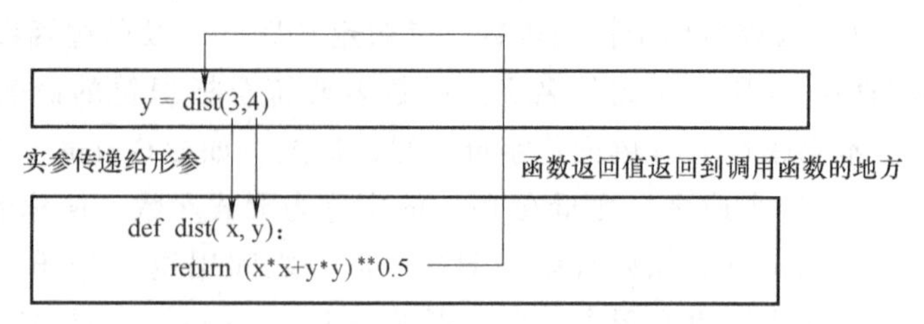

图 7-1　实参形参的传递关系和函数返回值

```
A=3;b=4;c=5
y=dist(a,a+b*c)
y=dist( dist(a,b), a+b*c)
```

函数调用可以出现在表达式中，作为运算对象出现，这时函数必须有返回值。例如，上面的 y=dist（3，4）等；函数调用也可以以一个语句的形式出现，这时函数的执行结果不是得到一个返回值，而是实现一定的功能。例如，下面函数仅实现打印菜单功能。函数调用只能以一个语句的形式出现。

```
#menu.py
def  menu( ):
       print("        菜单              ")
       print("1………………文件")
       print("2………………编辑")
       print("3………………视图")
menu( )
```

程序运行结果：

```
               菜单
1………………文件
2………………编辑
3………………视图
```

更常见的一个 main（ ）函数定义，它没有实参，也没有返回值。定义一个 main（ ）函数，改写求平面上的点到原点距离的程序。

```
#distanceOmain.py
def  main( ):                              #定义 main( )函数
    y=dist(3,4)
    print("y=",y)

def  dist(x,y):                            #定义 dist(x,y)函数
    return (x*x+y*y)**0.5
```

```
main( )                                   #调用上面定义的 main( )函数
```

特别要注意：没有 return 语句的函数，不能出现在赋值语句或表达式中，因为将会产生错误或隐含的错误。例如，将函数改为：

```
#distance01.py
def dist(x,y):
    print( (x * x+y * y) * * 0.5)
```

函数功能变为：打印输出平面上的点到原点的距离，而不是求值。这样，该函数调用只能以一个语句的形式出现。不能将函数调用放在赋值语句或表达式中。执行 y = dist（3，4），不会立即产生错误，但由于 dist（3，4）没有返回值，y 得到 None 值。以后 y 再参加运算，如 y+3，将会出错。

调用一个函数时，首先计算实参表中各个表达式的值，然后函数调用暂停执行，转去执行被调用函数。被调用函数中各个形参的初值就是调用函数中对应实参的值。被调用函数执行完函数体语句后，返回调用函数，继续执行调用函数所在语句后面的语句。

例 7-2　定义一个函数，实现将华氏温度转换为摄氏温度。然后输入华氏温度，调用函数求出相应的摄氏温度。华氏温度 f 转换为摄氏温度 t 的公式为：t= （5/9）*（f−32）

```
#fahrenheitToCelsius.py
def fahrenheitToCelsius( f ):
       convertedTemperature=(5/9) * (f-32)
       return  convertedTemperature
fahrenheitTemp=eval(input("fahrenheitT="))
celsiusTemp=fahrenheitToCelsius( fahrenheitTemp )
print("celsiusTemp=",celsiusTemp )
```

程序运行结果：

```
fahrenheitT=100
celsiusTemp=37.77777777777778
```

上述程序包括两大部分：函数定义和函数调用。程序的执行过程如下：

1）先执行调用程序中的如下语句：

fahrenheitTemp = eval （input （" fahrenheitT = " ））

2）执行函数调用语句所在的语句：

celsiusTemp = fahrenheitToCelsius （ fahrenheitTemp ）

3）暂停调用语句的执行，转去执行 fahrenheitToCelsius （ f ） 函数中的语句：

```
convertedTemperature=(5/9) * (f-32)
    return  convertedTemperature
```

4）当完成 return convertedTemperature 语句后，返回调用函数中，将返回值赋给变量 celsiusTemp，然后继续执行后面的语句：

print（" celsiusTemp="，celsiusTemp）

7.3 函数的参数传递

调用函数与被调用函数之间的联系是通过参数传递来实现的。定义函数时，系统并不给函数的形参分配存储空间，函数被调用执行时，系统才为各形参分配存储空间，并把对应的实参值传递给形参。实参值传递给形参，从本质上来讲，是一种引用传递，即将实参引用对象的内存地址传递给形参。由于实参所引用对象分为可变类型和不可变类型，这样，造成了参数传递两种不同的结果，形成了两种方式。一是不改变实参值的传递方式，二是改变实参值的传递方式。在函数调用时，调用函数传递数据，被调用函数（即定义函数）接收数据。Python 如何传递参数呢？在实参传递给形参的过程中，Python 根据的原则是：对于不可变对象，如数值、字符串，使用对象引用时会先复制一份再传递；对于可变对象，如列表，使用对象引用时会直接传递内存地址。

7.3.1 不改变实参值的参数传递

在调用函数时，实参值传递给形参，即将实参引用对象的内存地址传递给形参。这样，形参和实参具有相同的内存地址值，也就是引用同一个对象。但由于该对象是不可变的，如数值、字符串、元组等，也就是说在参加函数体内运算时，该对象是不能改变的。如果在运算时，需要该对象发生改变，只能产生新对象，使用形参引用这个新对象。这样，实参引用的对象始终未变。可见，尽管形参值发生改变，但实参值不变。这就是不改变实参值的参数传递。

例 7-3 不改变实参值的参数传递。

```
#passImmutble.py
def  f( x ):
      print("函数开始：x=",x,", id(x)=",id(x))
      x=x + 5
      print("函数结束：x=",x,", id(x)=",id(x))
      return x
a=3
print("程序开始：a=",a,", id(a)=",id(a))
y=f(a)
print("程序结束：a=",a,", id(a)=",id(a),", y=",y)
```

程序运行结果：

```
程序开始：a=3, id(a)=8791429072608
函数开始：x=3, id(x)=8791429072608
函数结束：x=8, id(x)=8791429072768
程序结束：a=3, id(a)=8791429072608 , y=8
```

我们分析一下函数的参数传递方式：执行 a=3 语句后，变量 a 引用了不可变的整数对象 3，如图 7-2 所示。

执行 y=f(a) 语句，函数调用开始时，实参 a 传递给形参 x 的情况，如图 7-3 所示。

函数 f（a）执行结束时，实参 a 和形参 x 的情况，由于形参 x 是不可变对象，执行 x=x+5 后，产生了新整数对象 8，如图 7-4 所示。

可见，形参变量 x 开始引用整数对象 3，执行 x=x + 5 语句后，引用整数对象 8。而实参变量 a 始终引用整数对象 3。因此，实参如果是不可改变类型，函数调用结束后，不会改变实参的值。

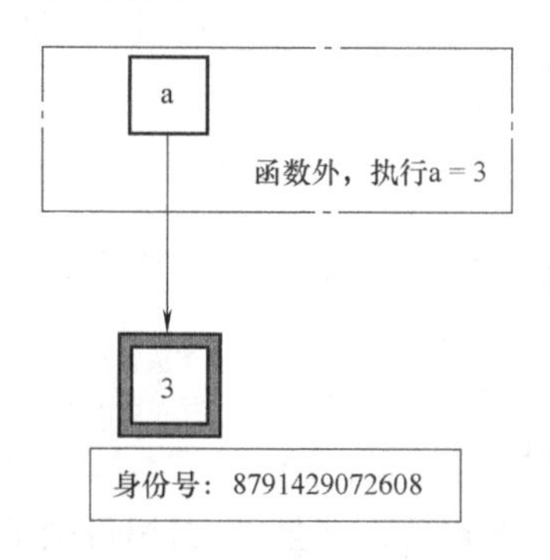

图 7-2　执行 a=3 后，变量引用图

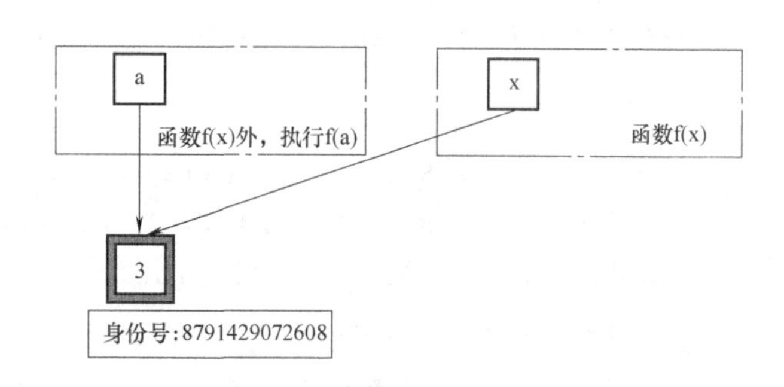

图 7-3　函数 f(x) 实参 a 传递给形参的情况

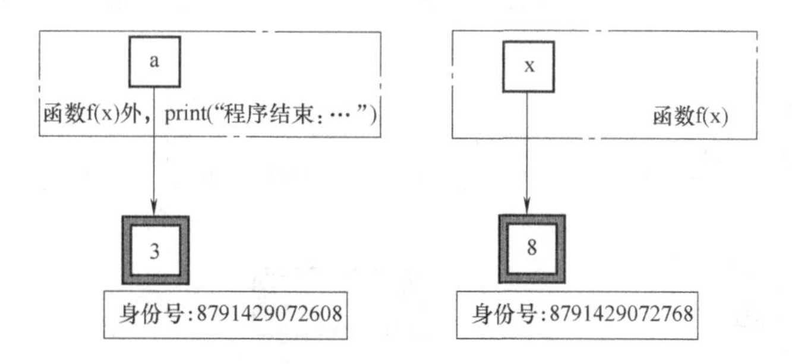

图 7-4　函数 f(a) 执行结束时，实参 a 和形参 x 的情况

7.3.2　改变实参值的参数传递

将实参引用对象的内存地址传递给形参。这样，形参和实参具有相同的内存地址值，也就是引用同一个对象。由于该对象是可变的，如列表、字典、集合等，也就是说在参加函数体内运算时，该对象可以改变。如果形参引用的对象在运算时发生改变，只是对象内容发生改变，对象的内存地址没有变化。这样，形参和实参始终引用同一个对象。形参值改变了，实参值也随之发生改变。这就是可改变实参值的参数传递。

例 7-4　一个学生的 2 门课成绩存放在列表中，现编写一个函数，实现向列表添加一门课成绩的功能。

```
#passMutable.py
def f(lst):
```

```
        print("函数开始: lst=",lst,", id(lst)=",id(lst))
        lst.append(100)
        print("函数结束: lst=",lst,", id(lst)=",id(lst))
        return lst

lis=[80,90]
print("程序开始: lis=",lis,", id(lis)=",id(lis))
f(lis)
print("程序结束: lis=",lis,", id(lis)=",id(lis))
```

程序运行结果:

```
程序开始: lis=[80, 90] , id(lis)=41738368
函数开始: lst=[80, 90] , id(lst)=41738368
函数结束: lst=[80, 90, 100] , id(lst)=41738368
程序结束: lis=[80, 90, 100] , id(lis)=41738368
```

我们分析一下函数的参数传递方式：执行 lis=[80，90] 语句后，变量 lis 引用可变的列表对象［80，90］，如图 7-5 所示。

执行 f（lis）语句，函数调用开始时，实参 lis 传递给形参 lst 情况，如图 7-6 所示。

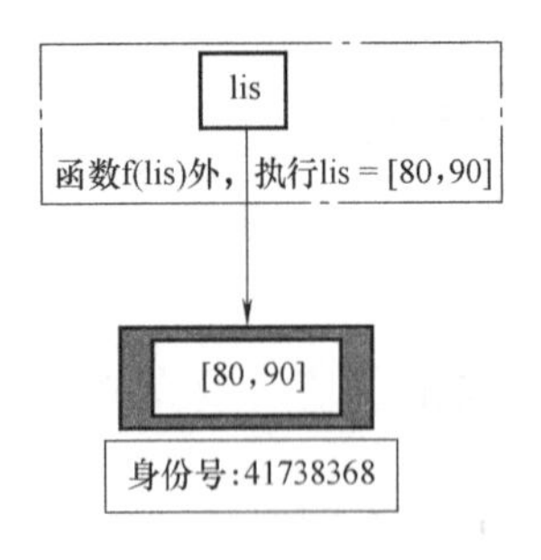

图 7-5　执行 lis=［80，90］后，变量 lis 引用图

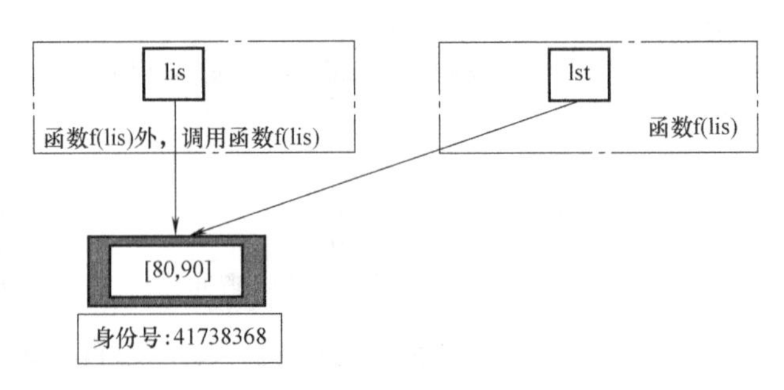

图 7-6　函数 f(lis) 调用开始时，实参 lis 传递给形参 lst

函数 f(lis) 执行结束时，实参 lis 和形参 lst 的情况，由于形参 lst 是可变对象，执行 lst. append（100）后，在原对象 lst 后添加元素 100。如图 7-7 所示。

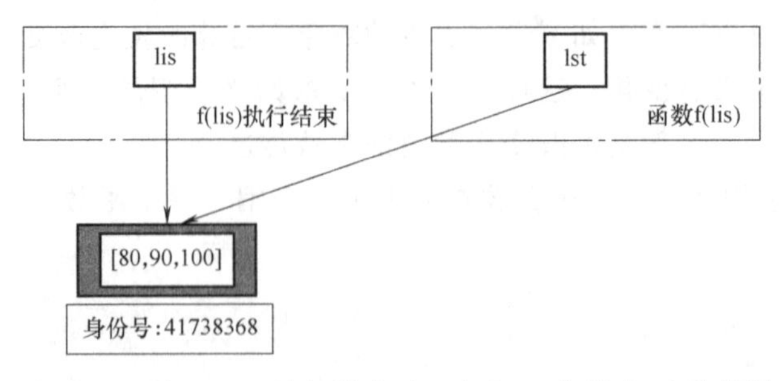

图 7-7　函数 f(lis) 执行结束时，实参 lis 和形参 lst 的情况

可见，形参变量 lst 和实参变量 lis 引用的是同一个列表对象［80，90］，执行 lst. append（100）语句后，可变的列表对象从［80，90］变为［80，90，100］。因此，实参如果是可改变类型，函数调用结束后，可能会改变实参的值。

7.3.3 位置参数

默认情况下，调用函数时实参的个数、位置（顺序）和类型要与定义函数时形参的个数、位置和类型一致。即实参是按照出现的位置与形参一一对应的，与参数的名称无关，此时的参数称为位置参数。

例 7-5 已知存款额（p）和年利率（r）、每年利率的复合次数（m）和利率累积的年数（t），计算出储蓄账户中的余额。复利公式为 $balance=p\left(1+\frac{r}{m}\right)^{mt}$。

```
#balance. py
def capiInter(p,r,m,t):
    amount=p*(1+r/m)**(m*t)
    return amount

p=eval(input("p="))
r=eval(input("r="))
m=eval(input("m="))
t=eval(input("t="))
balance=capiInter(p,r,m,t)
print("balance=",balance)
```

程序运行结果：

```
p=10000
r=0. 025
m=1
t=5
balance=11314. 082128906244
```

这里实际参数和对应的形式参数名字相同，图 7-8 展示了实际参数的值是如何按位置传递给函数的形式参数。相当于实参依次赋值给对应位置的形参。

注意：实际参数和对应的形式参数的名字可以相同，也可以不相同。实际参数和对应的形式参数的类型一致或相容，是指如果实参和形参类型不一致，实参能够转换成形参类型，让形参接收到数据。

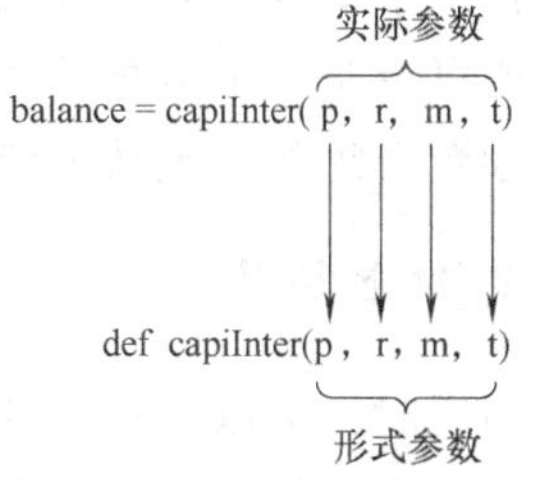

图 7-8 位置参数的传递方式

7.3.4 默认值参数

一个函数的某些（或全部）参数可以有默认值——当没有值传递给它们时而赋给的值。在定义函数时，可以直接给形式参数赋默认值，这时的参数称为带默认值的参数。函数定义的语法形式是：def 函数名（参数，默认值参数=默认值，…）：

缩进函数体

[return 返回值]

说明：在函数定义中，没有默认值的参数必须放在有默认值的参数前面。

在 Python 中，对于带默认值的形参，在函数调用时，如果没有对应的实参，就使用该默认值；如果有对应的实参，则仍然使用实参值，而不使用默认的形参值，使得函数调用和参数传递更加灵活方便。

例 7-6 本地大学的新生中，大多数都是 18 岁，有一半的男生。在定义学生函数时，学生的年龄、性别、籍贯形参可设置为默认值参数。这样，在调用函数时，如果实参的值和默认值相同，那么就可以在函数调用中忽略该实参。

```
#student.py
def student(name,age=18,sex='男',province='陕西'):
    return (name,age,sex,province)

print(student("张三"))                    #省略实参 age=18,sex='男',
                                          province='陕西'
print(student("李四",19))                 #省略实参 sex='男',province
                                          ='陕西'
print(student("王五",19,'女'))            #省略实参 province='陕西'
print(student("陈六",17,'女','河南'))     #没有省略的实参
```

程序运行结果：

```
('张三', 18, '男', '陕西')
('李四', 19, '男', '陕西')
('王五', 19, '女', '陕西')
('陈六', 17, '女', '河南')
```

总结：一个函数中有两种类型的形式参数：位置相关的参数和默认值参数。默认值参数中的默认值可以是一个常量，也可以是一个表达式。如果一个函数同时有两种类型的参数，位置相关参数必须放在默认值参数前面。

7.3.5 关键字参数

函数调用时，可以不按位置进行一一对应的参数传递。可使用关键字参数传递，它直接指定把某个实参的值传递给某个形参，此时的参数称为关键字参数。关键字参数不再按位置进行一一对应的参数传递。

例 7-7　关键字参数传递。

```
#totalScore.py
def totalScore(math,english,computer):
    total=math+english+computer
    average=total / 3
    return (total,average)

math1=eval(input("math="))
english1=eval(input("english="))
computer1=eval(input("computer="))
total,average = totalScore(english = english1, computer = computer1,
math=math1)
print("total={},average={}".format(total,average))
```

程序运行结果：

```
math=95
english=85
computer=90
total=270,average=90.0
```

这里，函数调用的实参和形参在位置上完全不对应。关键字参数的优点是：不需要记住形参的顺序，只需指定哪个实参传递给哪个形参即可，而且指定实参顺序也可以和定义函数时的形参顺序不一致，避免了用户需要牢记参数位置和顺序的麻烦，并且不影响参数的传递结果，使得函数调用和参数传递更加灵活方便。

总结：在函数调用中有两种实际参数：位置相关参数和关键字参数。关键字参数具有“形参名=实参值”的形式，其中实参值是一个表达式，位置相关参数仅包含一个表达式。如果一个函数调用中有两种类型的实际参数，位置相关参数必须放在关键字参数前面。函数调用中位置实参的数目必须等于或超过函数定义中位置形参的数目。在函数调用中，如果位置实参的数目超过函数定义中位置形参的数目，多出实参的值依次传递给剩余的形参（按照函数定义中形参出现的顺序传递），没有值传递的默认值参数，使用它们的默认值。位置相关参数的顺序最为重要，而对于关键字参数而言，顺序并不重要。

7.3.6　形参的可变长度

在 Python 中，除了可以定义固定长度参数（参数个数固定）的函数外，还可以定义可变长度参数的函数，调用此类函数时，可以提供不同个数的参数以满足实际需求，进一步增强了函数的通用性。在定义函数时，可变长度参数主要有两种形式：单星号（*）参数和双星号（**）参数。

例 7-8　单星号参数是在形参名前加一个星号（*），把接收到的多个实参组合在一个元组内，以形参名为元组名。

```
#calcuScore.py
def calcuScore( * scores):     #单星号形参用于把接收到的实参组合为元组
    sum=0
    for n in scores:
        sum=sum + n
    print("分数:", * scores,end=' ')  #打印元组 scores 的所有元素
    return (sum, sum/len(scores))

sum1,av1=calcuScore(78)                 #第一次调用,scores 接收 1 个实参 78
print("总分=",sum1,"平均分=",av1)
sum2,av2=calcuScore(78,88)              #第二次调用,scores 接收 2 个实参 78,88
print("总分=",sum2,"平均分=",av2)
sum3,av3=calcuScore(78,88,95)           #第三次调用,scores 接收 3 个实参 78,88,95
print("总分=",sum3,"平均分=",av3)
```

程序运行结果:

```
分数: 78  总分=78 平均分=78.0
分数: 78 88  总分=166 平均分=83.0
分数: 78 88 95  总分=261 平均分=87.0
```

参数 scores 前面有一个星号，Python 解释器会把形参 scores 看作可变长度参数，可以接收多个实参，并把接收到的多个实参组合为一个名字为 scores 的元组。

第一次调用函数时，将 1 个数据传递给可变参数（形参 scores），并组合为包含 1 个元素，名字为 scores 的元组。同样，第二次调用函数时，将 2 个数据传递给可变参数（形参 scores），并组合为包含 2 个元素，名字为 scores 的元组。第三次调用函数时，将 3 个数据传递给可变参数（形参 scores），并组合为包含 3 个元素，名字为 scores 的元组。

例 7-9 双星号参数是在形参名前加两个星号（* *），把接收到的多个实参组合在一个字典内，以形参名为字典名。

```
#dict1.py
def dict1( * *p):                #双星号形参用于把接收到的实参组合为字典
    for item in p.items( ):      #items()返回字典的所有"键-值"对
        print(item)              #打印字典的"键-值"对
dict1(x=1,y=2,z=3)               #调用函数,传送实参给形参
程序运行结果:
('x', 1)
('y', 2)
```

```
('z', 3)

#dict2.py
def dict2( * *p):                   #双星号形参用于把接收到的实参组合为字典
    for key  in  p     :            #字典默认对"键"操作
        print(key)                  #打印字典的"键"
dict2(x=1,y=2,z=3)                  #调用函数,传送实参给形参 p
```

程序运行结果：

```
x
y
z
```

说明："for key in p:" 也可写成 "for key in p.keys ( ):"，keys ( ) 返回字典的所有" 键"。

```
#dict3.py
def dict3( * *p):                   #双星号形参用于把接收到的实参组合为字典
    for value in p.values( ):       #values( )返回字典的所有"值"
            print(value)            #打印字典的"值"
dict3(x=1,y=2,z=3)                  #调用函数,传送实参给形参 p
```

程序运行结果：

```
1
2
3
```

总之，在定义函数时，对于可变长度参数（形参），单星号与元组组合，双星号则与字典组合。

7.3.7　实参的序列解包

为含有多个变量的函数传递参数时，可以使用 Python 中的列表、元组、集合、字典以及其他可迭代对象作为实参，并在实参名前加一个星号，Python 解释器将自动进行序列解包，然后，将序列中的元素值依次传递给相同数量的单变量形参。

注意：务必保证实参中元素个数与形参个数相等，否则将出现错误。

如果使用字典对象作为实参，则默认使用字典的“键”；如果需要将字典的“键-值”对作为参数，则需要使用 items ( ) 方法；如果需要将字典的“值”作为参数，则需要调用字典的 values ( ) 方法。

```
#unPacking.py
def unPacking(a,b,c):
    print(a+b+c)
```

```
#调用函数 unPacking(a,b,c),实参分别为列表、元组、字典、字典的“值”和集合
lst=[1,2,3]
print(lst,": ",end='')
unPacking( * lst)                    #列表解包
tup=(1,2,3)
print(tup,": ",end='')
unPacking( * tup)                    #元组解包
dic={1:'a',2:'b',3:'c'}
print(dic,": ",end='')
unPacking( * dic)                    #字典解包,默认使用字典的“键”
print(dic.values(),": ",end='')
unPacking( * dic.values())           #字典的“值”解包
set1={1,2,3}
print(set1,": ",end='')
unPacking( * set1)                   #集合解包
```

程序运行结果：

```
[1, 2, 3] :  6
(1, 2, 3):  6
{1: 'a', 2: 'b', 3: 'c'} :  6
dict_values(['a', 'b', 'c']):  abc
{1, 2, 3} :  6
```

在函数调用时，如果实参是字典，可以用双星号（* *）方式将字典拆分成一组关键字实参。字典的“键”被看作函数调用的实参关键字，关联的“值”作为实参的值。这要求字典的“键”与函数形参名字匹配，或者函数定义形参表里的有双星号（* *）形参。

```
#unpacking1.py
def unPacking(a,b,c, * * others):
    print("a+b+c=",a+b+c)
    print("others=",others)

dic={'a':11,'b':22,'c':33,'d':44,'e':55}
print(dic,": ",end='')
unPacking( * * dic)
```

程序运行结果：

```
{'a': 11, 'b': 22, 'c': 33, 'd': 44, 'e': 55} :  a+b+c=66
others={'d': 44, 'e': 55}
```

总结：在定义函数与调用函数时，实参与形参的对应关系如下：

1）实参与形参都是简单类型（整型、浮点型、字符串等），且对应位置参数类型一致。

2）实参与形参都是组合类型（列表、元组、字典、集合等），且对应位置参数类型一致。

3）实参是简单类型，形参是组合类型。此时需要在形参名前加单星号（*）或双星号（**）。前者把接收到的实参值组合为元组，后者把接收到的实参值组合为字典。

4）实参是组合类型，形参是简单类型，可以通过序列解包的形式把实参值传递给形参，此时需要在实参名前加一个星号（*）或双星号（**），将字典拆分成一组关键字实参。

7.4　函数的嵌套与递归

函数的嵌套和递归都是解决问题的方法。函数嵌套是将问题分解成不同性质、更小的子问题，每个子问题都可以用普通函数来解决。递归是将问题不断地分解成同性质、更小的子问题，直到子问题可以用普通的方法解决。通常情况下，递归会使用一个不停地调用自己的函数。

7.4.1　函数嵌套

在 Python 中，一个函数内可以有一条或多条函数调用语句。这就形成了函数嵌套。函数嵌套的执行过程是：一个函数在执行过程中，就会对另外一个函数或多个函数进行调用，也就是说，函数在执行中，不是执行完一个函数再去执行另一个函数，而是可以在任何需要的时候，对其他函数进行调用。

函数调用是逐级调用，逐级返回的。例如，在函数 f1 中调用了函数 f2。在函数 f2 中又调用了函数 f3。这样，函数的逐级调用过程是：函数 f1 在执行过程中，在 a 处停止执行，转去执行对函数 f2 的调用；函数 f2 在执行过程中，在 b 处停止执行，转而去执行对函数 f3 的调用，函数 f3 一直运行直到结束。函数的逐级返回过程是：运行结束的函数 f3 返回到 b 处，f2 继续运行直到结束，然后返回到 a 处，f1 继续运行直到结束。

例 7-10　定义一个函数，求出 100 以内的所有素数，并放在列表中。

思路：设计两个函数，函数 listPrime（n）用于将素数放在列表当中。函数 isPrime（n）用来判断给定的数是不是素数。函数 listPrime（n）调用函数 isPrime（n）。

```
#primeIn100.py
def isPrime(n):
    if n <=1:
        return  False
    d=2
    while  d*d <=n:
        if  n % d==0:
            return False
        d +=1
```

```
        return  Truc

    def  listPrime(n):
        lst=[]
        for num in range(2,n):
            if isPrime(num):  #在 listPrime(n)函数中调用 isPrime(n)函数
            lst.append(num)
        return  lst
    print("100 以内的素数列表是:",listPrime(100))
```

程序运行结果：

```
    100 以内的素数列表是:[2, 3, 5, 7, 11, 13, 17, 19, 23, 29, 31, 37, 41, 43,
47, 53, 59, 61, 67, 71, 73, 79, 83, 89, 97]
```

7.4.2 函数递归

函数在执行过程中直接或间接地调用了该函数本身，这称作函数的递归调用。

函数递归是指一个函数直接或间接地调用了它自己，将问题分解为性质相同的更小问题，直到分解为最基本的问题。

例 7-11 编写一个递归调用函数，实现从给定输入参数 n 开始，倒计数到 0，当到达 0 时输出“报时”。例如，输出“54321 报时”。注意，要求不使用循环语句。

思路：问题分成两种情况，第一种情况是当 n 是 0 或负数时，输出“报时”，即结束条件。第二种情况是正常情况到结束。

```
#countdown.py
def countdown(n):
    if  n<=0:
        print("报时")
    else:
        print(n,end='')
        countdown(n-1)
countdown(10)
```

程序运行结果：

```
10 9 8 7 6 5 4 3 2 1 报时
```

递归有两个特点：

1）具有一个或多个基本问题，也就是结束条件。

2）具有一个“归纳”的步骤，不断地将问题分解为更小的问题，直到最后分解到一个或多个基本问题。

函数递归求解问题可以用下面的伪代码来表示：

```
if  到达了基本问题
        直接得到解
else  重复的分解问题,直到到达基本问题
```

例 7-12　判断一个单词是不是回文单词。

思路：设计递归函数是利用这样一个事实，回文单词第一个和最后一个字母都是一样的，并且去掉这两个字母之后，剩下的单词依然是回文单词。因此，查看单词的第一个和最后一个字母。如果它们不一样，就停止检查并返回 False。否则，去掉第一个和最后一个字母，继续进行判断，这个过程直到单词只剩 0 个或 1 个字母为止。

```
#isPalindrome.py
def isPalindrome(word):
        word=word.lower()
        if  len(word)<=1:
                return  True
        elif  word[0]==word[-1]:
                word=word[1:-1]
                return  isPalindrome(word)
        else:
                return  False
word=input("word=")
if  isPalindrome(word):
        print(word,"is a Palindrome.")
else:
        print(word,"is Not a Palindrome.")
```

程序运行结果：

```
word=pullup
pullup is a Palindrome.
```

例 7-13　编写一个递归函数，实现输入一个非负整数，从高位到低位依次输出各个位数字。

```
#splitInt.py
def splitInt(n):
        if  n<10:
                print(n,end='')
        else:
                splitInt(n//10)
                print(n%10,end='')
n=int(input("n="))
splitInt(n)
```

程序运行结果：

```
n=3628
3 6 2 8
```

7.5 模块与库

对于一个大型的 Python 程序，我们不可能自己完成所有的工作，通常都需要借助标准库和第三方库。此外，也不可能在一个源文件中编写整个 Python 程序的源代码，需要以模块化的方式来组织 Python 程序的源代码。

7.5.1 模块的定义与使用

在 Python 中，可以将函数的定义放在一个被称为模块的文件中，文件的后缀名是 .py。这样，任何其他程序只要导入了这个模块文件，就可以使用该模块文件所包含的函数和变量。可见，Python 是通过模块文件来支持函数重用的。

例 7-14 编写一个求最大公约数的函数，并将该函数放在一个称作 gcdFunction.py 的文件中。这个文件可当作模块供其他程序使用。

```
#gcdFunction.py
def gcd(m,n):
    r=m % n
    while  r ! =0:
        m=n
        n=r
        r=m % n
    return  n
```

模块文件的文件名就是它的模块名，比如 gcdFunction.py 的模块名就是 gcdFunction。编写完模块文件 gcdFunction.py 后，再编写一个 TestGcdFunction 程序来使用该模块文件中的 gcd 函数。注意：模块文件应该和使用它的程序放在同一个地方。

```
#TestGcdFunction.py
from  gcdFunction  import  gcd    #从模块 gcdFunction 中导入 gcd 函数
m=int(input("m="))
n=int(input("n="))
print(m,"和",n,"的最大公约数是",gcd(m,n))
```

程序运行结果：

```
m=105
n=45
105 和 45 的最大公约数是 15
```

通过上面简单的例子可以看出：定义模块（也称作库模块）就是编写Python程序。当然，一个模块可以包含多个函数和变量，并且模块中的函数和变量名字都各不相同。

同样可以看出：为了使用库模块，任何程序只要导入库模块文件，就可以重复使用库模块文件中的函数和变量。

在Python中，导入库模块的方式有2种：

```
import  库模块名
```

然后，库模块中的函数可以在程序中以下列形式调用：

```
库模块名.函数名()
```

第二种导入库模块的方式是：

```
from 模块名 import 函数名
```

或

```
from 模块名 import  *
```

前者导入指定库模块中的指定函数，后者是导入指定库模块中的所有函数。以后可以直接调用已经导入的函数，格式为：

函数名（）

前者的优点是可以减少查询次数，提高访问速度。后者一般不推荐使用，因为一旦多个模块中有同名的对象，这种方式将会导致混乱。

7.5.2 标准库

Python自带了一组库模块，也就是标准库。标准库中一些常见的模块见表7-1。

表7-1　标准库中一些常见的模块

模块	其中函数处理的任务
os	删除和重命名文件
os. path	确定指定的文件夹中文件是否存在，这个模块是OS的子模块
pickle	在文件中存储对象(如字典、列表和集合)，并能从文件中取回对象
random	随机选择数字和子集
tkinter	支持程序拥有一个图形用户界面
turtle	支持图形化turtle
datetime	处理时间和日期

1. random库模块

random库模块包含了可以用来生成随机数（严格意义上说应该是伪随机数）的函数，也可以用来从一个列表中随机选择元素或重排列表中的元素。random库模块中的常用函数见表7-2。

表7-2　random库模块中的常用函数

函数	功能描述
random()	产生一个[0.0,1.0)之间的随机小数
seed(a)	初始化随机数生成器。如果a被省略或为None，则使用当前系统时间

（续）

函数	功能描述
randint(a,b)	返回随机整数 N,满足 a<=N<=b
randrange(start,stop[,step])	从 range(start,stop,step)返回一个随机选择的元素
uniform(a,b)	返回一个随机浮点数 N,当 a<=b 时,a<=N<=b,当 b<a 时,b<=N<=a
choice(seq)	从非空序列 seq 返回一个随机元素。seq 为空则引发 IndexError
shuffle(x[,random])	将序列 x 随机打乱位置。要改变一个不可变的序列并返回一个新的打乱列表,请使用“sample(x,k=len(x))”
sample(population,k)	返回从总体序列或集合中选择的唯一元素的 k 长度列表。用于无重复的随机抽样

示例：

```
>>> import random
>>> random.random()                   #产生一个[0.0,1.0)之间的随机小数
0.9569719091130405
#产生[1.1,5.4]之间的随机浮点数,区间可以不是整数
>>> random.uniform(1.1,5.4)
2.6236354309889505
>>> random.randint(1,10)              #产生一个 [1 ,10 ]之间的整数型随机数
6
>>> random.randrange(0,101,2)         #产生一个 0~100 之间的随机偶数
54
```

使用 seed（）函数还可以产生伪随机数。

```
>>> random.seed(10)                   #产生种子 10 对应的序列
>>> random.random()                   #产生一个[0.0,1.0)之间的随机小数
0.5714025946899135
>>> random.seed(10)                   #产生种子 10 对应的序列
>>> random.random()                   #产生一个[0.0,1.0)之间的随机小数
0.5714025946899135
```

可见，seed（10）生成一个随机数序列，之后 random（）会按照顺序依次取出这个随机数序列中的随机数。

还可以从一个列表中随机选择元素或重排列表中的元素。

```
>>> lst=['Python','C','C++','javascript']
>>> random.choice(lst)                #随机选取列表中的元素
'javascript'
>>> random.choice(lst)                #随机选取列表中的元素
'C++'
>>> random.shuffle(lst)               #打乱列表中的元素的顺序
>>> print(lst)
```

```
['C++','javascript','Python','C']
#从 lst 中随机获取 3 个元素并作为一个切片返回
>>> random.sample(lst,3)
['Python','C++','C']
>>> random.choice(['剪刀','石头','布'])       #随机选取字符串
'剪刀'
>>> random.choice(['剪刀','石头','布'])       #随机选取字符串
'布'
>>> random.choice(['剪刀','石头','布'])       #随机选取字符串
'石头'
```

还可以应用到字符串、元组等序列中。

```
# 随机选取字符
>>> random.choice('abcdefghijklmnopqrstuvwxyz! @ #$%^&*()')

'x'
>>> random.choice('abcdefghijklmnopqrstuvwxyz! @ #$%^&*()')
'c'
#随机选取指定数量的字符
>>> random.sample('zyxwvutsrqponmlkjihgfedcba',5)
['m','v','g','o','n']
>>> random.sample('zyxwvutsrqponmlkjihgfedcba',5)
['m','q','e','r','l']
>>> random.choice('I love Python')          #随机选取字符
't'
>>> random.choice('I love Python')          #随机选取字符
'I'
>>> random.sample('I love Python',6)        #随机选取指定数量的字符
['h','e','l','P','o','t']
>>> random.sample('I love Python',6)        #随机选取指定数量的字符
['t','','I','n','h','o']
```

例 7-15　定义一个函数，函数名为 get_pwd（ ），实现随机生成长度为 8 位的密码。密码由大写字母、小写字母和数字组成，至少包含 1 个大写字母、1 个小写字母，1 个数字，其余 5 个字母随机选取。

```
#password.py
import random
```

```
import string
def main():
    get_pwd()
def get_pwd():
    src=string.ascii_letters+string.digits+string.punctuation
    pwd_list=random.sample(src,5)
    pwd_list.extend(random.sample(string.digits,1))
    pwd_list.extend(random.sample(string.ascii_uppercase,1))
    pwd_list.extend(random.sample(string.ascii_lowercase,1))
    random.shuffle(pwd_list)
    pwd=''.join(pwd_list)
    print('密码:'+pwd)
    return pwd
main()
```

程序运行结果：结果随机，省略。

2. datetime 库模块

datetime 库的主要作用是处理日期和时间。datetime 库需要以类的方式使用。常用的类是 datetime 类。使用时先创建一个 datetime 类的对象，然后通过对象调用方法和属性，实现相应的日期和时间处理。

示例：

获取当前日期时间：

```
>>> from datetime import datetime
>>> now=datetime.now()
>>> now
datetime.datetime(2021,3,9,22,33,37,648268)
>>> today=datetime.today()
>>> today
datetime.datetime(2021,3,9,22,36,12,854146)
>>> now.date()
datetime.date(2021,3,9)
>>> now.time()
datetime.time(22,33,37,648268)
>>> today.date()
datetime.date(2021,3,9)
>>> today.time()
datetime.time(22,36,12,854146)
```

获取上个月第一天和最后一天的日期：

```
>>> today=datetime.today()
>>> mlast_day=date(today.year,today.month,1)-timedelta(1)
>>> mfirst_day=date(mlast_day.year,mlast_day.month,1)
>>> today
datetime.datetime(2021,3,9,23,15,6,542625)
>>> mlast_day
datetime.date(2021,2,28)
>>> mfirst_day
datetime.date(2021,2,1)
```

获取时间差（时间差单位为秒）：

```
>>> start_time=datetime.now()
>>> end_time=datetime.now()
>>> (end_time -start_time).seconds
30
```

计算当前时间向后 8 个小时的时间：

```
>>> from  datetime import *
>>> d1=datetime.now()
>>> d2=d1+ timedelta(hours=8)
>>> d1
datetime.datetime(2021,3,9,23,10,54,50183)
>>> d2
datetime.datetime(2021,3,10,7,10,54,50183)
```

可以计算：天（days），小时（hours），分钟（minutes），秒（seconds），微秒（microseconds）：

```
>>> from  datetime import *
>>> dt=datetime.now()
>>> dt1=dt+ timedelta(days=-1)      #昨天
>>> dt
datetime.datetime(2021,3,9,23,7,50,626692)
>>> dt1
datetime.datetime(2021,3,8,23,7,50,626692)
>>> dt2=dt -timedelta(days=1)        #昨天
>>> dt2
datetime.datetime(2021,3,8,23,7,50,626692)
```

计算上周一和周日的日期：

```
>>> today=datetime.today()
>>> today_weekday=today.isoweekday()
```

```
>>> last_sunday=today -timedelta(days=today_weekday)
>>> last_monday=last_sunday -timedelta(days=6)
>>> today
datetime.datetime(2021,3,9,23,21,58,770203)
>>> last_sunday
datetime.datetime(2021,3,7,23,21,58,770203)
>>> last_monday
datetime.datetime(2021,3,1,23,21,58,770203)
```

计算指定日期当月最后一天的日期和本月天数：

```
>>> date1=date(2017,12,20)
>>> def  eomonth(date_object):
    if date_object.month==12:
        next_month_first_date=date(date_object.year+1,1,1)
    else:
        next_month_first_date=date(date_object.year,date_object.month+1,1)
    return  next_month_first_date -timedelta(1)

>>> eomonth(date1)
datetime.date(2017,12,31)
>>> eomonth(date1).day
31
```

获得本周一至今天的时间段并获得上周对应同一时间段：

```
>>> today=date.today()
>>> this_monday=today -timedelta(today.isoweekday()-1)
>>> last_monday=this_monday -timedelta(7)
>>> last_weekday=today -timedelta(7)
>>> this_monday
datetime.date(2021,3,8)
>>> last_monday
datetime.date(2021,3,1)
>>> last_weekday
datetime.date(2021,3,2)
>>> today
datetime.date(2021,3,9)
```

3. turtle 库模块

turtle 库模块的主要作用是绘制图形，是通过模块中的对象和方法进行作图的。turtle 的中文含义是海龟。基于 turtle 的绘图过程就是模拟小海龟的爬行，爬行的轨迹就是绘制的图形。

```
import  turtle
t=turtle.Turtle( )
```

运行完上述语句后，将会出现如图 7-9 所示的窗口，边框中间的白色区域叫做画布，中间的小图标叫做小海龟。画布中央的坐标是（0，0），变量 t 代表小海龟变量。开始时，小海龟面朝东，它的尾巴是放下的并位于坐标系的原点上。

图 7-9　海龟图形窗口

在任何时候，小海龟都有以下状态：位置（用坐标表示）、朝向（用面朝方向与水平线的逆时针夹角表示）、笔的状态（抬起或放下）以及颜色。小海龟面朝东、北、西、南将分别由 0 度、90 度、180 度和 270 度表示。所有的标准颜色（如红、蓝、绿、白、黑）都可以作为笔的颜色。

turtle 库模块提供了多个用于绘图的画笔控制函数和图形绘制函数。使用方法见表 7-3。

表 7-3　turtle 库模块中的常用方法

方法	功能描述
t. up( )	将画笔抬起
t. down( )	将画笔放下
t. hideturtle( )	将图表隐藏
t. forward(dist)	将小海龟按照它的朝向移动 dist 个像素
t. backward(dist)	将小海龟按照与它的朝向相反的方向移动 dist 个像素
t. goto(x,y)	将小海龟移动到坐标(x,y)
t. pencolor(colorName)	将笔的颜色设为 colorName,初始颜色为黑色
t. setheading(deg)	设置小海龟面朝 deg 度的方向
t. left(deg)	小海龟逆时针旋转 deg 度
t. right(deg)	小海龟顺时针旋转 deg 度
t. dot(diameter,colorName)	按照给定的直径和颜色在当前位置上画点

例 7-16　画若干个套在一起的长方形。

```
#rectangle.py
import  turtle
def main():
    t=turtle.Turtle()
    t.hideturtle()
    x=-20
```

```
    y=-2
    w=40
    h=4

    for n in range(15):
        drawRectangle(t,x,y,w,h)  #画长方形
        x-=5
        y-=5
        w+=10
        h+=10
def drawRectangle(t,x,y,w,h,colorP="black"):
    t.up()
    t.goto(x,y)
    t.down()
    for  i  in  range(2):
        t.forward(w)                #画长度
        t.left(90)                  #逆时针旋转 90 度,第 1 次朝上/北,第 2 次朝
                                     下/南
        t.forward(h)                #画宽度
        t.left(90)                  #逆时针旋转 90 度,第 1 次朝左/西,第 2 次朝
                                     右/东
main()
```

程序运行结果：如图 7-10 所示。

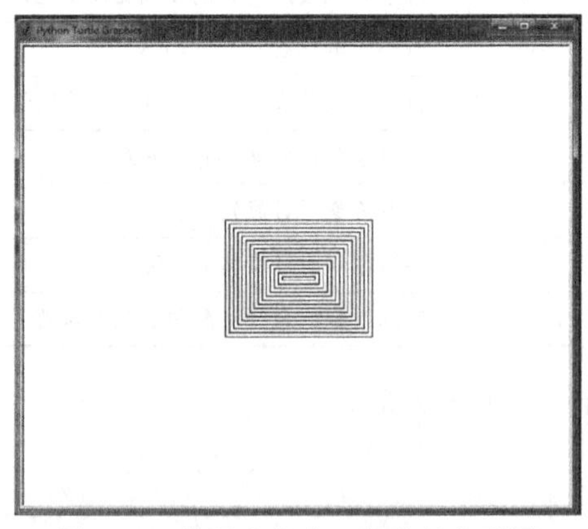

图 7-10　若干个套在一起的长方形图

例 7-17　复杂的图形可以由重复简单的图形来获得。下面画一朵带有 36 个花瓣的花。

```
#flower36.py
import  turtle
```

```
def main():
    t=turtle.Turtle()
    t.hideturtle()
    t.color("blue","light blue")          #设置颜色
    t.begin_fill()                        #开始填充,使用 t.begin_fill()
    for i  in  range(36):
        t.forward(200)                    #画 200 个像素的线段
        t.left(170)                       #逆时针旋转 170 度
    t.end_fill()                          #结束填充,使用 t.end_fill()
main()
```

程序运行结果：如图 7-11 所示。

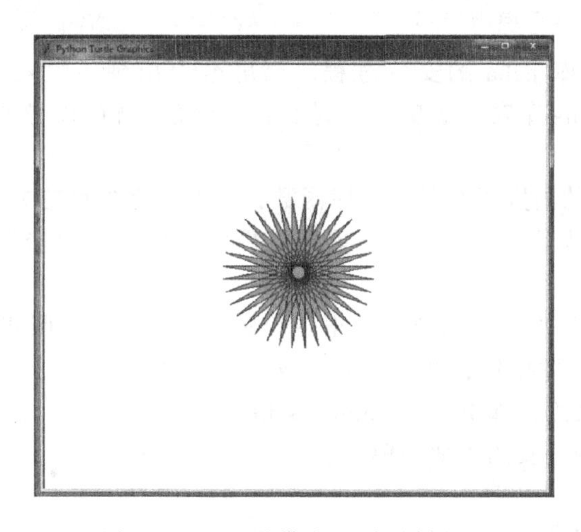

图 7-11　画一朵带有 36 个花瓣的花

7.5.3　第三方库

标准库模块提供的模块已经非常多了，但是，在实际问题面前仍然显得不足，所以还需要更多的工具，于是有了海量的第三方包——不是标准库里面的模块，也不是自己开发的，是别人开发并分享出来的，供任何人使用，称为第三方包（Python packages）。在 Python 生态中，这些第三方包通常被放在 pypi.org 网站上。

要想在自己计算机中使用第三方包，就要把它安装到本地，推荐的方式是使用“pip”安装。

pip 是 Python 内置命令，不能在 IDLE 环境下运行，需要在 Windows 的命令行界面执行。pip 命令支持安装（install）、下载（download）、卸载（uninstall）、列表（list）、查看（show）、查找（search）等多个安装和维护子命令。

如果某个模块无法使用 pip 安装，很可能是该模块依赖于某些动态链接库文件，此时需要登录该模块官方网站下载，并单独安装。常用的 pip 命令使用方法见表 7-4。

表 7-4 常用 pip 命令使用方法

pip 命令示例	说明
pip install SomePackage	安装 SomePackage 模块
pip list	列出当前已安装的所有模块
pip install --upgrade SomePackage	升级 SomePackage 模块
pip uninstall SomePackage	卸载 SomePackage 模块
pip install SomePackage. whl	使用 whl 文件直接安装 SomePackage
pip download SomePackage	下载 SomePackage 安装包,但并不安装
pip show SomePackage	显示指定的已安装等详细信息
pip search SomePackage	在网络上搜索 SomePackage 名或摘要中的关键字

以 Windows10 为例，用鼠标右键单击屏幕左下角的 Windows 图标，打开运行界面，在界面的打开对话框中输入 cmd，进入 Windows 命令行界面，在命令行界面上输入如下命令：

```
pip  install  jieba
```

就可以进入第三方库 jieba 的安装过程。当屏幕上出现了“successfully installed jieba-0. 39”信息后，说明 jieba 库安装成功。回到 IDLE 环境，就可以像使用 Python 标准库一样使用 jieba 库了。

Python 提供了大量的内置函数和标准库函数，还有很多的第三方库函数，可用于解决各个领域的实际问题。本节只是简要介绍，更多及更深入的了解可查阅 Python 官网和相关的网上社区。

在实际的 Python 程序中，常需要导入很多库模块，这时应按照如下顺序导入库模块：

1）导入 Python 标准库模块，如 os、sys、re。

2）导入第三方扩展库，如 PIL、numpy、scipy。

3）导入自己定义和开发的本地库模块。

7.6 变量的作用域

在 Python 中，一个变量的作用域是指在程序中可以引用该变量的区域或范围。根据变量的作用域，可将变量分为局部变量和全局变量。

7.6.1 局部变量

在函数内部创建的变量叫局部变量。一个变量在函数内部创建，这个函数内部或函数体就是该变量的作用域，也就是说在这个函数内部能够访问该变量，当函数退出后，该变量就不存在了。这样的变量对于函数来说是局部的，或者说有局部作用域（在函数内的区域里能够访问该变量，不在这个函数区域就不能访问该变量）。例如：

```
#main. py
def main( ):                       ┐
    a=3                            │变量 a 的作用域
    print("main( )函数:a=",a)      ┘
main( )
```

程序运行结果：

```
main()函数:a=3
```

通过程序运行结果能够看出：在 main（ ）函数的执行中，变量 a 存在，也能够在 main（ ）函数内访问该变量 a。

```
#main.py
def main( ):
    a=3
    print("main()函数: a=",a)
main( )
print("main()函数后: a=",a)
程序运行结果:
main()函数: a=3
Traceback (most recent call last):
  File "./main.py", line 6, in
    print("main()函数后: a=",a)
NameError: name 'a' is not defined
```

```
#main.py
def main( ):
    a=3
    print("main()函数: a=",a)
print("main()函数前: a=",a)
main( )
程序运行结果:
Traceback (most recent call last):
  File "/main. py", line 5, in<module>
    print("main()函数前: a=",a)
NameError: name 'a' is not defined
```

在 main（ ）函数后访问变量 a（print（"main（）函数后：a="，a）），结果出现错误，错误是在第 6 行的 print（"main（）函数后：a="，a）中，变量 a 没有定义（NameError：name 'a' is not defined）。

在 main（ ）函数前访问变量 a（print（"main（）函数前：a="，a）），结果也出现错误，错误是在第 5 行的 print（"main（）函数前：a="，a）中，变量 a 没有定义（NameError：name 'a' is not defined）。

可见，能够访问该变量 a 的区域就是 main（ ）函数内部，离开了这个区域（main（ ）函数内部），变量 a 就不存在，更无法访问了。因此，变量 a 的作用域是 main（ ）函数内部区域。这是由于变量 a 是在 main（ ）函数内创建的局部变量。

对于函数的形式参数，可以当作是在函数内创建的。因此，有关局部变量作用域的规则同样适用于函数的形参。

例 7-18　函数形参的作用域。

```
#mainf. py
def  main( b ):
    a=3
    print("main(b)函数:a=",a,",b=",b)
def  f( b ):
    a=30
    print("f(b)函数:a=",a,",b=",b)
main( 5 )
f( 50 )
```

程序运行结果：

```
main(b)函数:a=3 ,b=5
f(b)函数:a=30 ,b=50
```

可以看出：在两个不同的函数［main（b）函数和f（b）函数］中，创建了2对同样名称的变量（变量a和形参b）。根据局部变量的作用域规则，这2对同名变量之间的作用区域是完全不同的，它们之间没有任何关系，可以当作完全不同的变量和形参。

7.6.2 全局变量

在Python中，可以使一个变量在程序中一直存在，也能被访问，这样的变量叫全局变量。一种将变量设为全局变量的方法是将创建它的赋值语句放在程序顶部。

例7-19 全局变量的作用域。

```
#mainfx.py
x=10
def  main( b ):
    a=3
    print("main(b)函数:a=",a,",b=",b,",x=",x)
def  f( b ):
    a=30
    print("f(b)函数:a=",a,",b=",b,",x=",x)
main( 5 )
f( 50 )
print("mainfx.py模块:x=",x)
```

程序运行结果：

```
main(b)函数:a=3 ,b=5 ,x=10
f(b)函数:a=30 ,b=50 ,x=10
mainfx.py模块:x=10
```

可以看出，全局变量既可以在函数内使用，也可以在函数外使用。总之，全局变量的作用域是从创建全局变量的位置开始，一直到本文件结束。

思考：如果创建全局变量的赋值语句放在调用函数的后面，会发生什么样的结果？

如果一个函数内部定义了一个变量，该变量与全局变量名称相同，那么在该函数中，局部变量的作用域和全局变量的作用域重叠，Python解释器该如何操作呢？

例7-20 局部变量和全局变量的作用域重叠。

```
#main_a.py
a=10
def  main( b ):
    a=3
    print("main(b)函数:a=",a,",b=",b)
print("main_a.py模块开始:a=",a)
```

```
main( 5 )
print("main_a.py 模块结束:a=",a)
```

程序运行结果：

```
main_a.py 模块开始:a=10
main(b)函数:a=3 ,b=5
main_a.py 模块结束:a=10
```

从程序运行结果可以看出：当全局变量和局部变量的作用域重叠时，内层的局部变量起作用。同样，如果两个变量作用域重叠，那么最内层的变量作用域起作用。

任何函数都可以读取全局变量的值，然而它的值不能在函数内部进行修改，除非修改语句之前有下列的语句形式：

```
global  变量名 1,变量名 2,…,变量名 n
```

例 7-21　函数内局部变量访问全局变量的方法。

```
#mainGlobal.py
x=10
def  main( b ):
    a=3
    global x
    print("函数内全局变量赋值前:a=",a,",b=",b,",x=",x)
    x=x+ a+ b
    print("函数内全局变量赋值后:a=",a,",b=",b,",x=",x)
print("mainGloba.pyl 模块开始:x=",x)
main( 5 )
print("mainGloba.pyl 模块结束:x=",x)
```

程序运行结果：

```
mainGloba.pyl 模块开始:x=10
函数内全局变量赋值前:a=3 ,b=5 ,x=10
函数内全局变量赋值后:a=3 ,b=5 ,x=18
mainGloba.pyl 模块结束:x=18
```

注意：函数内声明全局变量的语句必须放在所有访问全局变量的语句（包括仅仅只是读取该全局变量的语句）之前。

对于全局变量与局部变量的作用域做如下总结：

1）定义变量要通过为变量赋值的形式出现。

2）函数内部定义的变量称为该函数的局部变量。局部变量只在定义它的函数内部起作用，退出函数后，该函数的局部变量就被撤销，不再起作用。

3）如果函数内部定义了与全局变量同名的局部变量，则同名的全局变量与局部变量分别在函数外部和内部起作用。如果函数内部没有定义与全局变量同名的局部变量，则全局变量在函数内部、外部都起作用。

4）如果需要在函数内部为某个全局变量赋值，同时保证该全局变量的性质不变，可以使用关键字 global 进行声明。声明之后，在函数内部对全局变量的赋值是使用已有的全局变量，不是定义新的局部变量。

5）尽量避免使用全局变量，尤其是在大型程序中，全局变量会使程序的可读性下降，并且很容易引起错误。

最后，介绍常用的 lambda 表达式，又称匿名函数，常用来表示内部仅包含 1 行表达式的函数。如果一个函数的函数体仅有 1 行表达式，则该函数就可以用 lambda 表达式来代替。

lambda 表达式的语法格式如下：

```
    lambda [arg1 [,arg2,.....argn]]:expression
等价于
def  f(arg1 [,arg2,.....argn]):
    return  expression
```

例如，使用 lambda 表达式表示求 2 个数之和的函数：add=lambda x，y：x+y。

然后执行 print（add（3，4））语句，输出结果为 7。

相比函数，lambda 表达式具有以下 2 个优势：

1）对于单行函数，使用 lambda 表达式可以省去定义函数的过程，让代码更加简洁。

2）对于不需要多次调用的函数，使用 lambda 表达式可以在用完之后立即释放，提高程序执行的性能。

7.7 函数应用举例

例 7-22 编写一个函数 encoding（），带一个字符串作为输入参数，输出字符串中每个字符的 ASCII 码值。

```
#encoding.py
def encoding(text):
    print("Char  Decimal Hex  Binary")
    for c in text:
        code=ord(c)
        print('{}  {:7}  {:4x}    {:7b}'.format(c,code,code,code))
def main():
    s=input("s=")
    encoding(s)
main()
```

程序运行结果：

```
s=cat
Char  Decimal Hex  Binary
c       99    63   1100011
a       97    61   1100001
t      116    74   1110100
```

例 7-23　元音单词是包含了所有元音字母的单词，如 facetious、dialogue 是元音单词。编写一个函数，判断用户输入的单词是否是元音单词。

```
#isVowelWord.py
def  isVowelWord(word):
    word=word.upper()
    vowels=('A','E','I','O','U')
    for  vowel  in  vowels:
          if vowel not in word:
              return  False
    return  True

word=input("word=")
if isVowelWord(word):
    print(word,"contains every vowel.")
else:
    print(word,"does not contain every vowel.")
```

程序运行结果：

```
word=Education
Education contains every vowel.
```

例 7-24　写一个函数，用户输入一个单词，将单词中包含的元音字母输出。

```
#occurringVowels.py
def  occurringVowels(word):
    word=word.upper()
    vowels=('A','E','I','O','U')
    includedVowels=[]
    for  vowel  in  vowels:
          if (vowel in word)  and  (vowel not in includedVowels):
                includedVowels.append(vowel)

    return  includedVowels

word=input("word=")
listOfVowels=occurringVowels(word)
print(" ".join(listOfVowels))
```

程序运行结果：

```
word=important
A I O
```

例 7-25 编写一个函数，实现验证身份信息的功能，输入参数有两个：一个是要验证什么信息，另一个是验证信息的答案，要求只给三次验证机会。

```
#verifyInfo.py
def main():
    name="password:"
    answer="123456"
    verifyInfo(name,answer)

def verifyInfo(name,answer):
    numTries=0
    while numTries<3:
        numTries+=1
        ans=input(name)
        if ans==answer:
            print("Welcome to...")
            break
    if ans !=answer:
        print("You fail to enter...")
main()
```

程序运行结果：省略

例 7-26 编写一个函数 negatives（），带一个列表作为输入参数，要求输出列表中的负数，每个负数单独占一行，函数不返回任何值。

```
#negatives.py
def main():
     lst=[9,-4,-88,45,67,-9]
     negatives(lst)

def negatives(list):
     for i in list:
         if i<0:
             print(i)
main()
```

程序运行结果：

```
-4
-88
-9
```

例 7-27　编写一个函数 cacluate ( )，可以接收任意多个数，返回的是一个元组。元组的第一个值为所有参数的平均值，第二个值是大于平均值的所有数。

```
#cacluate.py
def main():
    str1=input("str1=")
    lst=[]
    sts=str1.split('')
    for s in sts:
        lst.append(float(s))
    print(cacluate(*lst))

def cacluate(*args):
    avg=sum(args)/len(args)
    lst=[]
    for i in args:
        if i>avg:
            lst.append(i)

    return avg,lst
main()
```

程序运行结果：

```
str1=1 2 3 4 5
(3.0,[4.0,5.0])
```

例 7-28　编写一个函数，接收字符串参数，返回一个元组。元组的第一个值为字符串大写字母的个数，第二个值为字符串小写字母个数。

```
#numUpperLower.py
def main():
    str1=input("str1=")
    print(numUpperLower(*str1))

def numUpperLower(*args):
    l=0
    u=0
    for c in args:
        if c.islower():
            l+=1
        if c.isupper():
```

```
                u+=1
        return u,l
main()
```

程序运行结果：

```
str1=I love Python
(2,9)
```

例 7-29 编写一个函数，通过使用威尔逊定理："一个数 n 是素数当且仅当 (n-1)! + 1 能被 n 整除" 来判断一个数字是否为素数。

```
#isPrime.py
def main():
    num=int(input("num="))
    if isPrime(num):
        print('%d is Prime.'%num)
    else:
        print('%d is NOT Prime.'%num)

def factorial(n):
    fac=1
    for i in range(2,n+1):
        fac*=i
    return fac

def isPrime(number):
    if 0==(factorial(number-1)+1)% number:
        return True
    else:
        return False
main()
```

程序运行结果：

```
num=23
23 is Prime.
```

例 7-30 编写一个名为 collatz ( ) 的函数，带一个名为 number 的变量作为输入参数。如果参数是偶数，那么 collatz ( ) 就打印出 number//2，并返回该值。如果 number 是奇数，collatz ( ) 就打印并返回 3 * number+1。然后编写一个程序，让用户输入一个整数，并不断对这个数调用 collatz ( )，直到函数返回值为 1 (这个 "Collatz 序列" 对于任何整数都有效，迟早会得到 1)。

```
#collatz.py
def collatz(number):
    # 为偶数
    if number % 2==0:
        return number // 2
    else:
        return 3 * number+1

def main():
    num=int(input('Num='))
    while True:
        if collatz(num)==1:
            print(1)
            break
        else:
                num=collatz(num)
                print(num,end='  ')
main()
```

程序运行结果：

```
Num=5
16  8  4  2  1
```

例 7-31　定义函数名为 get_ telphone（ ）的函数，实现随机生成手机号码的功能。前三位为三大运营商号段，如 186、135，后八位随机产生。

三大运营商号段为：移动（CMCC）= ['139', '138', '137', '136', '135', '134', '159', '158', '157', '150', '151', '152', '147', '188', '187', '182', '183', '184', '178']，联通（CUCC）= ['130', '131', '132', '156', '155', '186', '185', '145', '176']，电信（CTCC）= ['133', '153', '189', '180', '181', '177', '173']。

```
#telphone.py
import random
def main():
    get_tell()
def get_tell():
    tel_first=['139','138','137','136','135','134','159',
                    '158','157','150','151','152','147','188',
                    '187','182','183','184','178','130','131',
                    '132','156','155','186','185','145','176',
                    '133','153','189','180','181','177','173']
```

```
    first=random.choice(tel_first)
    second=str(random.randint(0,9999)+10000)[1:]
    third=str(random.randint(0,9999)+10000)[1:]
    tell_num=first+second+third
    print('电话:'+tell_num)
    return tell_num
main()
```

程序运行结果：结果随机，省略。

注意：要分成 3+4+4，而不是 3+8。这是因为 3+8 的话，随机数容易出现 13500000008、13500000324，容易 0 太多，不符合现实。

例 7-32 编写函数，接收一个列表（包含 20 个 1~100 之间的随机整数）和一个整数 k，返回一个新列表。函数需求：将列表下标 k 之前对应（不包含 k）的元素逆序；将下标 k 及之后的元素逆序。

```
#invertList.py
import random
def main():
    list=[]
    for i in range(20):
        list.append(random.randint(1,100))#生成一个有 20 个 1~100 随
                                            机数的列表
    print(list)
    k=int(input("k="))
    print(invertList(list,k))                  #调用函数

def invertList(list,k):                        #传入两个参数
    if k<0 or k>len(list):                     #判断传入的参数 k 值是否合法
        return'error'                          #不合法返回 error
    else:
        return list[:k][::-1]+list[k:][::-1]
                                               #合法进行反转
main()
```

程序运行结果：

```
[94,98,12,55,75,71,1,33,47,98,29,24,76,66,61,92,100,53,49,12]
k=10
[98,47,33,1,71,75,55,12,98,94,12,49,53,100,92,61,66,76,24,29]
```

例 7-33 对于一个十进制的正整数，定义 f（n）为其各位数字的二次方和，如：

f(13) = 1 * *2+ 3 * *2 = 10

f(207) = 2 * *2+ 0 * *2+ 7 * *2 = 53

下面给出 3 个正整数 k、a、b，计算有多少个正整数 n 满足 a<=n<=b，且 k * f (n) = n。

输入：

第一行包含 3 个正整数 k、a、b，k>=1，a、b<=10 * *18，a<=b。

输出：

输出对应的答案。

示例：

输入：51 5000 10000

输出：3

```
#functionList.py
def f(n):
    n=str(n)                    #将数字转换为字符串
    sum=0                       #定义计数器
    for item in n:              #遍历字符串
        sum+=int(item) * *2     #计算各位数字的二次方和
    return sum                  #返回 sum

def main():
    s=input()                   #接受变量 k,a,b
    li=[]                       #存储变量 k,a,b

    for item in s.split():
        li.append(int(item))
    k,a,b=li

    count=0
    # 判断是否满足条件
    for i in range(a,b+1):
        if k * f(i)= =i:
            count+=1
    print(count)
main()
```

程序运行结果：省略。

习　题　7

1. 编写一个函数 ringArea ( )，带 2 个半径作为输入参数，求出这 2 个半径构成圆环的面积。

2. 设计一个函数 noVowel ( )，带一个字符串 s 作为输入参数，如果字符串 s 不包含元音字母，则返回 True，否则返回 False。

3. 设计一个函数 allEven ( )，带一个整数列表作为输入参数，如果列表中所有整数均为偶数，则返回 True，否则返回 False。

4. 编写一个函数，带任意多的实数作为输入参数，返回一个元组，其中第一个元素为所有参数的平均值，其余元素为所有参数中大于平均值的实数。

5. 编写一个函数，带一个包含 20 个整数的列表 lst 和一个整数 k 作为输入参数。返回新列表。处理规则为：将列表 lst 中的下标 k 之前的元素逆序，下标 lst 之后的元素逆序，然后将整个列表 lst 中的所有元素逆序。

6. 编写一个函数，带一个整数 t 作为输入参数，返回斐波那契数列中大于 t 的第一个数。

7. 编写一个函数，带一个包含若干整数的列表 lst 作为输入参数，返回一个元组，其中第一个元素为列表中的最小值，第二个元素为最小值在列表 lst 中的下标。

8. 编写一个函数，带一个正偶数作为输入参数，输出两个素数，并且这两个素数之和等于原来的正偶数，如果存在多组符合条件的素数，则全部输出。

9. 编写一个函数，带两个正整数作为输入参数，返回一个元组，其中第一个元素作为最大公约数，第二个元素为最小公倍数。

10. 一只青蛙一次可以跳上 1 级台阶，也可以跳上 2 级。请问该青蛙跳上一个 n 级的台阶总共有多少种跳法。要求使用递归完成设计。

第 8 章　集合与字典

和数值、字符串、列表、元组一样，集合（set）和字典（dictionary）也是 Python 的核心对象。集合具有数学集合的所有属性，集合中没有重复元素，元素没有次序，元素是不可变的。字典是“键-值”对的集合。字典中的“键”必须是不可变对象，但“值”可以改变，可以是任何数据类型。“键”是唯一的，但“值”不必唯一。字典可以看作是从“键”到“值”的映射，也就是可以通过“键”来查找其对应的“值”。

8.1　集合

在 Python 中，集合是用于存储无序的对象序列，不允许出现重复对象。集合中的对象必须是不可变对象，但对象序列是可以改变的。集合类型支持的运算符有：集合成员、交集、并集、对称差等，这些都是经典的集合运算。可见，Python 中的集合具有数学集合的所有属性。因此，它适用于把一个项目集合建模为数学集合，也适合于删除重复对象。

8.1.1　集合的创建

1. 通过赋值语句创建集合

在 Python 中，可以使用赋值语句来创建集合，其语法格式如下：

```
集合名={元素 1,元素 2,元素 3,……,元素 n}
```

集合使用数学集合中同样的符号来定义，元素包含在大括号中，并且多个元素由逗号分隔。例如，把三个电话号码（作为字符串）组成的集合赋给变量 phonebook 的方法如下：

```
>>> phonebook={'029-88166123','029-88166789','13512345678'}
>>> type(phonebook)                                    #phonebook 的类型是集合
<class'set'>
>>> phonebook                                          #phonebook 的值
{'13512345678','029-88166789','029-88166123'}
```

注意，集合是一种无序类型，元素的存储顺序以及对应的显示顺序，可能与创建集合时的书写顺序不一致。

如果定义集合时包含重复的对象，则忽略重复对象。

```
>>> phonebook={'029-88166123','029-88166789','029-88166123'}
```

```
>>> phonebook
{'029-88166789','029-88166123'}
```

集合中的元素可以是整型、浮点型、字符型、元组类型等不可变对象，但是元素不能是列表类型、集合类型、字典类型等可变对象。

```
>>> set1={1,2,3,4,5,6,7,8}
>>> set1
{1,2,3,4,5,6,7,8}
>>> set2={1.2,2.3,3.4,4.5,5.6,7.7,7.7,7.7}
>>> set2
{1.2,2.3,3.4,4.5,5.6,7.7}
>>> set3={("english",85),("math",95),("Python",90)}
>>> set3
{('math',95),('english',85),('Python',90)}
```

2. set()函数

还可以使用 set()函数创建集合，其语法格式如下：

```
集合名={ 列表或元组 }
>>> set4=set([1,2,3,4,5,6])                    #由列表创建集合
>>> set4
{1,2,3,4,5,6}
>>> set5=set( (1,2,3,4,5,6))                   #由元组创建集合
>>> set5
{1,2,3,4,5,6}
>>> set6=set( n for n in range(1,7))           #由列表推导式创建集合
>>> set6
{1,2,3,4,5,6}
>>> set7=set()                                 #创建空集合
>>> set7
set()                                          #表示是空集合
```

思考：通过赋值语句 set8 = {[1, 2, 3], [4, 5, 6]} 创建集合，结果是错误的，为什么？

创建空集合只能用 set()函数，不能用在赋值语句中使用大括号{}来创建集合，即 set7={}。大括号{}是用来表示一个空字典。

集合中不能有重复对象的属性，可以为我们提供一个应用，从列表中删除重复对象：

```
>>> lst=list(set([1,1,1,2,2,2,3,3,3]))
>>> lst
[1,2,3]
```

注意：集合和列表的区别：列表中的元素是顺序存储的，并且允许元素重复；集合中的元素是无序存储的，不允许元素重复。

因为列表中的元素是有顺序的，而集合中的元素没有顺序，所以，列表可以使用索引，集合就不能使用索引。

3. 集合推导式

还可以使用集合推导式来创建集合，集合推导式与列表推导式类似，例如：

```
>>> { x* x for x in range(-3,3)}
{0,9,4,1}
>>> { s for s in ("Python","We","like")}
{'Python','like','We'}
>>> fruit=['banana','apple','morello','strawberry','pinapple']
>>> {len(item)  for  item  in  fruit }
{5,6,7,8,10}
```

8.1.2　集合的访问与更新

1. 集合的访问

对于集合的访问，既不能像列表和元组那样可以通过索引值来访问，也不能像字典那样可以通过“键”来访问，只能遍历访问集合中的所有元素。

遍历集合中的元素与遍历列表或元组中的元素，两者方法类似，主要是通过 for 语句来遍历元素的。此外，许多列表和元组的操作，如 len、max、min、sum 等的用法，集合也同样适用。

示例：

```
>>> len({'banana','apple','morello','strawberry','pinapple'})
5
>>> max({'banana','apple','morello','strawberry','pinapple'})
'strawberry'
>>> min({'banana','apple','morello','strawberry','pinapple'})
'apple'
>>> sum({1,2,3,4,5,6})
21
```

例 8-1　利用集合存储一个通讯录，通讯录包含姓名和电话号码。现在输入姓名，在通讯录中查找是否有此人。

```
#phoneBook.py
name=input("姓名是")
phoneBook={ ("张三","88166001"),("李四","88166002"),("王五","
88166003")}
```

```
for  item in  phoneBook:
    if  item[0]  ==name:
        print(item)
        break
else:
    print("通讯录中无此人.")
```

程序运行结果：

```
姓名是李四
('李四','88166002')
```

2. 集合元素的添加

由于集合中的元素是不可变对象，但对象序列是可以改变的，所以，无法修改现有对象的值，只能增加或删除对象。

增加集合元素，通过 add（）函数实现，其语法格式如下：

```
集合名.add(对象)
```

功能：把指定对象增加到指定集合中。

也可以使用 update 函数为集合增加元素，语法格式如下：

```
集合名 1.update(集合 2)
```

功能：把集合 2 的对象追加到集合 1 中。集合 2 可以是集合名，也可以是集合值，可以看作把集合 2 的元素合并到集合 1 中。如果某个新元素与集合中现有元素重复，则不增加该元素。

示例：

```
>>> set1={12,23,34,45}
>>> set1.add(56)                    #将 56 添加到集合 set1 中
>>> set1
{34,12,45,23,56}
>>> set2={78,89}
>>> set1.update(set2)               #将集合 set2 中元素并到集合 set1 中
>>> set1
{34,12,45,78,23,56,89}
>>> set1.update({555,666})          #将{555,666}中元素并到集合 set1 中
>>> set1
{34,555,12,45,78,23,56,89,666}
```

3. 集合元素的删除

删除集合元素通过 remove（）函数实现，其语法格式如下：

```
集合名.remove(对象)
```

功能：从指定集合中删除指定对象。如果集合中没有要删除的对象，则会给出错误提示。

删除集合元素，也可以使用 discard () 函数，其语法格式如下：

```
集合名.discard(对象)
```

discard () 函数功能和使用方法与 remove () 函数基本相同。不同之处是：若集合中没有要删除的对象，则系统并不给出提示信息。

删除集合元素，还可以使用 pop () 函数，其语法格式如下：

```
集合名.pop()
```

功能：从集合中随机删除一个元素，删除的元素对象作为函数的返回值。

删除集合中所有元素，可使用 clean () 函数，其语法格式如下：

```
集合名.clear()
```

功能：删除指定集合中的所有元素，集合成为空集合。

示例：

```
>>> set1={11,22,33,44,55,66,77,88,99}
>>> set1.remove(22)                    #删除集合 set1 中的 22
>>> set1
{33,66,99,11,44,77,55,88}
>>> set1.discard(44)                   #删除集合 set1 中的 44
>>> set1
{33,66,99,11,77,55,88}
>>> set1.pop()                         #随机删除集合 set1 中的一个元素
33
>>> set1.pop()
66
>>> set1.pop()                         #随机删除集合 set1 中的一个元素
99
>>> set1.clear()                       #删除集合 set1 中的所有元素
>>> set1
set()                                  #表明 set1 为空集合
```

8.1.3 集合的运算

1. 集合的运算符

一些常用的集合运算符见表 8-1。

表 8-1　常用的集合运算符

运算符	功能描述
x in s	如果 x 包含在集合 s 中,则返回 True,否则返回 False
x not in s	如果 x 包含在集合 s 中,则返回 False,否则返回 True
s==t	如果集合 s 和 t 包含相同的元素,则返回 True,否则返回 False

（续）

运算符	功能描述
s ！ =t	如果集合 s 和 t 不包含相同的元素，则返回 True，否则返回 False
s<=t	如果集合 s 的每一个元素都包含在集合 t 中，则返回 True，否则返回 False
s<t	如果集合 s<=t 且 s ！ =t，则返回 True，否则返回 False
s | t	返回集合 s 和 t 的并集
s & t	返回集合 s 和 t 的交集
s-t	返回集合 s 和 t 的差集
s^t	返回集合 s 和 t 的对称差

示例：

```
>>> s={12,23,34,45}
>>> t={34,45,56,78,89}
>>> 23 in s                     #23 包含在集合 s 中,返回 True
True
>>> 44 in s                     #44 不包含在集合 s 中,返回 False
False
>>> 23 not in s                 #23 不包含在集合 s 中,返回 False
False
>>> 23 not in t                 #23 不包含在集合 s 中,返回 True
True
>>> s==t                        #集合 s 和 t 不包含相同的元素,返回 False
False
#s 的每一个元素没有都包含在集合 t 中,返回 False
>>> s<=t
False
>>> s |t                        #集合 s 和 t 的并集
{34,12,45,78,23,56,89}
>>> s & t                       #集合 s 和 t 的交集
{34,45}
>>> s -t                        #集合 s 和 t 的差集
{12,23}
>>> s ^ t                       #集合 s 和 t 的对称差
{23,56,89,12,78}
```

两个集合的对称差是指包含第一个集合或第二个集合中的元素，但不包含两个集合共同的元素。

2. 集合的方法

一些常用的集合方法见表 8-2。

表 8-2　一些常用的集合方法

方法	功能描述
s. union(t,...)	等同 s | t,新建集合,去除重复元素
s. intersection(t,...)	等同 s & t,新建集合
s. difference(t,...)	等同 s -t,以 s 为主来新建集合
s. symmetric_difference(t)	等同 s ^ t,新建集合
s. intersection_update(t,...)	等同 s &=t,s 集合原地修改
s. difference_update(t,...)	等同 s -=t,s 集合原地修改
s. symmetric_difference_update(t)	等同 s ^=t,s 集合原地修改
s. issuperset(t)	如果集合 s 是 t 的父集,则返回 True,否则返回 False
s. isdisjoint(t)	如果集合 s 和 t 没有共同元素,则返回 True,否则返回 False
s. issubset(t)	如果集合 s 是 t 的子集,则返回 True,否则返回 False

示例:

```
>>> s={11,22,33}
>>> t={22,33,44,}
>>> s.union(t)                          #新建集合 s 和 t 的并集
{33,22,11,44}
>>> s
{33,11,22}
>>> s.intersection(t)                   #新建集合 s 和 t 的交集
{33,22}
>>> s
{33,11,22}
>>> s.difference(t)                     #新建集合 s 和 t 的差集
{11}
>>> s.symmetric_difference(t)           #新建集合 s 和 t 的对称差集
{11,44}
>>> s
{33,11,22}
>>> t
{33,44,22}
>>> s.intersection_update(t)            #s &=t
>>> s
{33,22}
>>> s={11,22,33,44}
>>> t={22,33}
>>> s.difference_update(t)              #s-=t
```

```
>>> s
{11,44}
>>> s={11,22,33,44}
>>> t={22,33,66}
>>> s.symmetric_difference_update(t)  #s ^=t
>>> s
{66,11,44}
>>> t
{33,66,22}
#集合 s 和 t 有共同元素 66,返回 False
>>> s.isdisjoint(t)
False
>>> s={11,22,33,44,55}
>>> t={22,33}
>>> s.issuperset(t)                   #集合 s 是集合 t 的父集,返回 True
True
>>> s.issubset(t)                     #集合 s 是集合 t 的子集,返回 False
False
```

8.2 字典

一批数据存入列表或元组，我们可以根据索引查找（或访问）元组或列表中的数据。列表或元组的索引必须是一个整数。然而，现实生活中，常常需要根据人名查找电话号码、QQ 号等；根据账号查找密码；根据车次查找列车的相关信息；根据航班号查找飞机的航行信息。这些人名、账号、车次、航班号都不是整数，不能作为索引进行查找。Python 提供了一种字典类型，可以将这些人名、账号、车次、航班号定义为索引，然后，根据这些自定义的索引进行相关信息的查找。字典将这些索引称之为“键”，根据索引查找的相关信息，称之为“值”，形成“键-值”对。

8.2.1 字典的创建

1. 通过赋值语句创建字典

通过赋值语句创建字典，其语法格式如下：

```
字典名={ 键 1:值 1,键 2:值 2,键 3:值 3,……,键 n:值 n }
```

功能：字典是由若干个元素组成，有一对大括号括起来，每个元素是一个“键-值”对的形式，“键-值”对之间用逗号分开，如果有多个“键”相同的“键-值”对，只保留最后一个。

```
>>> telphones = { "张三":"88166001","李四":"88166002","王五":"88166003"}
```

```
>>> passwords = {"账号1":"123456","账号2":"234567","账号3":"345678"}
>>> trainNumbers={"G26":("西安-北京","9:18 出发"),"D312":("上海-北京","19:10 出发")}
>>> scores={"语文":86,"数学":95,"英语":88,"数学":97}     #2 个"数学""键"
>>> scores
#表明"键"相同,只保留最后一个"键-值"对
{'语文':86,'数学':97,'英语':88}
>>> dict1={ }                            #创建一个空字典
>>> dict1
{}                                        #表明是一个空字典
```

字典是“键-值”对的无序可变序列。元素的存储顺序以及对应的显示顺序，可能与创建字典时的书写顺序不一致。

字典中的“键”可以是 Python 中任意不可变对象，例如，整数、实数、复数、字符串元素等，但不能使用列表、集合、字典作为字典的“键”，因为这些类型对象是可变的。字典中的“值”可以是 Python 中任意对象。另外，字典中的“键”不允许重复，而“值”是可以重复的。

2. dict ( ) 函数

可以使用 dict ( ) 函数创建字典，其语法格式如下：

```
字典名=dict(关键字参数)
```

功能：以“变量=值”形式来产生字典。其中变量作为字典的“键”，值作为字典的“值”。

>>> dict (Monday=" 星期一", Tuesday=" 星期二", Wednesday=" 星期三")
{'Monday': '星期一', 'Tuesday': '星期二', 'Wednesday': '星期三'}

```
字典名=dict(列表或元组)
```

功能：将列表（列表中的元素由两部分组成）或元组（元组中的元素由两部分组成）转换成一个字典。

```
>>> dict([["red","红"],["yellow","黄"],["green","绿"]])   #列表
{'red':'红','yellow':'黄','green':'绿'}
#元组,元组中的元素是列表
>>> dict((["red","红"],["yellow","黄"],["green","绿"]))
{'red':'红','yellow':'黄','green':'绿'}
#元组,元组中的元素是元组
>>> dict((("red","红"),("yellow","黄"),("green","绿")))
```

```
{'red':'红','yellow':'黄','green':'绿'}
```

上述 3 个 dict（）函数的值都是字典 {'red'：'红'，'yellow'：'黄'，'green'：'绿'}

```
>>> dict()                                   #创建一个空字典
{}                                           表明是一个空字典
```

dict（）函数还可以和 zip 函数结合使用，通过已有数据快速创建字典。

```
>>> keys=["Sun","Mon","Tue","Wed","Thur","Fri","Sat"]
>>> values=["Sunday","Monday","Tuesday","Wednesday","Thursday","
Friday","Saturday"]
>>> abbr=dict(zip(keys,values))
>>> print(abbr)
{'Sun':'Sunday','Mon':'Monday','Tue':'Tuesday','Wed':'Wednesday',
'Thur':'Thursday','Fri':'Friday','Sat':'Saturday'}
```

3. 字典推导式

还可以使用字典推导式来创建集合，字典推导式与列表推导式类似，例如：

```
>>> { x:x * x  for x in range(5)}
{0:0,1:1,2:4,3:9,4:16}
```

8.2.2 字典的访问与更新

1. 字典的访问

与列表和元组类似，可以使用索引的方式来访问字典的元素，但不同的是字典的索引是字典的“键”，列表和元素访问时的索引必须是整数。根据“键”访问字典“值”的语法格式如下：

```
字典名[键]
telphones={"张三":"88166001","李四":"88166002","王五":"88166003"}
>>> telphones={"张三":"88166001","李四":"88166002","王五":"88166003"}
>>> telphones["王五"]
'88166003'
>>>telphones["倪二"]                   #"倪二""键"不存在时,抛出异常
Traceback(most recent call last):
File"<pyshell#11>",line 1,in<module>
telphones["倪二"]
KeyError:'倪二'
```

使用索引访问字典时，若指定的“键”不存在，则抛出异常。

还可以通过字典对象 get（ ）方法访问字典的元素，使用字典对象 get（ ）方法可以获取指定“键”对应的“值”。并且可以在指定“键”不存在时，返回指定“值”，如果不指定，则默认返回 None。因此，这是一种比较安全的访问方式，推荐使用。

字典对象 get（ ）方法的语法格式如下：

```
字典名.get(索引)
>>> telphones.get("李四")
'88166002'
>>> telphones.get("倪二")
#"倪二""键"不存在时,返回 None
>>> print(telphones.get("倪二"))
None
#"倪二""键"不存在时,返回指定的'88166004'
>>> telphones.get("倪二",'88166004')
'88166004'
```

3 种常用获得字典“键”“值”“键-值”对的方法，见表 8-3。

表 8-3　获得字典“键”“值”“键-值”对的方法

方法	功能描述
字典名.keys( )	以元组类型返回字典所有的“键”
字典名.values( )	以元组类型返回字典所有的“值”
字典名.items( )	以元组类型返回字典所有的“键-值”对

这些方法常常和 for 语句结合使用，例如：

```
>>> specials={"小赵":"通信","小钱":"电子工程","小孙":"自动化"}
#遍历字典所有的“键”
>>>for  key  in  specials.keys():          #等价于 for  key  in  specials:
    print(key,end='  ')
小赵  小钱  小孙
>>> for  value  in  specials.values():#遍历字典所有的“值”
    print(value,end='  ')
通信  电子工程  自动化
>>> for  item  in  specials.items():   #遍历字典所有的元素
    print(item,end='  ')
('小赵','通信')  ('小钱','电子工程')  ('小孙','自动化')
for  key,value  in  specials.items(): #遍历字典所有的元素
    print('({},{})'.format(key,value),end='  ')
(小赵,通信)  (小钱,电子工程)  (小孙,自动化)
```

结合字典推导式，使用字典 items（ ）方法，可以反转字典的“键-值”对，例如：

```
>>> {value:key for  key,value  in  specials.items()}
{'通信':'小赵','电子工程':'小钱','自动化':'小孙'}
```

练习：输入一个电话号码簿，也就是一个把姓名映射成电话号码的字典。要求输出一个反向电话号码簿，也就是一个把电话号码映射成姓名的字典。

2. 字典元素的添加与修改

使用赋值语句可以增加元素或修改现有的元素值，其语法格式如下：

```
字典名[键]=值
```

在为字典元素赋值时，以指定“键”为索引，若该“键”存在，则表示修改该“键”的“值”；若不存在，则表示添加了一个新的“键-值”对，也就是添加了一个新元素。

```
>>> specials={"小赵":"通信","小钱":"电子工程","小孙":"自动化"}
#将'小孙'的专业改为'微电子'
>>> specials['小孙']='微电子'
>>> specials['小孙']
'微电子'
#添加了一个新的“键-值”对,'小李':'金融'
>>> specials['小李']='金融'
>>> specials['小李']
'金融'
```

还可以使用 setdefault（）函数增加元素或读取元素的值，其语法格式如下：

```
setdefault(键,值)
```

功能：若该“键”存在，则表示读取该“键”的“值”；若不存在，则表示添加了一个新的“键-值”对，也就是添加了一个新元素。

```
#读取'小赵'的专业,返回'通信'
>>> specials.setdefault('小赵','通信')
'通信'
#读取'小赵'的专业,返回'通信'
>>> specials.setdefault('小赵','qq')
'通信'
#添加了一个新元素,'小周':'经济管理'
>>> specials.setdefault('小周','经济管理')
'经济管理'
```

还有一种创建新字典的方法：首先创建一个空字典{}，然后使用[]运算符或 setdefault（）函数，以“键”设“值”，添加字典元素。

```
>>> spec={}
#添加了一个新元素,'小赵':'通信'
>>> spec['小赵']='通信'
#添加了一个新元素,'小钱':'电子工程'
```

```
>>> spec['小钱']='电子工程'
#添加了一个新元素,'小孙':'自动化'
>>> spec['小孙']='自动化'
>>> spec
{'小赵':'通信','小钱':'电子工程','小孙':'自动化'}
```

还可以使用 update 函数进行字典的合并，其语法格式如下：

```
字典名 1.update(字典名 2)
```

功能：将字典 2 中所有的元素并入字典 1 中，如果两个元素拥有相同的“键”，则字典 2 中的“值”替代字典 1 中的“值”。

```
>>> specials1={"小赵":"通信","小钱":"电子工程","小孙":"自动化",'小李':'金融'}
>>> specials2={"小周":"通信","小武":"电子工程","小郑":"自动化",'小王':'金融'}
>>> specials1.update(specials2)
>>> specials1
{'小赵':'通信','小钱':'电子工程','小孙':'自动化','小李':'金融','小周':'通信','小武':'电子工程','小郑':'自动化','小王':'金融'}
```

3. 字典元素的删除与字典的删除

删除元素或删除字典的语法格式如下：

```
del  字典名[键]
```

功能：如果在字典中找到指定的“键”，则删除键所对应的“值”，如果没有找到指定的“键”，则会发生错误。如果只有字典名，则删除整个字典。

```
>>> specials={"小赵":"通信","小钱":"电子工程","小孙":"自动化",'小李':'金融'}
>>> del specials["小孙"]                          #删除"小孙":"自动化"
>>> specials
{'小赵':'通信','小钱':'电子工程','小李':'金融'}
```

还可以使用 pop 函数删除字典元素，其语法格式如下：

```
字典名.pop(键,值)
```

功能：如果字典中存在指定的“键”，则返回对应的“值”，同时删除该“键-值”对，如果指定的“键”不存在，返回函数中给定的“值”。

```
>>> specials.pop('小钱','电子工程')              #删除"小钱":"电子工程"
'电子工程'
>>> specials
{'小赵':'通信','小李':'金融'}
#'小王'不是“键”,返回'电子工程'
>>> specials.pop('小王','电子工程')
'电子工程'
```

```
>>> specials
#'小王'不是"键",没有删除对象
{'小赵':'通信','小李':'金融'}
```

也可以通过 del（）函数删除元素，语法格式如下：

```
del(字典名[键])
```

功能：和 del 语句的功能一样，也就是删除字典中指定的“键”和对应的“值”。

```
>>> del(specials['小赵'])                    #删除'小赵':'通信'
>>> specials
{'小李':'金融'}
#删除 specials 字典中的所有元素
>>> del specials
```

此外，还可以使用对字典对象的 clear（）方法来删除字典的所有元素，或者使用字典对象中的 popitem（）方法删除并返回字典中的一个元素。

8.2.3 字典的运算

字典的常用运算符和函数见表 8-4。

表 8-4 字典的常用运算符和函数

运算符和函数	功能描述
key in dict	如果 key 是字典 dict 中的一个“键”,则返回 True,否则返回 False
key not in dict	如果 key 不是字典 dict 中的一个“键”,则返回 True,否则返回 False
len(dict)	字典 dict 中“键-值”对的个数
max(dict)	dict.keys( )中的最大值,要求所有的“键”的数据类型相同
min(dict)	dict.keys( )中的最小值,要求所有的“键”的数据类型相同
list(dict.keys())	返回字典“键”组成的列表
list(dict)	返回字典“键”组成的列表
list(dict.values())	返回字典“值”组成的列表
list(dict.items())	返回字典“key-value”对组成的列表,其中 dict[key]=value
tuple(dict)	返回字典“键”组成的元组
set(dict)	返回字典“键”组成的集合
c=dict.copy( )	创建字典 dict 的一个拷贝

示例：

```
>>> scores={11:'张三',12:'李四',13:'王五',14:'陈六'}
>>> len(scores)                   #字典 scores 中"键-值"对的个数
4
>>> max(scores)                   #字典 scores 中"键"的最大值
14
>>> min(scores)                   #字典 scores 中"键"的最小值
```

```
11
#12 是字典 scores 中的一个"键",返回 True
>>> 12 in scores
True
#15 不是字典 scores 中的一个"键",返回 True
>>> 15 not in scores
True
>>> list(scores.keys())                  #字典 scores 中的"键"组成列表
[11,12,13,14]
>>> list(scores)                         #字典 scores 中的"键"组成列表
[11,12,13,14]
>>> list(scores.values())                #字典 scores 中的"值"组成列表
['张三','李四','王五','陈六']
>>> list(scores.items())                 #字典 scores 中的"键-值"对组成列表
[(11,'张三'),(12,'李四'),(13,'王五'),(14,'陈六')]
>>> tuple(scores)                        #字典 scores 中的"键"组成元组
(11,12,13,14)
>>> set(scores)                          #字典 scores 中的"键"组成集合
{11,12,13,14}
>>> c=scores.copy()                      #拷贝字典,scores 和 c 的引用值相同
>>> c
{11:'张三',12:'李四',13:'王五',14:'陈六'}
>>> scores
{11:'张三',12:'李四',13:'王五',14:'陈六'}
```

前面介绍了四种组合类型：列表、元组、字典和集合。这些是用来处理批量数据的。列表和元组都是序列类型，可以通过索引和切片来访问其中的某个元素或子序列。Python 为序列类型数据提供正向和逆向两种索引方式，使得访问更为灵活和方便。列表和元组都可以对应其他高级语言的一维数组或二维数组，列表创建后，元素值和元素的个数都是可以改变的。而元组一旦创建，元素值和元素的个数都不能改变，用元组处理数据效率较高。字典是一种映射类型，可以通过“键”来查找对应的“值”。字典的“键”必须是不可变对象。集合是集合型数据，集合的元素只能是不可变的，如整数、浮点数、字符串、元组等，列表、字典等可变对象不能作为集合的元素。

8.3　集合与字典的应用

例 8-2　编写程序，将一个列表中的多个电话号码簿进行合并，形成一个新的电话号码簿。

思路：每一个电话号码簿都是电话号码的集合，最终形成的电话号码簿是所有电话号码的集合。所以，使用集合来存储和处理电话号码簿。

```
#phonebookUnion.py
def main():
    phonebook1={'12345678','23456789'}
    phonebook2={'34567890','45678901','56789012'}
    phonebook3={'67890123'}
    phonebook4={'78901234','89012345'}
    phonebooks=[phonebook1,phonebook2,phonebook3,phonebook4]
    phonebook=phonebookUnion(phonebooks)
    print( phonebook )

def phonebookUnion(phonebooks):
    res=set()                          #最终的电话号码簿 res 初始化为空集

    for phonebook  in  phonebooks:
        res=res |phonebook             #将电话号码簿合并到 res 中
    return  res

main()
```

程序运行结果：

```
{'12345678','67890123','78901234','89012345','56789012','23456789
','45678901','34567890'}
```

注意：res=res | phonebook 等同于 res.update（phonebook）。若使用 res.add（phonebook）方法会产生错误，因为 phonebook 是集合，属于可变类型。

练习：编写一个程序，将通讯录存入到集合中，通讯录包括姓名和电话号码。

例 8-3 使用集合生成 m 个介于 start 和 end 之间的不重复随机数。

```
#randonNumSet.py
import random
import time
def main():
    start=time.time()
    for i in range(10000):
        s=randonNumSet(50,1,100)
    print(s)
    print('Time used:',time.time()-start)
```

```
def randonNumSet(m,start,end):
    data=set()
    while  True:
        data.add(random.randint(start,end))
        if len(data)==m:
            break
    return data

main()
```

程序运行结果：

```
{1,5,7,8,10,11,12,15,16,17,18,21,22,24,25,31,33,34,36,38,39,43,45,
48,49,50,51,52,53,55,58,60,61,64,67,68,70,73,74,75,76,79,80,81,85,86,
87,88,94,98}
Time used:1.0050575733184814
```

练习：用列表来完成上述功能，对两者的运行时间进行比较。

例 8-4　有一个微型的迷你汉英小字典。编写一个程序，把字典中的红、黄、蓝、绿、黑、白颜色分别翻译成相应的英语单词。

```
#colorTranslate.py
def main():
      color=input("请输入颜色(一个汉字):")
      color=color.strip()
      print(color,"的英语单词是:",colorTranslate(color))

def colorTranslate(color):
      if color=='红':
          return  'red'
      elif color=='黄':
          return  'yellow'
      elif color=='蓝':
          return  'blue'
      elif color=='绿':
          return  'green'
      elif color=='黑':
          return  'black'
      elif color=='白':
          return  'white'
main()
```

程序运行结果：

```
请输入颜色(一个汉字):白
白 的英语单词是:white
```

使用字典改写此程序为：

```
#colorTranslateDict.py
def main():
    color=input("请输入颜色(一个汉字):")
    color=color.strip()
    print(color,"的英语单词是:",colorTranslate(color))
def colorTranslate(color):
    colorDic={'红':'red','黄':'yellow','蓝':'blue','绿':'green',
    '黑':'black','白':'white'}
    return  colorDic[color]
main()
```

程序运行结果：省略

随着英汉字典的内容越来越多，多路分支 if 语句的代码就会越来越长。而使用字典编写的代码，仍然是 2 条语句，变化不大。可见，对于多路分支 if 语句，字典是一个很好的替代方法，而且非常简洁。

例 8-5 编写一个程序，输入星期名称缩写，输出相应的星期名称。

```
#weekAbbreviation.py
def main():
    abbrev=input("请输入星期名缩写:")
    abbrev=abbrev.strip()
    abbrev=abbrev.lower()
    print(abbrev,"对应的星期名称是:",week(abbrev))

def week(abbrev):
    weekDic={'mon':'Monday','tue':'Tuesday','wed':'Wednesday',
'thur':'Thursday','fri':'Friday','sat':'Saturday','sun':'Sunday'}
    return  weekDic[abbrev]
main()
```

程序运行结果：

```
请输入星期名缩写:Sat
Sat 对应的星期名称是:Saturday
```

练习：编写一个程序，输入月份名称缩写，输出相应的月份名称。

例 8-6　编写程序，输入一个字符串，输出该字符串中各个单词的频率。假设字符串没有标点符号，单词直接用空格分隔。

思路：构造一个计数器字典，以单词为“键”，单词的频率为“值”。计数器字典开始为空字典，然后动态添加计数器。

```
#wordCount.py
def main():
    s=input("input a string:")
    wordCount(s)

def wordCount(s):
    wordList=s.split()                  #将字符串拆分成单词列表
    counters={ }                        #计数器字典
    for  word  in wordList:
         if  word in counters:          #对已存在单词,计数器增加 1
             counters[word]+=1
         else:                          #对不存在单词,计数器初始化为 1
             counters[word]=1

    for word in counters:               #打印单词计数结果
             print('{}出现了{}次.'.format(word,counters[word]))
main()
```

程序运行结果：

```
    input a string:all animals are equal but some animals are more equal
than others
    all 出现了 1 次.
    animals 出现了 2 次.
    are 出现了 2 次.
    equal 出现了 2 次.
    but 出现了 1 次.
    some 出现了 1 次.
    more 出现了 1 次.
    than 出现了 1 次.
    others 出现了 1 次.
```

总结：在较大的范围里，统计多个事物出现的频率，通常需要字典存储多个计数器，记录多个事物出现的频率。

练习：输入一个班级的学生姓名，当输入空字符串时，输出每个学生的姓名以及该姓名的学生数量。

例 8-7 使用字典存储一个单位的人事管理信息，人事管理信息包括工号、姓名、性别、年龄、薪资。要求以工号为“键”，其他信息为“值”。编写程序，输入一个年龄，查找并输出大于等于这个年龄的人员名单。

思路：人事管理信息中的其他信息也是一个字典。首先通过字典操作，获得字典的“值”——其他信息，然后再对其他信息（字典），做字典操作获取想要的数据。

```
#personManage.py
def main():
    age=int(input("age="))
    find(age)

def  find(age):
    personDict={ "001":{"姓名":"张三","性别":"男","年龄":55,"薪资":
                 8000},
                 "002":{"姓名":"李四","性别":"女","年龄":48,"薪资":
                 7000},
                 "003":{"姓名":"王五","性别":"男","年龄":57,"薪资":
                 9000},
                 "004":{"姓名":"陈六","性别":"男","年龄":51,"薪资":
                 8000},
               }
for p_num,p_info  in personDict.items():
    if p_info["年龄"] >=age:
        print(p_num,end='')
        print(p_info["姓名"],p_info["性别"],p_info["年龄"],p_info["
        薪资"])
main()
```

程序运行结果：

```
age=55
001 张三 男 55 8000
003 王五 男 57 9000
```

字典的“值”可以是任何对象类型，也可以是字典。本例题和练习就是对“值为字典的字典”进行操作。

练习：使用字典存储学生信息。学生信息包括学号、姓名、性别、年龄和专业。要求以学号为“键”，其他信息为“值”。编写程序，输入一个学生的专业，输出该专业的所有学生信息。

例 8-8 编写程序，实现以下功能：使用字典存储一个课表，要求根据上课时间（如 Mon1-2）和上课教室（如 101），迅速查找出此时这个教室正在上什么课程。

思路：因为上课时间和上课教室这 2 项唯一确定课程，所以，上课时间和上课教室组成元组，作为字典的“键”，课程作为字典的“值”。

```
#teachingManage.py
def main():
    timetable={ ("Mon1-2","101"):'English',("Tue3-4","202"):'math',
("Wed5-6","303"):'Python',("Fri7-8","404"):'physics'}
    teachingManage(timetable)

def teachingManage(timetable):
    t=input("上课时间(如 Mon1-2):")
    t=t.strip()
    classroom=input("上课教室(如 101):")
    classroom=classroom.strip()

    timeRoom=(t,classroom)                    #建立"键"
    if  timeRoom  in  timetable:
        print( "此时在",classroom,"教室上",timetable[timeRoom],"课" )
    else:
        print("此时在",classroom,"教室没有人上课")
main()
```

程序运行结果：

```
上课时间(如 Mon1-2):Wed5-6
上课教室(如 101):303
此时在 303 教室上 Python 课
```

练习：不仅可以查到课程名称，还可以查到正在上课的教师、学生班级和人数信息。编写程序，实现以上功能。

例 8-9 有一个字典存放了 10 个人的成绩，字典元素的形式是（学生名：成绩）。编写程序，分别求出字典中的最高分、最低分、大于 85 分的元素、小于 60 分的元素，最后求出各个分数段的学生名。

```
#scoreMax.py
scores={'丁一':95,'倪二':78,'张三':47,'李四':67,'王五':64,'陈六':
52,'田七':72,'金八':85,'钱九':96,'杜十':88}
print("分数大于 85 分的有:",{ k:v for k,v in scores.items( )  if v>85} )
print("分数小于 60 分的有:",{ k:v for k,v in scores.items( )  if v<60} )
min_score=min(zip(scores.values(),scores.keys()))
print("最低分是",min_score)
max_score=max(zip(scores.values(),scores.keys()))
print("最高分是",max_score)
```

```
grades={ }                          #空字典,分数段为"键",学生名列表为"值"
for key,value in scores.items():
    temp=value // 10                #获得整数商,作为"键"
    if temp not in grades:
        grades[temp]=[ ]
    grades[temp].append(key)

for item in grades.items():
    if isinstance(item,list):       #判断字典是否有列表
        for value in item:
            print(value)
    else:
            print(item)
```

程序运行结果：

```
分数大于 85 分的有:{'丁一':95,'钱九':96,'杜十':88}
分数小于 60 分的有:{'张三':47,'陈六':52}
最低分是 (47,'张三')
最高分是 (96,'钱九')
(9,['丁一','钱九'])
(7,['倪二','田七'])
(4,['张三'])
(6,['李四','王五'])
(5,['陈六'])
(8,['金八','杜十'])
```

例 8-10 模拟轮盘抽奖游戏：轮盘分为三部分：一等奖，二等奖和三等奖；轮盘转的时候是随机的，如果范围在［0，0.08）之间，代表一等奖；如果范围在［0.08，0.3）之间，代表二等奖；如果范围在［0.3，1.0）之间，代表三等奖。

```
#rewardFun.py
import random
rewardDict={
    '一等奖':(0,0.08),
    '二等奖':(0.08,0.3),
    '三等奖':(0.3,1.0)
}
def rewardFun():
    """用户得奖等级"""
```

```
    # 生成一个 0~1 之间的随机数
    num=random.random()
    # 判断随机转盘转的数是几等奖
    for k,v in rewardDict.items():
        # 这里的 v 是元组
        if v[0]<=num<v[1]:
            return k
def main():
    # print rewardFun()
    resultDict={}

    for i in range(1000):
        # res:本次转盘的等级(一/二/三等奖)
        res=rewardFun()
        if res not in resultDict:
            resultDict[res]=1
        else:
            resultDict[res]=resultDict[res]+1

    for k,v in resultDict.items():
        print(k,'---------->',v)
main()
```

程序运行结果随机，此处省略。

例 8-11　数据表记录包含表索引和数值，请对表索引相同的记录进行合并，即将相同索引的数值进行求和运算，按照 key 值升序进行输出。

输入描述：先输入“键-值”对的个数，然后输入成对的 index 和 value 值，以空格隔开

输出描述：输出合并后的“键-值”对（多行）

范例：

```
输入:4
    0 1
    0 2
    1 2
    3 4
输出:0 3
    1 2
    3 4
#dictMerge.py
```

```
num=int(input("n="))
dict={}
for i in range(num):
    m,n=map(int,input().split())
    if m in dict:
        dict[m]+=n
    else:
        dict[m]=n
dic=sorted(dict.keys())
for i in dic:
    print(i,dict[i])
```

程序运行结果：省略。

例 8-12 编写一个微型通讯录程序，该通讯录能够实现查找联系人、插入新的联系人、删除已有联系人和退出通讯录这四项功能。

思路：通讯录的每一项是联系人和电话号码，可作为字典的一个元素。联系人为字典的“键”，电话号码为字典的“值”。运用字典的运算和方法完成查找、增加和删除。

```
#addressBook.py
print('''|---欢迎进入通讯录程序---|
|---1、查询联系人资料---|
|---2、插入新的联系人---|
|---3、删除已有联系人---|
|---4、退出通讯录程序---|''')
addressBook={}                        #定义通讯录
while True:
    temp=input('请输入指令代码:')
    if not temp.isdigit():
        print("输入的指令错误,请按照提示输入")
        continue
    item=int(temp)                    #转换为数字
    if item==4:
        print("|---感谢使用通讯录程序---|")
        break
    name=input("请输入联系人姓名:")
    if item==1:
        if name in addressBook:
            print(name,':',addressBook[name])
            continue
```

```
        else:
            print("该联系人不存在!")
    if item==2:
        if name in addressBook:
            print("您输入的姓名在通讯录中已存在-->>",name,":",ad-
            dressBook[name])
            isEdit=input("是否修改联系人资料(Y/N):")
            if isEdit=='Y':
                userphone=input("请输入联系人电话:")
                addressBook[name]=userphone
                print("联系人修改成功")
                continue
            else:
                continue
        else:
            userphone=input("请输入联系人电话:")
            addressBook[name]=userphone
            print("联系人加入成功!")
            continue

    if item==3:
        if name in addressBook:
            del addressBook[name]
            print("删除成功!")
            continue
        else:
            print("联系人不存在")
```

程序运行结果：省略。

习　题　8

1. 编写一个程序，输入一系列单词（以空格分隔），然后删除所有重复的单词，最后对这些单词按字母顺序进行排序并输出。

2. 编写一个程序来计算输入中单词的频率。按字母顺序对“键”进行排序后输出。

3. 编写一个接收句子的程序，并计算大写字母和小写字母的个数。

4. 编写一个接收句子的程序，并计算字母和数字的个数。

5. 创建一个字典，要求“键”是自己的 QQ 好友昵称，“值”是相应的 QQ 号。

6. 书和作者的关系常常不是一一对应的。一本书可以有多个作者，一个作者可以写多本书，构建两个字典，分别以“书名”和“作者”为“键”，反映书与相应作者的对应关系。

7. 编写程序，实现将用户输入数字显示对应的英文的功能，例如，输入 369，显示 three six nine。

8. 有如下内容：

You raise me up so I can stand on mountains

you raise me up to walk on stormy seas

I am strong when I am on your shoulders

you raise me up to more than I can be

编写程序，统计上述内容中每个单词出现的次数，如 you 出现了 3 次，最终以字典形式输出。

9. 编写程序，生成包含 1000 个随机字符的字符串，然后统计每个字符的出现次数。

10. 编写程序，生成包含 20 个随机数的列表，然后将前 10 个元素升序排列，后 10 个元素降序排列，并输出结果。

第9章 文件处理

程序中处理的数据存放在变量中，得到的结果输出在屏幕上，随着程序运行的结束，这些处理的数据和输出的结果都会消失，而不能长期保存。在大多数数据应用中，希望这些处理的数据和输出的结果能长期保存，供以后分析和使用。文件就是一个数据集合（或字节序列）。这些数据以文本或二进制形式存放于硬盘、U盘、光盘等外部存储器中，实现数据的长期保存。

9.1 文件概述

在实际应用中，我们常在以下场合使用文件：

1）程序运行时，需要输入大量的、非实时生成的数据，需要从文件中读取数据。

2）程序生成的结果需要长期保存供以后分析使用时，需要将数据写入文件。

3）程序运行的中间结果数据过大或格式不符等原因需要临时保存为文件，准备以后再次读取使用。

文件按照数据在计算机中存储的组织形式分为两种，文本文件和二进制文件。

文本文件：存储的是常规字符串，由若干文本行组成，通常每行以换行符'\n'结尾。常规字符串是指记事本或其他文本编辑器能正常显示或编辑，并且人类能够直接阅读和理解的字符串，如英文字母、标点、汉字、数字字符串，文本文件可以使用字处理软件，如记事本进行编辑。

文本文件是把文件中的字符按照某种编码规则进行编码，如ASCII、UTF-8等。Python程序使用的文本文件是Unicode字符集中的字符序列，通常分为一些行（字符序列中有换行符）。

二进制文件：数据以二进制的形式存储于文件之中，普通文本编辑工具一般无法打开或编辑。

二进制文件是把对象内容以字节串（bytes）进行存储，无法用记事本或其他普通文本处理软件直接进行编辑，通常也无法被人类直接阅读和理解，需要使用专门的软件进行解码后读取、显示、修改和执行。常见的如图形图像文件、音频视频文件、可执行文件、资源文件、各种数据库文件、各类office文档等，都属于二进制文件。

无论是文本文件还是二进制文件，处理一个文件包括如下三个步骤：

1）打开用于读写的文件。

2）从文件中读取内容或写入数据到文件。

3）关闭文件。

从文件的打开、读写到关闭，形成了使用文件的标准流程。

9.2 文件的打开与关闭

9.2.1 文件的打开

Python 的内置函数 open（ ）用于打开一个文件。不管是文本文件还是二进制文件，为了读取文件，首先要打开它。打开文件的语法格式是：

```
open(file,mode='r',encoding=None )
```

功能：打开指定文件，创建了一个程序到文件的链接（称为文件对象），该文件对象能够让程序从文件中读取数据。

函数 open（ ）包括三个字符串参数，文件名、打开模式（mode 可选）和编码（可选）。文件名实际上是要打开的文件路径（绝对路径和相对路径）。考虑到程序的可移植性，一般推荐使用相对路径。如果提供的是不带任何路径的文件名，Python 默认是在当前目录，并在当前目录下查找并打开文件。如果文件不存在，则产生错误或称抛出异常。

打开模式（mode）是一个字符串，用于指定如何与打开文件进行交互。该参数使用的字符串有'r' 'w' 'a' 'x' 'b' 't' '+'等。若省略该参数，将使用默认字符串'r'。各参数的含义见表 9-1。

表 9-1 打开文件时，模式参数值的含义

模式	描　述
r	读取模式打开;默认
w	写入模式打开;若文件已经存在,则清除已有文件内容;若文件不存在,创建文件
a	附加模式打开;将数据内容附加写入到文件末尾;若文件不存在,则创建文件
x	排他性创建文件,写模式打开;若文件已经存在,报 FileExistsError 错误
b	二进制模式打开
t	文本模式打开;默认
+	更新文件,不单独存在。'r+'表示保留原文件内容,从头开始读写;'w+'表示清除文件已有内容;'x+'与'w+'类似,但排他性的创建文件;'a+'与'w+'类似,但不清除文件已有内容,从最后开始读写

参数 encoding 是可选项，用于指定打开文本文件时，采用何种字符编码类型，保留为 None 时，表示使用当前操作系统默认的编码类型。由于历史发展等原因，不同语言、不同版本、不同类型的操作系统，甚至不同的软件，采用了不同的字符编码类型。因此，打开他人提供的文本文件时，使用正确的编码格式非常重要。另外，自己写文本文件时，为了通用性，应使用 UTF-8 格式。常见的字符编码格式及对应的语言种类见表 9-2。

表 9-2　常见的字符编码格式及对应的语言种类

编码格式	语言种类	编码格式	语言种类
ASCII	英文	GB2312	中文
GBK	中文	UTF-8	各种语言

二进制文件被视为字节序列，有特殊的存储结构，在写入时使用专用方法，读取时也使用专用方法。因此，不需要参数 encoding。然而，存储在外存的文本文件，文件中的字符进行了某种编码，所以需要使用参数 encoding。

例如，要读取文本文件中的数据，可以使用如下语句打开文件：

```
f=open( fileName )
```

打开文件得到文件对象 f 时，mode 默认值为'rt'，即以文本文件读取模式打开，encoding 默认为系统编码模式。

open（ ）函数，还有一些其他不大常用的可选参数，如 buffering、error、newLine、closefd、opner 等，感兴趣的读者可通过 Python 帮助文档学习了解。

例 9-1　为输入打开文件 example. txt，然后输出该文件的内容。

```
#exampleOpen. py
def main():
    infile=open("example. txt","rt")          #为输入打开文件 example. txt
    str=infile. read( )                       #读取文件内容,以字符串形式赋
                                               给 str
    infile. close()                           #关闭文件 example. txt
    print(str)                                #输出文件内容
main()
```

程序运行结果：

```
Goals determine what you are going to be
No one can call back yesterday
No way is impossible to courage
```

可见，使用文件可以快速地、大批量地输入数据。而且文件可以长期保存数据。

9. 2. 2　文件的关闭

打开的文件使用完成后，需要使用 close（ ）函数关闭文件。其语法格式如下：

```
f. close( )
```

功能：关闭已打开的文件。如果文件缓冲区有数据，此操作会先写入文件，然后关闭已打开的文件对象 f。

由于内存的访问速度远远快于外存的访问速度，Python 分配一块叫作缓冲区（buffer）的内存空间，用来临时保存将要写进外存的数据。一旦缓冲区满了，或者文件被关闭了，缓

冲区里面的内容就会写入外存。因此，完成文件的读写操作后，应及时使用 close（ ）函数将文件关闭，以保证文件中数据的安全、正确。

可以通过文件的 flush（ ）方法，把缓冲区的内容写入文件，而不关闭文件。

在实际操作中，下列 2 种情况可能会导致没有执行关闭文件操作，使文件中的数据不完整，出现错误，如有些数据未能写入文件等。

1）对文件进行读写操作时产生了程序错误，程序会中途退出。

2）文件读写完成后，忘记关闭文件。

对于第一种情况，通常通过增加 try-exception 捕获异常代码来解决。但会在一定程度上增加代码复杂度。对第二种情况只能寄希望于良好的代码书写习惯，不要忘记书写 f. close（ ）语句。

为了防止这两种情况导致的文件未能正常关闭，Python 提供了一种称为上下文管理器（context manager）的功能。上下文管理器用于设定某个对象的使用范围，一旦离开了这个范围，将会有特殊的操作被执行，上下文管理器有 Python 的关键字 with 和 as 联合启动，现使用上下文管理器将例 9-1 代码改写如下：

```
#exampleOpenwithas.py
def main():
#为输入打开文件 example.txt
    with  open("example.txt","rt")as infile:
#读取文件内容,以字符串形式赋给 str
        str=infile.read()
    print(str)                                        #输出文件内容
main()
```

以上代码执行效果和例 9-1 的代码执行效果完全一致，但代码中并没有 close（ ）语句。将文件对象 infile 通过关键字 with…as 的方式置于上下文管理器中。程序执行过程中，一旦离开了属于 with…as 缩进代码范围，对文件 infile 的关闭操作就会自动执行。即使上下文管理器范围内的代码因错误异常退出，文件 infile 的关闭操作也会正常执行。

使用上下文管理器，用缩进语句来描述文件的打开及操作范围，保证了使用文件后的关闭操作，所以可以不写 close（ ）语句。建议在进行文件操作中，使用这种上下文管理器方法。

9.3 文件的读写操作

9.3.1 文本文件的读操作

使用 open（）函数打开文件时，如果给 mode 参数设定了'r' 'w+' 'rt' 'a+'等，那么，返回的文件对象就可以从文件中读取数据了，称为为了输入打开文件。读取数据的主要方法见表 9-3。

表 9-3　文件对象从文件中读取数据的主要方法

方法	功能描述
f. read(n)	从文件 f 中读取 n 个字符,或者直到文件末尾,并把读取的字符作为一个字符串返回,即按字节读
f. read( )	从文件 f 中读取全部内容,直到文件末尾,并把读取的字符作为一个字符串返回
f. readline(n)	从文件 f 中读取一行数据,直到(包括)换行符,或者直到文件末尾,并把读取的字符作为一个字符串返回,即按行读
f. readlines(n)	从文件 f 中读取数据直到文件末尾,并把读取的字符,作为一个行数据的列表返回

下面以 example. txt 文件为例，介绍使用三种不同方式，即按字节读取文件内容、按行读取文件内容、一次读取文件中全部内容的方法。

首先，为读取文件中的数据，打开文本文件 example. txt。

```
f=open("example.txt","rt")
```

对于每个打开的文件，系统将关联一个指向文件中某个字符的游标。当文件第一次打开时，游标通常指向文件的开头（即文件的第一个字符），如图 9-1 所示，读取文件时，读取的字符是从游标开始的字符。

初始化：

```
Goals determine what you are going to be
↑
No one can call back yesterday
No way is impossible to courage
```

调用 read（1）后：

```
Goals determine what you are going to be
 ↑
No one can call back yesterday
No way is impossible to courage
```

调用 read（6）后：

```
Goals determine what you are going to be
       ↑
No one can call back yesterday
No way is impossible to courage
```

调用 readline（）后：

```
Goals determine what you are going to be
No one can call back yesterday
↑
No way is impossible to courage
```

调用 read（）后：

```
Goals determine what you are going to be
No one can call back yesterday
No way is impossible to courage ↑
```

图 9-1　游标随字符被读取而移动，并且一直指向下一个未读取的字符

现在使用 read（ ）函数读取一个字符。read（ ）函数将把文件中的第一个字符作为字符串（仅包含一个字符的字符串）返回。

```
>>> f.read(1)
'G'
```

读取字符'G'之后，游标将移动并指向下一个字符，即'o'。再次调用 read（ ）函数，这次读取 6 个字符。返回的结果是最初读取字符'G'之后的 6 个字符构成的字符串。这时，游标移动并指向下一个字符是'e'。

```
>>> f.read(6)
'oals d'
```

函数 readline（ ）将从文件中读取字符直到行尾（即换行符）或文件尾部。现在游标指向第二行的开头。

```
>>> f.readline()
'etermine what you are going to be\n'
```

最后，我们使用不带参数的 read（ ）读取文件中的剩余内容，现在文件指向“文件结尾”（EOF）字符，EOF 指示文件结束。

```
>>> f.read()
'No one can call back yesterday\nNo way is impossible to courage'
```

关闭 f 所指向的打开文件 example.txt，

```
>>> f.close()
```

现在重新打开文件 example.txt，调用 readlines（ ），返回一个列表，包含 3 个元素，即 3 行数据。

```
>>> f=open("example.txt","rt")
>>> f.readlines()
['Goals determine what you are going to be\n','No one can call back
yesterday\n','No way is impossible to courage']
```

可以把文件的内容读到一个字符串中，然后使用字符串操作来处理文件的内容。

例 9-2 编写函数，统计文件 example.txt 中指定字符串在文件中出现的次数。

```
#stringCount.py
def main():
    str1=input("input a string:")
    filename=input("input filename:")
    n=stringCount(filename,str1)          #调用函数 stringCount()
    print(str1,"appears ",n,"times.")
```

```
def stringCount(filename,str1):
    f=open( filename,'r')
    conrent=f.read()                      #把文件中的内容读到一个字符串中
    f.close()
    #统计字符串 conrent 中 str1 字符的个数
    return conrent.count(str1)
main()
```

程序运行结果：

```
input a string:to
input filename:example.txt
to appears  2 times.
```

练习：编写函数，统计文件 example.txt 中字符的个数。

还可以处理文件中的单词。首先，把文件中的内容读到一个字符串中，然后使用 split（）函数把文件内容拆分成一个单词列表，最后，使用列表有关方法处理单词。

例 9-3　编写函数，统计文件中单词的个数，并输出这些单词。

```
#numWords.py
def main():
    filename=input("input filename:")
    n=numWords(filename)
    print("There are ",n," words in ",filename,".")

def numWords(filename):
    f=open( filename,'r')
    conrent=f.read()                  #把文件中的内容读到一个字符串中
    f.close()
    wordList=conrent.split()          #把文件拆分成单词列表
    print(wordList)                   #输出单词列表
    return len(wordList)
main()
```

程序运行结果：

```
input filename:example.txt
['Goals','determine','what','you','are','going','to','be','No',
'one','can','call','back','yesterday','No','way','is','impossible',
'to','courage']
There are  20  words in  example.txt .
```

练习：编写函数，统计文件中单词的个数，并输出这些单词。注意，文件中含有标点符号，要除去单词后的标点符号，如！、，、。、：、；、？等。

还可以逐行处理文本文件。可以使用 readlines（）函数来读取文件的内容，产生一个行文本的列表，通过对列表操作，实现逐行处理文本文件。

例 9-4 编写函数，计算一个文件中的行数。

```
#numLines.py
def main():
    filename=input("input filename:")
    n=numLines(filename)
    print("There are ",n," lines in ",filename,".")

def numLines(filename):
    f=open( filename,'r')
    lineList=f.readlines()          #读取文件的内容,产生一个行文本的列表
    f.close()
    print( lineList )
    return len(lineList)            #计算列表中元素(行)的个数
main()
```

程序运行结果：

```
input filename:example.txt
['Goals determine what you are going to be\n','No one can call back yesterday\n','No way is impossible to courage']
There are  3  lines in  example.txt .
```

如果文件不是太大，这种方法是可行的。如果文件很大，则更好的方法是使用下面结构处理一行文本。

```
    for line in f:
```

通过遍历文件，逐行读取文件，这样就避免了把整个文件保存在内存中。

例 9-5 现在使用逐行读取文件的方法，可将上面程序改写为：

```
#numLinesfor.py
def main():
    filename=input("input filename:")
    n=numLines(filename)
    print("There are ",n," lines in ",filename,".")

def numLines(filename):
    count=0                          #计数器初始化为 0
```

```
    f=open( filename,'r')
    for line in f:                    #循环处理:每次从文件中取出一行
        count+=1                      #逐行计数
        print(line,end='')            #逐行打印
    f.close()
    return count
main()
```

程序运行结果：

```
input filename:example.txt
Goals determine what you are going to be
No one can call back yesterday
No way is impossible to courage There are  3  lines in  example.txt .
```

例 9-6　还可以使用 readline（ ）函数，可将上面程序改写为：

```
#numLinesWhile.py
def main():
    filename=input("input filename:")
    n=numLines(filename)
    print("There are ",n," lines in ",filename,".")

def numLines(filename):
    count=0
    f=open( filename,'r')
    while True:
        line=f.readline()             #从文件中取出一行
        if  not line:                 #判断是否为空串
            f.close()
            break
        count+=1
        print(line,end='')
    f.close()
    return count
main()
```

程序运行结果：省略

思考：如果文件中有空行，结果会怎样？

练习：编写函数，输入两个参数：文件名和目标字符串，输出文件中包含目标字符串的行。

此外，还可以通过 for 语句遍历文件，使用列表推导式等，快速生成行的列表、行的集合或行的生成器。例如：

```
>>> [line for line in f]                                #生成行的列表
>>> ss={line for line in f}                             #生成行的集合
>>> for line in ss:
        print(line)
>>> t=(line for line in f)                              #生成行的生成器
>>> for line in t:
        print(line)
```

例 9-7 编写函数，计算出文本文件中最长一行的字符个数。

```
#numsMaxLine.py
def main():
    filename=input("input filename:")
    n=numsMaxLine(filename)
    print("The character  total of maxline in ",filename,"is ",n,".")

def numsMaxLine(filename):
    with  open(filename,'r')  as f:
        allLines=[len(line.strip())for line in f]
    nums=max( allLines)
    return  nums
main()
```

程序运行结果：

```
input filename:example.txt
The character  total of maxline in  example.txt is  40 .
```

练习：编写函数，计算出文本文件中每行平均有多少字符。

9.3.2 文本文件的写操作

使用 open（）函数打开文件时，如果给 mode 参数设定了'w' 'r+' 'wt' 'a'等，那么，返回的文件对象就可以向文件中写入数据了，称为为了写入打开文件。写入数据的主要方法见表 9-4。

表 9-4 文件对象向文件中写入数据的主要方法

方法	功能描述
f.write(str1)	向文件 f 中写入字符串 str1，不会在字符串尾添加换行符('\n')
f.writelines(lst)	向文件 f 中写入字符串列表 lst(任何序列或可迭代对象)，不添加换行符

例 9-8 编写函数，为写入打开一个文件 writeDemo.txt，向文件中写入“我爱 Python”

和几句唐诗。

```
#writeDemo.py
def main():
    filename=input("input filename:")
    writeDemo(filename)

def writeDemo(filename):
    with open(filename,'w')  as f:
        #写入字符串我爱 Python!,'\n'代表换行符
        f.write('我爱 Python! \n')
        #写入 3 句诗,3 句诗之间没有换行符'\n'
        f.writelines(('春眠不觉晓,',
                      '处处闻啼鸟.',
                      '夜来风雨声,'))
    with open(filename,'r')  as f:
        for line in f:                          #将文件中的内容逐行输出
            print(line,end='')
main()
```

程序运行结果：

```
input filename:writeDemo.txt
我爱 Python!
春眠不觉晓,处处闻啼鸟.夜来风雨声,
```

以'w+'模式打开文件，这样既可以向文件写入数据，也可以从文件读出数据，就不需要两次打开文件了。

例 9-9　以'w+'模式打开文件，可将例 9-8 程序改写为：

```
#writeDemo1.py
import os
def main():
    filename=input("input filename:")
    writeDemo(filename)
def writeDemo(filename):
    with open(filename,'w+')  as f:
        #写入字符串我爱 Python!,'\n'代表换行符
        f.write('我爱 Python! \n')
        #写入 3 句诗,3 句诗之间没有换行符'\n'
        f.writelines(('春眠不觉晓,',
```

```
                    '处处闻啼鸟.',
                    '夜来风雨声,'))
        f.seek(0)                           #将文件读取指针移到文件开始处
        for line in f:                      #将文件中的内容逐行输出
            print(line,end='')
main()
```

程序运行结果：省略

需要说明的是：如果没有 f.seek（0）语句，程序没有输出。这是由于执行 f.writelines（ ）语句后，文件读取游标位置在文件末尾处。这时，从文件末尾开始读取文件内容，是读不到任何数据的。所以，要将文件读取游标移到文件开始处。使用文件的 seek（ ）方法可以移动文件的读取游标到指定位置（0≤position≤文件总字节长度）。一般使用 seek（0）将文件的读取游标移动到文件的开始处，即第一个字符处。使用 seek（0，2）将文件的游标移动到文件的末尾处［seek（ ）方法的第二个参数是可选参数，2 表示文件末尾］。

使用文件的 tell（ ）方法可以获取当前文件读游标针位置。需要注意的是，不同编码格式在对中文（大字符集）的字符编码时，一个字符可能占两个字节、三个字节、甚至四个字节，所以，使用 position 值很难预估文件游标移动到的精确位置。如果移动到一个汉字的非起始字节位置时，输出会产生乱码。

例 9-10 使用 tell（ ）方法和 seek（ ）方法，将上面程序文件读游标针的移动状况显示如下：

```
#writeDemo1tell.py
def main():
    filename=input("input filename:")
    writeDemo(filename)
def writeDemo(filename):
    with open(filename,'w+')  as f:
        print('打开文件时,文件读写游标位置是',f.tell())
        f.write('我爱 Python! \n')
        print("执行 f.write('我爱 Python! \\n')后,文件读写游标位置是",
        f.tell())
        f.writelines(('春眠不觉晓,',
                      '处处闻啼鸟.',
                      '夜来风雨声,'))
        print("执行 f.writelines()后,文件读写游标位置是",f.tell())
        f.seek(0)                       #将文件读取指针移到文件开始处
        print("执行 f.seek(0)后,文件读写游标位置是",f.tell())
        for line in f:
            print(line,end='')
```

```
        print("执行 for line in f 后,文件读写游标位置是",f.tell())
        f.close()
main()
```

程序运行结果：

```
input filename:writeDemo.txt
打开文件时,文件读写游标位置是 0
执行 f.write('我爱 Python! \n')后,文件读写游标位置是 13
执行 f.writelines()后,文件读写游标位置是 46
执行 f.seek(0)后,文件读写游标位置是 0
我爱 Python!
春眠不觉晓,处处闻啼鸟. 夜来风雨声,执行 for line in f 后,文件读写游标位置是 46
```

说明：一个汉字一般占2个字节，\n 占1个字节，所以，执行 f.write（'我爱 Python! \n'）后，文件读写游标位置是13。

例 9-11 编写函数，为写入打开一个文件 writeDemo.txt，向文件中添加“花落知多少?”这句诗。

```
#writeDemoAdd.py
def main():
    filename=input("input filename:")
    writeDemo(filename)

def writeDemo(filename):
    with open(filename,'a+')  as f:     #以'a+'模式打开文件
        f.write('花落知多少? ')
        f.seek(0)                        #将文件读取指针移到文件开始处
        for line in f:
            print(line,end='')
main()
```

程序运行结果：

```
input filename:writeDemo.txt
我爱 Python!
春眠不觉晓,处处闻啼鸟. 夜来风雨声,花落知多少?
```

前面的程序是对文件内容进行追加，实际上，我们还可以对文件的内容进行修改、插入和删除。方法是：首先要创建一个新文件，从原来的文件中读入、记录并改动每一个元素，然后写入到这个新文件中。随后删除旧的文件，并将新的文件重新命名为原来的文件名。

例 9-12 编写函数，为写入打开一个文件 writeDemo.txt，把文件中的“我爱 Python!”

替换成“我爱唐诗!”，并在文件中输出替换后的文件内容。

```
#writeDemoReplace.py
def main():
    filenameOld=input("input old filename:")
    filenameNew=input("input new filename:")
    substr=input("input substr:")
    targetStr=input("input targetStr:")
    writeDemoReplac(filenameOld,filenameNew,substr,targetStr )

def writeDemoReplac(filenameOld,filenameNew,substr,targetStr ):
    with open(filenameNew,'w+')  as fout:     #打开新文件,以'w+'模式
        with open(filenameOld,'r')  as fin:   #打开旧文件,以 'r'模式
            for  line in fin:                 #遍历文件
                if substr in line :           #判断子串是否在该行中
                    line=line.replace(substr,targetStr)
                                              #替换后赋给 line
                fout.write(line)
        fout.seek(0)                          #将文件读取指针移到文件开
                                               始处
        for line in fout:
            print(line,end='')
main()
```

程序运行结果：

```
input old filename:writeDemo.txt
input new filename:writeDemoReplace.txt
input substr:Python
input targetStr:唐诗
我爱唐诗!
春眠不觉晓,处处闻啼鸟.夜来风雨声,花落知多少?
```

练习：上面程序有一个缺陷：没有删除旧文件 writeDemo.txt，也没有把 writeDemoReplace.txt 新文件重新改名为原来的文件名 writeDemo.txt，现要求查找资料，修改该程序，完成删除旧文件和新文件重命名的任务。

例 9-13 一个成绩单里有许多行，每行有多个成绩，成绩之间由空格和换行分隔。编写函数，要求打开成绩单文件，读取所有成绩，求出所有成绩的平均值和均方差。

思路：在计算平均值的过程中，把成绩记入一个列表，求方差时直接使用这个列表。

```
#mean_variance.py
def main():
```

```
    filename=input("filename=")
    a,b,c=mean_variance(filename)
    print(a,b,c)
def mean_variance(filename):
    num=0
    fsum=0
    marks=[]                                        #成绩列表初值为空
    with open(filename,'r')  as infile:
        for line in infile:                         #遍历文件,逐行取出成绩
            for s in line.split():                  #将一行的成绩拆分成单个成绩
                x=float(s)
                marks.append(x)                     #把成绩记入列表 marks 中
                fsum+=x
                num+=1
    if num==0:
        return (0,0,0)
    mean=fsum/num
    fsum=0
    for x in marks:
        fsum+=(x-mean)**2                           #求方差
    return(num,mean,(fsum / num)**0.5 )             #返回值为人数,平均分,方差
main()
```

程序运行结果：

```
filename=scores.txt
30 77.1 13.36500405287381
```

练习：读取成绩单 scores.txt 文件中的所有成绩，将其按降序排序后，再写入 scores_des.txt 文本文件中。

例 9-14　编写程序，将 mean_variance.py 文件每行的行尾加上行号，文件其余内容不变，然后写入新生成的 mean_variance_new.py 文件中。

```
#numAppend.py
def main():
    filename=input("filename=")
    numAppend(filename)

def numAppend(filename):
    with open(filename,'r')  as infile:
```

```
        lines=infile.readlines()
    lines=[ line.rstrip()+'' * (100-len(line))+'#'+str(index)+'\n'
for index,line in enumerate(lines)]

    with open(filename[:-3]+'_new.py','w')  as outfile:
        outfile.writelines(lines)
main()
```

程序运行结果：省略

练习：编写程序，将程序文件每行的行首加上行号，然后写入本文件中。

例 9-15 编写函数，统计在指定目录下编写了多少 Python 源代码。要求统计编写的总字符数，其中包含多少个空白字符和其他字符，并输出 Python 源代码名。

```
#statDirPy.py
import os
def main():
    appointPath=input("input path:")
    total,blank,other=stat(appointPath)            #调用函数 stat( )
    print("total=",total,"blank=",blank,"other=",other)
#统计文件的字符数和空格数
def work_on_file(filename):
    t,b=0,0
    with open(filename,encoding='utf-8')  as  file:
                                                   #打开文件
#遍历文件,依次取出每一行
        for  line  in file:
#遍历行,依次取出每个字符
            for  c in line:
                t+=1                               #字符累加
                if c.isspace():                    #判断字符是否为空格
                    b+=1
    return  t,b
#统计目录下所有文件的字符数和空格数
def stat(path='.'):
    total,blank,other=0,0,0
    #设置当前工作目录为 path
    os.chdir(path)
    for  entry  in  os.scandir():
```

```
        if entry.is_file()  and  len(entry.name)>3  and  entry.name
[-3:]==".py":
            print("Work on file",entry.name)
            #统计 entry.name 文件的字符数和空格数
            t,b=work_on_file(entry.name)
            total+=t                                #字符累加
            blank+=b                                #空白字符累加
            other+=t-b                              #其他字符累加

    return  total,blank,other
main()
```

程序运行结果：省略

os.scandir（ ）函数用于遍历一个目录下的所有目录和文件。该函数返回一个迭代器，通过它得到的每一项是一个文件或目录。

entry.is_file() and len(entry.name)>3 and entry.name[-3:]==".py"判断文件名后 3 位是否是".py"，即是否是 Python 文件。

练习：编写函数，统计在指定目录下文件和目录的个数。

9.3.3　二进制文件的读写

图像文件、可执行文件、音频文件、office 文档等二进制文件，不能使用记事本或其他文本编辑软件正常读写，也无法通过 Python 的文件对象直接读取和理解二进制文件的内容。二进制文件通常由具体程序生成，具有特殊的内部结构，专供这种程序或其他相关程序使用。Python 提供了一些库模块，如 struct、pickle 库模块等，可以进行二进制文件的读写操作。

1. pickle 文件的读写

pickle 库模块使用强大且有效的算法来序列化和反序列化对象。序列化是指将一个对象转换为一个能够存储在文件中或在网络上进行传输的字节流的过程。反序列化指的是相反的过程，它是从字节流中提取出对象的过程。

读写 pickle 文件需要使用 Python 内置的 pickle 库模块，pickle 库模块可以直接使用由 open（ ）函数返回的二进制模式文件对象，对文件进行二进制数据读写操作，而不使用文件对象内置的 read（ ）和 write（ ）等方法。

使用 pickle 库模块的 dump（ ）方法可以将数据以二进制形式存入文件中。其语法格式如下：

```
pickle.dump(data,f)
```

功能：将数据写入二进制文件对象 f 中。文件对象 f 是写模式。

例 9-16 使用 pickle 库模块，将不同类型的数据写入二进制文件中。

```
#pickleDumpDemo.py
import pickle
i=123
f=3.14
s='Python'
lst=[11,11,'one']
tu=(55,'five',55)
coll={8,8.8,'eight'}
dic={'a':'apple','b':'bannana','g':'grape','o':'orange'}
with open('sample_pickle.dat','wb')as f_pickle:
    pickle.dump(i,f_pickle)                    #将一个整数写入文件
    pickle.dump(f,f_pickle)                    #将一个浮点数写入文件
    pickle.dump(s,f_pickle)                    #将一个字符串写入文件
    pickle.dump(lst,f_pickle)                  #将一个列表写入文件
    pickle.dump(tu,f_pickle)                   #将一个元组写入文件
    pickle.dump(coll,f_pickle)                 #将一个集合写入文件
    pickle.dump(dic,f_pickle)                  #将一个字典写入文件
print('sucessfully writen')
```

程序运行结果：

```
sucessfully writen
```

使用 pickle 库的 load（ ）方法可以从 pickle 文件中读取数据。其语法格式如下：

```
pickle.load( f )
```

功能：从 pickle 文件中读取数据，返回值由写入 pickle 文件时的数据对象决定。

例 9-17 使用 load 方法将写入二进制文件的内容读出。

```
#pickleLoadDemo.py
import pickle
with open('sample_pickle.dat','rb')as f_pickle:
    #从文件 f 中读出原来数据及类型
    v1=pickle.load(f_pickle)
    v2=pickle.load(f_pickle)
    v3=pickle.load(f_pickle)
    v4=pickle.load(f_pickle)
    v5=pickle.load(f_pickle)
    v6=pickle.load(f_pickle)
    v7=pickle.load(f_pickle)
```

```
    f_pickle.close()                                #可以省略 f_pickle.close()
#输出 v1 的类型及数值
print('v1 的类型:{}\n 值:{}'.format(type(v1),v1))
#输出 v2 的类型及数值
print('v2 的类型:{}\n 值:{}'.format(type(v2),v2))
#输出 v3 的类型及数值
print('v3 的类型:{}\n 值:{}'.format(type(v3),v3))
#输出 v4 的类型及数值
print('v4 的类型:{}\n 值:{}'.format(type(v4),v4))
#输出 v5 的类型及数值
print('v5 的类型:{}\n 值:{}'.format(type(v5),v5))
#输出 v6 的类型及数值
print('v6 的类型:{}\n 值:{}'.format(type(v6),v6))
#输出 v7 的类型及数值
print('v7 的类型:{}\n 值:{}'.format(type(v7),v7))
```

程序运行结果：

```
v1 的类型:<class'int'>
值:123
v2 的类型:<class'float'>
值:3.14
v3 的类型:<class'str'>
值:Python
v4 的类型:<class'list'>
值:[11,11,'one']
v5 的类型:<class'tuple'>
值:(55,'five',55)
v6 的类型:<class'set'>
值:{8,8.8,'eight'}
v7 的类型:<class'dict'>
值:{'a':'apple','b':'bannana','g':'grape','o':'orange'}
```

可见，使用 pickle 库模块的 load（ ）方法读取时，可以直接恢复出原始数据和类型。

注意：

1）字符串、列表、元组以及集合都可以使用 pickle 模块存储为二进制文件。

2）pickle 库模块的文件读写只能适用于相同版本的 Python，不同版本的 Python 可能彼此互不兼容。如由 Python3 写入的 pickle 文件，使用 Python2 读这个 pickle 文件时会报错。

2. struct 库模块读写二进制文件

struct 也是比较常用的二进制文件读写库模块。struct 库模块常使用函数 pack（ ）、unpack（ ）和 calcsize（ ）进行文件操作，这些函数的语法格式分别是：

```
struct.pack( fmt,v1,v2,v3,…)
```

功能：按照给定格式（fmt）把数据 v1，v2，v3，…封装成字节串。

```
struct.unpack( fmt,string )
```

功能：按照给定格式（fmt）解析字节流 string，返回解析出来的元组。

```
struct.calcsize( fmt )
```

功能：计算给定格式（fmt）占用多少字节的内存。

定义 format 可以参照官方 API 提供的对照表，见表 9-5。

表 9-5　Python3 format 对照表

format	C Type	Python Type	Standard Size
x	pad byte	no value	1
c	char	string of length 1	1
b	signed char	integer	1
B	unsigned char	integer	1
?	_Bool	bool	1
h	short	integer	2
H	unsigned short	integer	2
i	int	integer	4
I	unsigned int	integer	4
l	long	integer	4
L	unsigned long	integer	4
q	long long	integer	8
Q	unsigned long long	integer	8
f	float	float	4
d	double	float	8
s	char[ ]	string	
p	char[ ]	string	
P	void *	integer	

例 9-18　使用 struct 库模块，将不同类型的数据写入二进制文件中。

```
#structWriteDemo.py
import struct
i=123
f=3.14
```

```
b=True
s='He is not very happy'
lst=[11,11,'one'.encode()]              #列表,字符串'one'需要编码为字节串
tu=(55,'five'.encode(),55)              #元组,字符串'five'需要编码为字节串
coll={8,3.14,'eight'.encode()}          #集合,字符串'eight'需要编码为字节串
#把 i,f,b 数据按格式'if?'转换成字节串
sn=struct.pack('if?',i,f,b)
s_lst=struct.pack('ii3s',*lst)          #实参*lst 是将列表拆分成一个一个元素
s_tu=struct.pack('i4si',*tu)            #实参*tu 是将列表拆分成一个一个元素
s_coll=struct.pack('if5s',*coll)        #实参*coll 是将列表拆分成一个一个元素

with open('sample_struct.dat','wb')as f_struct:
    f_struct.write(sn)                  #将序列化后的对象写入文件
    f_struct.write(s.encode())          #字符串需要编码为字节串再写入文件
    f_struct.write(s_lst)               #将序列化后的列表对象写入文件
    f_struct.write(s_tu)                #将序列化后的元组对象写入文件
    f_struct.write(s_coll)              #将序列化后的集合对象写入文件
print('sucessfully writen')
```

程序运行结果：

```
sucessfully writen
```

例 9-19　使用 struct 库模块读取例 9-18 写入二进制文件 sample_ struct.dat 的内容。

```
#structReadDemo.py
import struct
n1=struct.calcsize('if?')               #计算格式'if?'占用多少字节的内存
n2=len('He is not very happy')          #计算字符串长度,1 个字符占 1 个字节
n3=struct.calcsize('ii3s')              #计算格式'ii3s'占用多少字节的内存
n4=struct.calcsize('i4si')              #计算格式'i4si'占用多少字节的内存
n5=struct.calcsize('if5s')              #计算格式'if5s'占用多少字节的内存
with open('sample_struct.dat','rb')as f_struct:
    sn=f_struct.read(n1)                #读取 n1 个字节的字节串,赋给 sn
    #解析字节流 sn,以元组形式恢复原始对象
    i,f,b=struct.unpack('if?',sn)
    print('i=',i,'f=',f,'b=',b)

    s=f_struct.read(n2)                 #读取 n2 个字节的字节串,赋给 s
    s=s.decode()                        #解析字节流 s,以元组形式恢复原始对象
```

```
    print('s:',s)

    s_lst=f_struct.read(n3)            #读取 n3 个字节的字节串,赋给 s_lst
    #解析字节流 s_lst,以元组形式恢复原始对象
    lst=struct.unpack('ii3s',s_lst)
    print('lst:',lst)

    s_tu=f_struct.read(n4)             #读取 n4 个字节的字节串,赋给 s_tu
    #解析字节流 s_tu,以元组形式恢复原始对象
    tu=struct.unpack('i4si',s_tu)
    print('tu:',tu)

    s_coll=f_struct.read(n5)           #读取 n5 个字节的字节串,赋给 s_coll
    #解析字节流 s_coll,以元组形式恢复原始对象
    coll=struct.unpack('if5s',s_coll)
    print('coll:',coll)
```

程序运行结果:

```
i=123 f=3.140000104904175 b=True
s:He is not very happy
lst:(11,11,b'one')
tu:(55,b'five',55)
coll:(8,3.140000104904175,b'eight')
```

9.3.4 CSV 文件的读写

文本文件除了纯文本文件 TXT 以外，还有其他文本文件。其他文本文件可能有不同的分隔符，如逗号“,”、Tab 键、“\t”等。如果它是一个网页文件，那么还可能有标签符号“〈”和“〉”。

逗号分隔值（comma-separated values，CSV），其文件以纯文本形式存储表格数据（数字和文本），文件的每一行都是一个数据记录。每个记录由一个或多个字段组成，用逗号分隔。使用逗号作为字段分隔符是此文件格式的名称来源，因为分隔字符也可以不是逗号，有时也称为字符分隔值。

CSV 广泛用于不同体系结构的应用程序之间交换数据表格信息，解决不兼容数据格式的互通问题。CSV 存储量要比 Excel 电子表格大很多，并且被所有计算机平台所使用，经常用于电子表格或数据库软件中。

Python 内置了 CSV 库模块，使用 CSV 库模块的 reader（）和 writer（）方法，可以很方便地读写 CSV 文件。reader（）和 writer（）方法的语法格式如下：

```
csv. reader(csvfile,dialect='excel',* *  fmtparams)
```

功能：返回一个 reader 对象，它将迭代指定 csvfile 中的行。

参数 csvfile，必须是支持迭代（Iterator）的对象，可以是文件（file）对象或者列表（list）对象。

可选参数 dialect 是编码风格，默认为 excel 的风格，也就是用逗号（,）分隔，dialect 方式也支持自定义，通过调用 register_ dialect（ ）方法来注册。

fmtparam 是格式化参数，用来覆盖之前 dialect 对象指定的编码风格。

```
csv. writer(csvfile,dialect='excel',* *  fmtparams)
```

功能：返回一个 writer 对象，负责将用户的数据转换为分隔字符串，写入指定的类文件对象 csvfile 上。参数含义与 reader（ ）方法的参数相同。

使用 CSV 库模块的写操作的方法是：

1）import csv

2）使用 open（ ）建立或打开 CSV 文件。

3）使用 csv. writer（ ）获得 writer 对象。

4）使用 writer 对象的 writerow（ ）方法或 writerows（ ）方法向 CSV 文件写入一行或多行数据。

例 9-20　创建一个 CSV 文件，存储三行数据，每行数据包括学号、姓名、性别、年龄和成绩。要求将这些数据写入 CSV 文件中。

```
#csvWrite. py
import csv
def main():
    row1=['001','丁一','女',18,90]          #列表,元素可改变
    row2=('002','倪二','男',20,80)          #元组,元素不可改变
    #集合存入文件时元素没有次序,不宜使用
    row3=['003','张三','男',19,85]
    with open('personInfoWrite. csv','w',newline='')as f:
        csv_writer=csv. writer(f)           #获得 writer 对象 csv_writer
        #将 row1 写入文件 personInfoWrite. csv 中
        csv_writer. writerow(row1)
        #将 row2 写入文件 personInfoWrite. csv 中
        csv_writer. writerow(row2)
        #将 row3 写入文件 personInfoWrite. csv 中
        csv_writer. writerow(row3)
    print("written  successfully")
main()
```

程序运行结果：

```
written  successfully
```

open（ ）函数打开当前路径下的名字为'personInfoWrite. csv'的文件，如果不存在这个文件，则创建它，返回文件对象 f。如果文件事先存在，调用 writer 函数会先清空原文件中的文本，再执行 writerow/writerows 方法。w 表示文本写入，不支持 wb，也可以使用 a/w+/r+。

打开文件时，指定不自动添加新行 newline='，否则每写入一行就多一个空行。

csv. writer（f）返回 writer 对象 csv_ writer。

writerow（ ）方法是一行一行写入，writerows（ ）方法是一次写入多行。还可以加入学号、姓名、性别、年龄和成绩的表头。

例 9-21 可将例 9-20 程序改为（写入 personInfoWriteHeader. csv 文件中）：

```
#csvWriteHeader.py
import csv
def main():
    header=['学号','姓名','性别','年龄','成绩']
    rows=[
            ['001','丁一','女',18,90],
            ['002','倪二','男',20,80],
            ['003','张三','男',19,85]
        ]
    with open('personInfoWriteHeader.csv','w',newline='')as f:
        #接收一个可迭代的对象 f,获得 writer 对象
        csv_writer=csv.writer(f)
        csv_writer.writerow(header)       #将 header 写入文件中
        csv_writer.writerows(rows)        #将三行数据一次写入文件中

    print("written  successfully")
main()
```

程序运行结果：

```
written  successfully
```

练习：编写程序，在文件 personInfoWriteHeader. csv 上再添加一行数据，如 004，李四，男，20，78。

使用 CSV 库模块的读操作的方法是：

1）import csv。

2）使用 open（ ）建立或打开 CSV 文件。

3）使用 csv. reader（ ）获得 reader 生成器。

4）使用 reader 生成器，从 reader 生成器中每次读取一行。

例 9-22　编写程序，从文件 personInfoWrite. csv 中读取并输出所有数据。

```
#csvRead.py
import csv
def main():
    with open('personInfoWrite.csv')as f:
        #接收一个可迭代的对象 f,获得 csv_reader 生成器,用来读取数据
        csv_reader=csv.reader(f)
        for  row in csv_reader:    #从 csv_reader 生成器中,每次读取一行
            print(row)
main()
```

程序运行结果：

```
['001','丁一','女','18','90']
['002','倪二','男','20','80']
['张三','003','19','85','男']
```

例 9-23　编写程序，从文件 personInfoWriteHeader. csv 中读取并输出所有数据（即有表头的数据）。

```
#csvReadHead.py
import csv
def main():
    with open('personInfoWriteHeader.csv')as f:
        csv_reader=csv.reader(f)  #接收一个可迭代的对象 f,获得生成器
        #next( )获取 csv_reader 生成器的下一行数据
        header=next(csv_reader)
        print(header)
        for  row in csv_reader:    #从 csv_reader 生成器中每次读取一行
            print(row)
main()
```

程序运行结果：

```
['学号','姓名','性别','年龄','成绩']
['001','丁一','女','18','90']
['002','倪二','男','20','80']
['003','张三','男','19','85']
```

思考：删掉 header=next（csv_ reader）语句，还会输出表头吗？

使用下面方法读取某一列的数据，但必须指定列号，不能根据学号、姓名、性别、年龄

和成绩这些属性来获取列信息。

```
with open ('personInfoWriteHeader. csv')as f:
        csv_reader=csv. reader(f)
        for  row in csv_reader:
            print(row[1])
可输出:姓名
      丁一
      倪二
      张三
```

这种方法是使用 CSV 库模块的 DictReader（ ）方法来进行数据的读取。和 reader（ ）方法类似，接收一个可迭代的对象，能返回一个生成器，但是返回的每一个数据（单元格）都放在一个字典的“值”内，而这个字典的“键”则是这个数据（单元格）的标题（即列头）。用下面的代码可以看到 DictReader 的结构：

```
#csvDictReadHead. py
import csv
def main():
    with open('personInfoWriteHeader. csv')as f:
        csv_reader=csv. DictReader(f)        #返回一个生成器
        for  row in csv_reader:
            print(row)
main()
```

程序运行结果：

```
{'学号':'001','姓名':'丁一','性别':'女','年龄':'18','成绩':'90'}
{'学号':'002','姓名':'倪二','性别':'男','年龄':'20','成绩':'80'}
{'学号':'003','姓名':'张三','性别':'男','年龄':'19','成绩':'85'}
```

通过 DictReader 获取的数据，可以通过每一列的标题来查询。例如：

```
import csv
def main():
    with open('personInfoWriteHeader. csv')as f:
        csv_reader=csv. DictReader(f)
        for  row in csv_reader:
            print(row['姓名'])
main()
可输出:丁一
      倪二
      张三
```

此外，CSV文件和Excel表格可以相互转换。如果你创建的或从网上下载的一个Excel表格，可以将其转换成为一个CSV文件，单击文件菜单中的“另存为”，在保存类型下拉菜单中选择“CSV（逗号分隔）（*.csv）”即可。对于一个CSV文件personInfoWriteHeader.csv，当你在Excel中打开这个文件，使用逗号作为分隔符，Excel会创建一个4行5列的表格，如图9-2所示。

	A	B	C	D	E	F
1	学号	姓名	性别	年龄	成绩	
2	1	丁一	女	18	90	
3	2	倪二	男	20	80	
4	3	张三	男	19	85	
5						

图9-2　使用personInfoWriteHeader.csv创建的表格

9.3.5 JSON文件的读写

JSON（java script object notation）是一种当前广泛应用的数据格式，多用于网站数据交互以及不同的应用程序之间的数据交互。JSON数据格式起源于JavaScript，但现在已经发展成为一种跨语言的通用数据交换格式。

JSON是一种轻量级的数据交换格式。Python标准库中的json库模块提供了json数据的处理功能。json库模块读写的主要方法见表9-6。

表9-6　json库模块读写的主要方法

方法	功能描述
json.dump( )	将Python对象写入文件
json.load( )	从文件中读取json数据
json.dumps( )	用于将Python对象编码成json字符串
json.loads( )	用于将已编码的json字符串解码为Python对象

dump（）与load（）主要用于读写json文件。写json文件的方法是：

1）import json。

2）使用open（）打开json文件，获取json文件对象f。

3）使用json.dump（obj，f），直接向json文件中写入数据obj。

读json文件的方法是：

1）import json。

2）使用open（）打开json文件，获取json文件对象f。

3）使用json.load（f），直接从json文件中读取内容。

示例：

```
#jsonFileDemo.py
import json
def main():
    dict={'姓名':'倪二','性别':'男','年龄':18}
    with  open('jsonExample.json','w')as f:
        json.dump(dict,f)
    with  open('jsonExample.json','r')as f:
```

```
        dic=json.load(f)
    print(type(dic),dic)
main()
```

程序运行结果：

```
<class'dict'> {'姓名':'倪二','性别':'男','年龄':18}
```

dumps（ ）和 loads（ ）主要用于 Python 和 json 对象的相互转化。例如，将字典转成 json 串的代码如下：

```
>>> dict={'姓名':'倪二','性别':'男','年龄':18}
>>> d=json.dumps(dict,ensure_ascii=False,indent="\t")
>>> print( d )
{
    "姓名":"倪二",
    "性别":"男",
    "年龄":18
}
```

注意：对于含有中文串的字典，需要将参数 ensure_ ascii 设置为 False。indent 参数设置 json 串在被显示时缩进的字符，这样输出的文件会更容易阅读。

将上面的 json 串 d 转换成 Python 数据：

```
>>> text=json.loads( d )
>>> print(text)
{'姓名': '倪二', '性别': '男', '年龄': 18}
```

9.4 目录与文件的操作

os 和 os. path 库模块提供了大量的目录操作方法，os 库模块常用的目录操作方法与成员见表 9-7，可以通过 dir（os. path）查看 os. path 库模块更多关于目录操作的方法。

表 9-7 os 库模块常用的目录操作方法与成员

方法	功能描述
mkdir(path [,mode=0777])	创建目录
makedirs(path1/path2… [,mode=511)	创建多级目录
rmdir(path)	删除目录
removedirs(path1/path2…)	删除多级目录
listdir(path)	返回指定目录下的文件和目录信息
getcwd( )	返回当前工作目录
get_exec_path( )	返回可执行文件的搜索路径
chdir(path)	把 path 设为当前工作目录

（续）

方法	功能描述
walk(top,topdown=True,onerror=None)	遍历目录树，该方法返回一个元组，包括 3 个元素，所有路径名、所有目录列表与文件列表
sep	当前操作系统所使用的路径分隔符
extsep	当前操作系统所使用的文件扩展名分隔符

下面演示如何使用 os 库模块的方法来查看、改变当前工作目录，以及创建与删除目录。

```
>>> import os
>>> os.getcwd()                          #返回当前工作目录
'D:\\Python\\Python38'
>>> os.mkdir(os.getcwd()+'\\temp')       #在当前工作目录下创建目录 temp
>>> os.chdir(os.getcwd()+'\\temp')       #把 temp 设为当前工作目录
>>> os.getcwd()
'D:\\Python\\Python38\\temp'
>>> os.mkdir(os.getcwd()+'\\test')       #在当前工作目录 temp 下创建目录 test
>>> os.listdir('.')                      #返回 temp 目录下的文件和目录
['test']
>>> os.rmdir('test')                     #删除 test 目录
>>> os.listdir('.')                      #返回 temp 目录下的文件和目录
[]                                       #显示 temp 目录下没有文件和目录
```

接下来，我们在当前工作目录下创建 3 个文本文件，文件名分别是 a.txt、b.txt 和 c.txt。下面使用列表推导式，列出当前目录下所有扩展名为 txt 的文件。

```
>>> print([fname for fname in os.listdir(os.getcwd()) if
os.path.isfile(fname)and fname.endswith('.txt')])
['a.txt','b.txt','c.txt']
```

接下来，将当前目录下所有 txt 文件的扩展名重命名为 htm 的文件。

```
>>> file_list=os.listdir(".")                    #获得当前目录下的文件列表
>>> for filename in file_list:                   #遍历文件和目录的列表
    pos=filename.rindex(".")                     #确定文件名"."的位置
    if filename[pos+1:]=="txt":                  #若文件名后 3 个字符是 txt
        newname=filename[:pos+1]+"htm"           #产生新文件名
        os.rename(filename,newname)              #用新文件名替换旧文件名
        print(filename+"更名为:"+newname)
a.txt 更名为:a.htm
b.txt 更名为:b.htm
c.txt 更名为:c.htm
```

使用列表推导式可以使上面的代码更加简洁，下面使用列表推导式将 htm 文件的扩展名还原为 txt 的文件：

```
>>> file_list=[filename  for filename in os.listdir(".")  if filename.endswith('htm')]
>>> for filename in file_list:
    newname=filename[:-3]+"txt"
    os.rename(filename,newname)
    print(filename+"rename:"+newname)
a.htm 更名为:a.txt
b.htm 更名为:b.txt
c.htm 更名为:c.txt
```

os 库模块还提供了大量的关于操作系统和文件操作的方法，见表 9-8。os.path 库模块提供了大量用于路径判断、切分、链接以及文件夹遍历的方法，见表 9-9。

表 9-8　os 库模块常用文件操作的方法

方法	功能描述
access(path,mode)	按照 mode 指定的权限访问文件
open(path,flags,mode=0o777,*,dir_fd=None	按照 mode 指定的权限打开文件，默认权限为可读、可写、可执行
chmod(path,mode,*,dir_fd=None,follow_symlinks=True	改变文件的访问权限
remove(path)	删除指定的文件
rename(src,dst)	重命名文件或目录
stat(path)	返回文件的所有属性
fstat(path)	返回打开的文件的所有属性
listdir(path)	返回 path 目录下的文件和目录列表
start(filepath [,operation])	使用关联的应用程序打开指定文件

表 9-9　os.path 库模块常用的文件操作方法

方法	功能描述
abspath(path)	返回绝对路径
dirname(p)	返回目录的路径
exists(path)	判断文件是否存在
getatime(filename)	返回文件的最后访问时间
getctime(filename)	返回文件的创建时间
getmtime(filename)	返回文件的最后修改时间
getsize(filename)	返回文件的大小
isabs(path)	判断 path 是否为绝对路径
isdir(path)	判断 path 是否为目录

（续）

方法	功能描述
isfile(path)	判断 path 是否为文件
join(path, * paths)	连接两个或多个 path
split(path)	对路径进行分割，以列表形式返回
splittext(path)	从路径中分割文件的扩展名
splitdrive(path)	从路径中分割驱动器的名称

下面演示 os 库模块和 os. path 库模块的使用方法。

```
>>> import os
>>> import os.path
>>> os.path.exists('a.txt')                       #文件 a.txt 是否存在
True
#将文件 a.txt 改名为 test1.txt
>>> os.rename('a.txt','test1.txt')
>>> os.path.exists('a.txt')
False
>>> os.path.exists('test1.txt')
True
>>> path='D:\\Python\\Python38\\temp\\test1.txt'
>>> os.path.dirname(path)                         #返回目录的路径
'D:\\Python\\Python38\\temp'
>>> os.path.split(path)                           #分割出路径
('D:\\Python\\Python38\\temp','test1.txt')
>>> os.path.splitdrive(path)                      #分割出驱动器的名称
('D:','\\Python\\Python38\\temp\\test1.txt')
>>> os.path.splitext(path)                        #分割出文件的扩展名
('D:\\Python\\Python38\\temp\\test1','.txt')
```

例 9-24　使用递归的方法遍历指定目录下的所有子目录和文件。

```
#visitDir.py
import os
def main():
    path=input("path=")
    visitDir(path)
def visitDir(path):
    if not os.path.isdir(path):                   #若 path 不是目录
```

```
        print('Error:',path,'is not a directory or does not exist.')
        return
        #获得 path 下的文件和子目录列表
    for lists in os.listdir(path):
        sub_path=os.path.join(path,lists)        #获取完整路径
        print(sub_path)
        #判断 sub_path 是否是子目录
        if os.path.isdir(sub_path):
            visitDir(sub_path)
main()
```

例 9-25 使用 os 库模块中的 walk（）方法遍历指定的目录。

```
#visitDirByWalk.py
import os
def main():
    path=input("path=")
    visitDir(path)
def visitDir(path):
    if not os.path.isdir(path):
        print('Error:',path,'is not a directory or does not exist.')
        return
    list_dirs=os.walk(path)
    #遍历该元组的目录和文件信息
    for root,dirs,files in list_dirs:
        for d in dirs:
                print( os.path.join(root,d))      #获取完整路径
        for f in files:
                print( os.path.join(root,f))      #获取文件绝对地址
main()
```

习 题 9

1. 打开一个文本文件，求出文件中所包含的字符个数。
2. 打开一个文本文件，求出文件中所包含的单词个数。
3. 编写程序，删除文本文件中所有行的换行符，并将所有行放入一个列表中。
4. 一个文本文件中的数据都是数字。编写程序，将该文件中所有的数字放入一个列表中。
5. 打开一个文本文件，将文件内容存入行文本列表中，然后计算文件中的行数，并打

印文本行列表。

6. 打开一个文本文件，输出包含指定串作为子串的行。

7. 打开一个文本文件，输出文件中真正的单词（除去标点符号!、,、。、:、;、?）。

8. 读取成绩单 scores. txt 文件中的所有成绩，将其按降序排序后，再写入 scores_ des. txt 文本文件中。

9. 在本地创建一个 Excel 文档（要有数据），读取文档内容，并转存到另一个 CSV 文档中。

10. 比较 CSV 文件和 Excel 文件的异同。

第 10 章　面向对象程序设计

封装、继承和多态是面向对象的三大特征。封装是将数据及数据的操作封装在一起，组成一个相互依存，不可分割的整体，即对象。具有共同特征和行为的众多对象抽象成类。继承是在已有类的基础上创建新类，可合理地设计和组织类和类之间的关系。多态是不同类型对象使用相同语法的能力。Python 是完全面向对象的语言。函数、模块、数字、字符串都是对象。并且完全支持继承、重载、派生、多继承，有益于增强源代码的复用性。Python 支持重载运算符和动态类型。

10.1　面向对象程序设计概述

10.1.1　面向对象的基本概念

1. 对象

在现实世界中，世界是由众多客观事物构成的，或者说由万事万物构成。我们常将一个客观事物称为一个实体。它可以是一个具体的人或事物，如一个学生、一匹白马、一辆汽车、一台电视；也可以是一个抽象的事物，如一个账户、一项工程、某一天日程、一个计划、一场比赛。

一个客观事物一般都具有属性和行为。人们通过客观事物的状态（属性值）和行为来认识和区分客观事物。例如，我们谈论一个学生时，不仅会谈论该学生的学号、姓名、年龄、性别等属性，这些属性值反映了该学生的状态，还会关注他的能力（是否能歌善舞等）、学习情况（是否刻苦努力等）以及品行（是否乐于助人等）等行为；在处理一个银行账户时，会涉及账号、户名、密码、开户银行和余额等属性，也会进行存款、取款和查询等行为；在操作软件中的窗口时，会看到窗口的颜色、样式、标题、位置等属性，也会进行打开窗口、改变窗口大小、移动窗口位置等操作。

世界上每个客观事物都是唯一的，没有完全一样的两个客观事物，即客观事物是可区分的。同样，人们通过客观事物的状态和行为来区分不同的客观事物。张三、李四两个同学，可以通过这两个同学的学号、姓名等属性值以及能力、学习情况等行为进行区分；两个孪生姊妹，两个人的属性和行为也不完全一样；一个汽车制造厂生产同一型号的两辆汽车，它们的属性结构和行为结构一样，但属性值，如出厂日期和发动机号是不同的；即便是同一印钞机印出的两张纸币，也可以通过印制时间的属性值不同加以区分。

在 Python 面向对象的程序设计中，我们将客观事物用对象（object）来表示，客观事物的一个属性，用一个数据（变量值）表示，客观事物的所有属性用一组数据（变量值）表示，变量值的集合表示客观事物的状态。客观事物的一个行为，用一个方法表示，客观事物的所有行为用一组方法表示，方法的集合表示客观事物的行为能力。可见，程序中对象就是一组变量值和相关方法的集合，其中变量值集合表明对象的状态，方法集合表明对象所具有的行为。

总之，万事万物皆为对象，每个对象具有唯一标识名，可以区别于其他对象。对象具有一个状态，由与其相关联的属性值集合所表征；具有一组方法，每个方法决定对象的一种行为。状态描述对象的静态特征，行为描述对象的动态特征。

一个对象可以非常简单，也可以非常复杂。复杂对象往往是由若干个简单对象组合而成的。例如，一台微型计算机的主机是由中央处理器（central processing unit，CPU）、主板、内存条、显卡、声卡、网卡、硬盘、光驱等对象组成的。主机与显示器、鼠标、键盘等对象组成微型计算机。

2. 类

对现实世界的各种客观事物，人们常通过“物以类聚，人以群分”的方法进行分门别类，形成大脑中的“概念”。例如，银行里所有储户，如张三的工行账户、李四的工行账户，都具有相同的属性：账号、户名、密码和余额，相同的行为：存款、取款和查询。在大脑中将这些具体储户的共同属性和行为抽象成一个“账户”类型概念。

像账户这种类型概念，在 Python 语言中用“类”来表示。类是一种数据类型，是具有相同属性和行为的一组对象的集合，它为属于该类的所有对象提供了统一的结构描述，其内部包括属性（一组变量）和行为（一组方法）两个主要部分。下面用 Python 语言描述账户类。

```
class Account:
    def  __init__(self,name,accountNumber,password,balance):
          self.__name=name                            #户名
          self.__accountNumber=accountNumber          #账号
          self.__password=password                    #密码
          self.__balance=balance                      #余额
    def  save(self,m):                                #存款
          if  m>0:
                     self.__balance +=m
    def  withdraw(self,m):                            #取款
          if  m>0  and  m <=self.__balance:
                self.__balance -=m
    def  getBalance(self)                             #查询
        return  self.__balance
```

客观事物与概念、对象与类是具体和抽象的关系。例如，“白马非马”论，一匹白马是一个有血有肉的动物，而马是一个抽象类型概念。因此，白马和马不是一回事。在 Python

语言中，一匹白马用一个白马对象表示，马用一个马类来表示。相应地，白马对象和马类是不同的。但是，一匹白马是马这个类型概念的一个具体实例，是属于马这个类型概念的。相应地，白马对象是马类的一个实例，是属于马类的。

类似地，一张 10 元纸币必须通过 10 元印钞机印制。10 元印钞机是这张 10 元纸币的模板，这张 10 元纸币是 10 元印钞机模板的具体实例，具有 10 元印钞机模板规定的属性（如大小、图案、颜色等）和行为（如能够购买 10 元价值的商品或服务）。同样，对象必须通过类来创建，类是对象的模板，对象是类的实例，具有类所规定的属性和方法。

在 Python 语言中，要创建账户类的一个实例，如张三的工行账户，可使用赋值语句：

ZhangSanICBC = Account（‘张三’，账号，密码，余额）；

上述客观事物与概念、对象与类的关系，如图 10-1 所示。

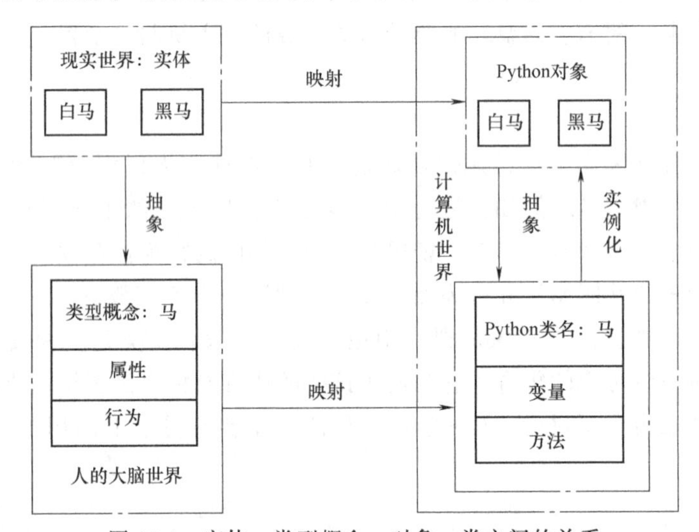

图 10-1　实体、类型概念、对象、类之间的关系

3. 消息

现实世界中的客观事物都处在联系之中。同样的，在 Python 语言中对象和对象之间存在着某种联系，这种联系是通过消息传递的。例如，存款就是存款人向账户传递消息。

对象间传送的消息一般由三部分组成，即接收消息对象名、接收消息采用的方法和方法所需要的参数。

```
ZhangSanICBC.save(100);                #在张三工行账户存 100 元
```

这里，ZhangSanICBC 是接收消息对象名，save（）是接收消息采用的方法，100 为 save（）的参数。一般发送消息的对象不用指定。

10.1.2　面向对象的三大特性

1. 封装

封装（encapsulation）是一种信息隐藏技术，就是把对象的状态（变量）和行为（方法）结合成一个独立的基本单位，并尽可能地隐藏对象的内部细节。这样，用户只能看到对象的封装界面信息，对象的内部信息对用户是隐藏的。例如，一台电视机就是一个封装体，用户只能看到电视机外壳界面上的屏幕和按钮，电视机的实现电路对用户是隐蔽的。

封装的目的在于将对象的使用者和设计者分开，使用者不必知道对象的内部信息，只需使用设计者提供的接口来访问对象。这样，封装就提供了两种保护。首先封装可以保护对象的内部信息，防止用户直接存取对象的内部数据；其次封装也保护了对象的封装界面信息，内部实现部分的改变不会影响到封装界面信息的改变。例如，电视机的使用者不必懂得电视机的实现电路，只需使用设计者提供的按钮操作电视机。有了电视机这个封装外壳，电视机的使用者就不能直接改变内部实现电路，电视机的实现电路由模拟电路变为数字电路，也不会改变电视机开关、频道等按钮的功能。

在 Python 语言中，类是 Python 的基本封装单位。类定义了对象的形式，指定了属性和行为的代码。Python 使用一个类来规范构造对象。对象是类的实例。因此，类在本质上是指定如何构建对象的一系列规定。例如，设计者在定义账户类 Account 时，必须明确以下内容：

1）边界，内部信息（变量和方法）都被限定在 Account {　} 中。

2）接口，就是对象向使用者提供的变量和方法，即公用属性的变量和方法（save、withdraw、getBalance），使用者可使用这些变量和方法与对象交流。

3）受保护的内部信息，即私用属性的变量（name、accountNumber、password、balance）和方法，这些变量和方法不能被使用者访问，只能被对象的内部信息所访问。

ZhangSanICBC 是由 Account 类创建的一个对象。ZhangSanICBC 对象就具有一个清晰的边界，具有私用属性的变量 name、accountNumber、password、balance，具有公用属性的方法 save、withdraw、getBalance。使用者只能通过 ZhangSanICBC 对象的 save、withdraw、getBalance 方法来访问 balance 变量。

注意：在 Python 语言中，一般遵循“对象调用方法，方法访问变量”的原则。

2. 继承

继承（inheritance）是指在已有类的基础上，添加新的变量和方法从而产生一个新的类。已有类称为基类、超类或父类，新类称为已有类派生类或子类。新类从已有类派生的过程称为类继承。

人们常使用层次结构认识和分析问题，例如，货车、客车的共性抽象为汽车，汽车、火车、轮船、飞机的共性抽象为交通运输工具。继承机制能够很好地描述这种层次结构。我们可以首先定义交通运输工具类，通过继承，一方面将交通运输工具类的变量和方法传到下一层，另一方面在交通运输工具类基础上添加各自的特性，分别产生汽车类、火车类、轮船类、飞机类。这种逐层传递的继承机制，体现了类之间的一般与特殊的关系，即一种（is-a）关系，特别有利于软件代码的复用。继承简化了对新类的设计。

继承分为单继承和多继承。单继承是指任何一个派生类都只有一个直接父类；多继承是指一个派生类可以有一个以上的直接父类。采用单继承的类层次结构为树状结构；采用多继承的类层次结构为网状结构。Python 语言仅支持多继承。

3. 多态

多态（polymorphism）是指一个程序中相同的方法名字体现不同内容的情况，即“一个方法名，多种实现形式”。

我们知道，人们都有工作的需求。对于“工作”这个相同的行为，不同人的工作内容可能大不相同，如农民是种地；工人是做工；军人是保卫国家；商人是做生意；教师是教书。类似地，很多动物能发出叫声，对于“叫”这种相同的行为，不同的动物叫声不一样，如猫的叫声是“喵喵”；狗的叫声是“汪汪”。多态就是在 Python 语言中描述了现实世界中的这类情况，允许每个对象用自己的方式实现同名方法。这不仅符合现实生活的习惯和要求，而且使程序更加简洁和一致。

在 Python 语言中，实现多态的主要手段为向同一个函数（或方法）传递不同对象，而这些对象具有相同的方法名，却具有不同的行为，这样就产生了多态。子类中定义了与父类中同名的方法，它们的功能不同，这称为方法覆盖。这两种情况都称为多态，后者是在继承中实现的，前者不要求继承作为前提条件。

10.2 类与对象

10.2.1 类的定义

到目前为止，我们已经学习了很多数据类型，如整型、浮点型、字符串型、列表和元组等类型，这些类型都是 Python 语言内置的类型。在 Python 程序设计中，我们不仅可以使用内置类型，而且可以定义自己需要的类型，即定义类。我们每定义一个类，就是定义了一种新的类型，这种新的类型和 Python 语言内置类型的地位是完全一样的。区别仅仅是内置类是 Python 语言预先定义的，而我们自己定义的类是在程序设计时根据实际需要定义的类。类的定义的语法形式是：

```
class  类名:
    语句组
```

可见，Python 使用 class 关键字来定义类，class 关键字之后是一个空格，然后定义类的名字。再后是一个冒号，最后换行并定义类的内部实现。语句组一般包括对数据的描述，对数据的初始化以及对数据处理的描述。当然也可以什么都不做，如一个最简单的类的定义是：

```
class  EmptyClass:
    pass
```

这个新定义的类，由于什么也干不了，所以没有任何实际意义。

例 10-1 下面定义一个几何上的矩形类。

```
#rectangle1.py
class Rectangle:                              #类名 Rectangle
    def __init__(self,width=1,height=1):  #对数据初始化的描述
        self.__width=width                #描述数据,矩形的宽__width
        self.__height=height              #描述数据,矩形的高__height
```

```
    def area(self):                          #描述数据处理:求矩形面积
        return self.__width * self.__height

    def perimeter(self):                     #描述数据处理:求矩形周长
        return 2 * (self.__width + self.__height)
```

关键字 class 用于定义一个新的 Python 类，并赋予该类型一个名字 Rectangle。类名的命名规则同变量名、函数名的命名规则一致，一般用每个字的首字母大写的方式来命名，并使用骆驼命名法。

在新类 Rectangle 里定义了三个函数（或者称为三个方法）：初始化方法、求面积方法和求周长方法。这三个方法描述了类的行为，也就是这个 Rectangle 类能干什么事情。类的三个方法的定义与通常函数的定义类似，主要的区别在于类方法定义的第一个参数为 self。当创建一个对象（也就是一个类的实例）时，每个方法的 self 参数都指向这个对象，使该方法知道是对哪个对象进行具体操作。

多数情况下，对数据的描述是在初始化方法中进行的，用来给数据进行初始化。Rectangle 类的数据是矩形的宽__width 和高__height，是在初始化方法__init__（self，width=1，height=1）中描述的。self.__width 的含义是 self 矩形对象的宽，同样，self.__height 代表 self 矩形对象的高。矩形宽__width 和高__height 的描述也遵循变量“赋值即创建”的原则。矩形宽__width 和高__height 变量前的两个下划线“__”代表该变量只能在 Rectangle 类里面使用，在类外不能直接使用。这是面向对象程序设计中的“数据隐藏”方法的具体体现。

10.2.2　对象的创建和使用

面向对象编程的基本工作包括三个方面：定义所需要的类（定义新类型），创建类的对象，即实例对象，通过调用对象的方法来完成实际工作。

1. 对象的创建

首先，我们复习一下内置类是如何创建自己的对象的。例如，可以用下面的方法创建一个整型对象：

```
>>>i=int(3)          #定义变量 i
>>>i
3                    #表明变量 i 引用了一个整型对象 3
>>>type(i)
<class 'int'>        #表明整型对象 3 是整型类 int 的一个对象(或一个实例)
```

实际上，int（ ）就是一个整型类 int 的初始化方法。int（3）就是由整型类 int 创建了整型对象 3 或整型类的一个实例 3。所有的整型常量（对象）都是整型类 int 的实例。整型类 int 是创建所有整型对象的模板，它定义了所有整型对象（整型类实例）的共同的具体方法和属性。

类似地，float ( )、str ( )、list ( )、tuple ( )、dict ( )、set ( ) 等都是相应内置类的初始化方法。示例如下：

```
>>>s=str("人生苦短,我爱 Python")
>>>s
'人生苦短,我爱 Python'
>>>type(s)
<class 'str'>
>>>lst=list([2,3,4])
>>>lst
[2,3,4]
>>>type(lst)
<class 'list'>
>>>d=dict([['one',1],['two',2],['three',3]])
>>>d
{'one':1,'two':2,'three':3}
>>>type(d)
<class 'dict'>
```

对于我们自己定义的类，和内置类的初始化方法类似，创建对象的语法格式是：

```
对象名=类名(实参表)
```

类的初始化方法“类名（实参表）”也称为构造函数（构造方法）。当创建对象时，初始化方法就会被自动调用，即使类中没有写初始化方法，也会调用默认的初始化方法。初始化方法完成两个任务：

1）在内存中为类创建一个对象。

2）调用类的__init__（）方法来初始化对象。

__init__（）方法第一个参数是 self，这个参数指向调用方法的对象。__init__（）方法中的 self 参数被自动地设置为引用刚被创建的对象。可以为这个参数指定任何一个名字，但按照惯例，经常使用的是 self。

现在，我们使用 Rectangle 类初始化方法创建 3 个 Rectangle 矩形类的对象。

```
>>>rect1=Rectangle(3,4)          #创建了一个宽 3 高 4 的矩形
>>>rect2=Rectangle(3)            #创建了一个宽 3 高 1 的矩形
>>>rect3=Rectangle( )            #创建了一个宽 1 高 1 的矩形
```

图 10-2 显示宽为 3 高为 4 的矩形对象是如何被创建并初始化的，在矩形对象被创建后，self 可以被用来指向该矩形对象。

由于矩形类构造方法的两个形参都有默认值，因此，在创建矩形类 Rectangle 对象时，实参可以有两个，也可以有一个，甚至可以没有。矩形类 Rectangle 的这种初始化方法为程序员提供了灵活的创建对象方式。

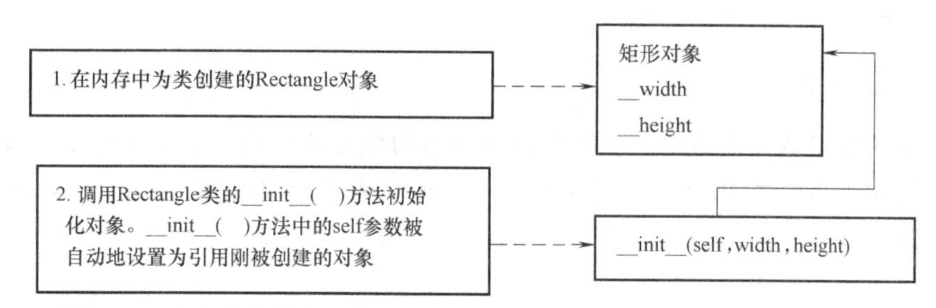

图 10-2　在内存中创建一个 Rectangle 对象，并初始化它的 width 和 height

还有另外几种初始化方法的定义形式：

```
def __init__(self,width,height):
        self.__width=width
        self.__height=height

def __init__(self,width=1):
        self.__width=width
        self.__height=1

def __init__(self):
        self.__width=1
        self.__height=1
```

使用第一种初始化方法创建对象时，必须提供两个实参。使用第二种初始化方法创建对象时，最多提供一个实参，使用第三种初始化方法创建对象时，一个实参都不提供。

另外，在内置类中，int ( ) (值为 0)、float ( ) (值为 0.0)、str ( ) (值为")、list ( ) (值为 [ ])、tuple ( ) (值为 ( ))、dict ( ) (值为 { })、set ( ) (值为 set ( )) 都是不带实参的初始化方法。

> 注意：初始化方法与一般成员方法的区别是，初始化方法的名字固定为__init__（字符的前后各有两个下划线），初始化方法不需要显式调用，而是在创建对象时自动调用的。

一般的初始化方法要带若干个参数，其中第一个参数固定为 self（也可以是其他合法的标识符，self 仅仅是习惯用法），代表当前对象；其他参数对应类的数据成员，其个数与需要在初始化方法中赋值的数据成员的个数一致，用于给数据成员赋值。

2. 使用对象的变量和方法

创建对象的目的是为了使用对象，包括两个方面：

1）访问对象的变量（或称实例属性、数据成员、成员变量、实例变量和对象变量）。

2）通过对象调用对象的方法。

访问对象的变量的语法格式是：

```
对象名.对象变量
```

调用对象的方法的语法格式如下：

```
对象名．对象方法
```

访问对象的变量就是给该对象变量赋值或读取对象变量的值，是为了改变或获取对象的特征状态。例如，矩形类 Rectangle 中 self. __width 代表本对象的宽，self. __width = width 是给对象变量赋值，在求面积和周长方法中，self. __width * self. __height 是读取对象宽和高的值来求对象面积。

调用对象的方法就是使用该对象的数据，完成特定任务。例如，矩形类 Rectangle 就是使用矩形类对象的宽__width 和高__height 来求矩形类对象的面积和周长。rect1. area（）可求出矩形 rect1 的面积，rect1. perimeter（）求出矩形 rect1 的周长。

内置类的一些方法，如列表对象的 list. append（）、list. remove（）、list. pop（）等方法。其使用方法和调用对象方法的用法一样。

例 10-2 由已经定义的 Rectangle 类，创建 3 个矩形类对象，分别求出它们的面积和周长。

```
#TestRectangle1.py
from rectangle1 import Rectangle
def main():
    rect1=Rectangle(3,4)                    #创建对象,构造方法自动调用
    #求面积
    print("The area of the rect1 is",rect1.area())
    #求周长
    print("The perimeter of the rect1 is",rect1.perimeter())
    rect2=Rectangle(3)
    print("The area of the rect2 is",rect2.area())
    print("The perimeter of the rect2 is",rect2.perimeter())

    rect3=Rectangle()
    print("The area of the rect3 is",rect3.area())
    print("The perimeter of the rect3 is",rect3.perimeter())
main()
```

程序运行结果：

```
The area of the rect1 is  12
The perimeter of the rect1 is  14
The area of the rect2 is  3
The perimeter of the rect2 is  8
The area of the rect3 is  1
The perimeter of the rect3 is  4
```

可见，rect1 = Rectangle（3，4）语句创建了一个矩形对象，该对象的内存地址赋给了 rect1，该对象变量__ width 的值初始化为 3（即宽是 3），该对象变量__ height 的值初始化为 4（即高是 4），这说明了该对象现在的状态（或称特征、属性），使用该对象（调用对象的方法）rect1. area（ ）可以求 rect1 对象的面积，rect1. perimeter（ ）可以求 rect1 对象的周长，这说明了该对象具有的行为。

10.3　属性

10.3.1　私有属性和公有属性

为了更好地说明私有属性和公有属性的区别，我们定义一个银行账户类。

例 10-3　定义银行账户类，银行账户类里有一个余额变量，还有一个显示余额的方法。

```
#BankAccount1. py
class BankAccount:
    def __init__(self,balance):
        self. balance=balance
    def showBalance(self):
        print("balance is",self. balance)
```

现在我们创建一个张三账户。构造方法初始化余额为 100 元，然后显示余额为 100 元。接着，张三私自设置余额为 100 万元，显示余额也是 100 万元。

```
>>>张三 = BankAccount(100)    #创建一个张三账户。构造方法初始化余额为
                              100 元
>>>张三. showBalance( )        #显示张三账户余额
balance is  100
>>>张三. balance=1000000       #张三私自设置余额为 100 万元
>>>zhangsan. showBalance( )
balance is  1000000           #说明张三恶意篡改余额得逞了
```

可见，在类外直接访问对象的变量（数据域）不是一个好办法，原因有：

1）数据可能被篡改，例如，银行账户内的余额被恶意篡改。

2）造成类的维护困难，并且容易出错。因为人人都能修改数据，要保证数据在任何时候不出错，这很难办到。

为了避免在类外直接修改数据域，就不要让客户直接访问数据域。这被称为“数据隐藏”。在 Python 语言中可以通过私有化数据来实现，方法是以两个下划线开始定义变量，使数据私有化。

私有化的数据可以在类内被访问，但不能在类外被访问。为了让客户访问数据，如查看账户的余额，要提供一个 getter 方法返回它的值，为了使数据能被修改，如要存钱，要提供一个 setter 的方法，设置（或添加）一个新值。

一个 get 方法有下面的方法头：

```
def  getPropertyName(self):
```

一个 set 方法有下面的方法头：

```
def  setPropertyName(self,propertyValue):
```

例 10-4 下面我们就修改上面的银行账户类，并添加存钱和取钱的方法。

```
#BankAccount2.py
class BankAccount:
    def __init__(self,balance):
        self.__balance=balance

    def showBalance(self):
        print("balance is",self.__balance)

    def getBalance(self):                #获取对象变量的值
        return self.__balance

    def setBalance(self,money):          #修改对象变量的值
        self.__balance +=money
```

练习：在例 10-1 的基础上，添加对私有变量__ width 和__ height 的 setter 方法和 getter 方法。

现在我们创建一个张三账户。构造方法初始化余额为 100 元，然后显示余额为 100 元。接着，张三私自设置余额为 100 万元，显示余额也是 100 元，不是 100 万元。

```
>>>张三=BankAccount(100)   #创建一个张三账户。构造方法初始化余额为
                            100 元
>>>张三.showBalance()      #显示张三账户余额
balance is  100            #张三私自设置余额为 100 万元。实质是:为张三
                            对象添加了一个实例变量 balance
>>>张三.balance=1000000
>>>张三.showBalance()      #显示张三账户余额
balance is  100            #私自设置余额失败,余额仍是 100 元
>>>张三.setBalance(700)    #张三存入 700 元
>>>张三.showBalance()
balance is  800            #显示张三账户余额为 800 元,存款成功
>>>print(张三.balance)     #实际上,张三.balance 是另外一个实例属性
1000000
```

可见，变量私有化以后确实将数据隐藏了起来，使得类外变量无法篡改它。这里又出现了一个新的问题：执行语句“张三 . balance = 1000000”和“print（张三 . balance）”的结果显示 balance 等于 10000。这个“张三 . balance”变量显然不是“张三 . __ balance”变量（即张三的私有属性），这个“张三 . balance”是什么？这是为张三对象添加了一个实例变量 balance（实例属性）。下一节我们详细讨论这个实例变量 balance。

为了防止数据被篡改并使类易于维护，将数据私有化，限制了数据的访问范围。在 Python 中，根据变量访问限制的不同，将变量分为公有变量（公有属性）、私有变量（私有属性）和受保护变量（受保护属性）。顾名思义，私有变量在类内可以进行访问和操作，在类外不能直接访问；公有变量既可以在类内访问，也可以供类外访问；受保护的变量，在所在类及派生类中可以直接访问，非派生类的类外不能直接访问。

一般来说，类中的变量应定义为私有变量或受保护变量，即在类外不能直接操作类内的数据，需要通过类的公有方法来操作类内的数据。

在 Python 中，公有和私有的特性会体现在命名上：

1）以一个下划线开头，受保护变量名用于基类-派生类变量的命名。

2）以两个下划线开头，不以两个或多个下划线结束，私有变量名。

3）以两个下划线开头，并以两个下划线结束，特殊的变量名。

4）其他符合命名规则的标识符作为公有变量。

在类外直接访问私有变量会报错，但是可以通过如下方式在类外直接访问私有变量：

```
对象名._类名__私有变量名
```

这种访问违背了面向对象程序设计的特性（封装性），一般不采用这种访问方式。这种特殊的访问方式，主要用于程序的测试和调试。在这种访问方式中，类名前是一个下划线，类名后是两个下划线。如：

```
>>>rect=Rectangle(3,4)
>>>rect._Rectangle__width                    #访问私有变量__width
3
>>>rect._Rectangle__height                   #访问私有变量__height
4
#访问私有变量,计算面积
>>>rect._Rectangle__width * rect._Rectangle__height
12
```

10.3.2　实例属性与类属性

根据变量所属对象不同，可将变量分为类变量、对象变量和局部变量。类变量属于类；对象变量属于对象；局部变量属于方法。

类变量属于类，用于记录与这个类相关的特征，即描述这个类的属性。

实例变量属于对象，用于记录与这个对象相关的特征，即描述这个对象的属性。

局部变量属于方法，用于记录该方法在计算中需要的临时数据。

这 3 种变量在类中定义的位置不同：

类体中，所有方法之外：以“变量名=变量值”的方式定义的变量，称为类属性或类变量。

类体中，所有方法内部（包括构造方法内）：以“self. 变量名=变量值”的方式定义的变量，称为实例属性、实例变量，例如，例 10-4 中的 self. __balance=balance。

类体中，所有方法内部：以“变量名=变量值”的方式定义的变量，称为局部变量。

这 3 种变量在内存中存储的方式不同：

类变量（包括类方法）是在程序运行时分配内存空间的，且在内存中只有一份，直到程序运行结束。由类创建的很多个对象实例共享这一份类变量。

实例变量（包括实例方法）是在创建对象时分配内存空间的，对象各自拥有自己的实例变量空间，描述各自的属性。

局部变量是在调用这个方法时给它分配空间，方法调用结束就收回空间。

类变量的访问方式是：类名 . 类变量　或　对象名 . 类变量（不推荐）。

实例变量在类外的访问方式是：对象名 . 实例变量。

实例变量在类内方法中的访问方式是：self. 实例变量。

局部变量在方法内直接使用变量名进行访问。

在 Python 中可以动态地为类和对象增加成员、修改成员的值和删除成员，即动态地为类增加类变量、修改类变量的值和删除类变量；动态地为对象增加实例变量、修改实例变量的值和删除实例变量。这是 Python 中比较特殊的地方，也是 Python 动态类型特点的一种重要体现。

下面我们继续讨论上一节没有完成的实例变量问题。对于例 10-4 银行账户类，我们做如下操作，将为张三对象添加一个实例变量，接着修改这个实例变量的值，最后删除这个实例变量：

```
>>>张三=BankAccount(100)          #创建张三对象
>>>张三.__dict__                   #__dict__是显示对象的所有属性
{'_BankAccount__balance':100}      #表明张三对象有 1 个属性__balance,值
                                    为 100
>>>张三.balance=1000000            #为张三对象添加 1 个对象属性(实例变量)
>>>张三.__dict__                   #显示张三对象有哪些属性
{'_BankAccount__balance':100,'balance':1000000}
                                   #表明张三对象有 2 个属性
>>>张三.balance=-1000              #修改张三对象对象属性的值为-1000
>>>张三.__dict__
{'_BankAccount__balance':100,'balance':-1000}
>>>print(张三.balance)             #输出对象属性“张三.balance”的值
-1000
>>>del 张三.balance                #删除张三对象的对象属性
>>>张三.__dict__                   #显示张三对象有哪些属性
```

```
#表明张三对象有 1 个属性,balance 属性删掉了
{'_BankAccount__balance':100}
>>>print(张三.balance)                #再次输出对象属性“张三.balance”的值
Traceback (most recent call last):
File"<pyshell#33>",line 1,in <module>
print(张三.balance)
#错误是属性错误:BankAccount 类型对象没有 balance 属性
AttributeError:'BankAccount'object has no attribute 'balance'
```

例 10-5 在银行账户里定义类变量，记录银行名称并修改银行名称，然后添加银行代码类变量，最后删除银行代码类变量。

```
#BankAccount3.py
class BankAccount:
name='邮政储蓄'                       #定义类变量:“变量名=变量值”
def __init__(self,balance):
    #定义对象变量:“self.变量名=变量值”
    self.__balance=balance
def showBalance(self):
    print("balance is",self.__balance)
    #在方法中访问类变量:类名.变量名
    print("name=",BankAccount.name)
def getBalance(self):
    #在方法中访问对象变量:self.变量名
    return self.__balance
def setBalance(self,money):
    self.__balance +=money            #在方法中访问局部变量:变量名
```

定义 BankAccount 类后，执行如下操作：

```
>>>depositor1=BankAccount(100)  #创建储户对象 depositor1
>>>depositor2=BankAccount(200)  #创建储户对象 depositor2
>>>depositor1.showBalance()
balance is  100
name=邮政储蓄
>>>BankAccount.name                 #通过类名访问类变量
'邮政储蓄'
>>>depositor1.name                  #通过对象名访问类变量(不推荐)
'邮政储蓄'
>>>depositor2.name                  #通过对象名访问类变量(不推荐)
```

```
'邮政储蓄'
#结果体现 depositor1 和 depositor2 共享类变量 name
>>>BankAccount.name='中国邮政储蓄银行'     #修改类变量的值
>>>depositor1.name
'中国邮政储蓄银行'
>>>depositor2.name
'中国邮政储蓄银行'
>>>depositor1.showBalance()
balance is  100
#结果体现 depositor1 和 depositor2 共享类变量 name
name=中国邮政储蓄银行
#判断 BankAccount 类是否有属性 name
>>>hasattr(BankAccount,'name')
True
#动态添加类属性 bankCode
>>>BankAccount.bankCode='123456'
#判断 BankAccount 类是否有属性 bankCode
>>>hasattr(BankAccount,'bankCode')
True
#通过对象 depositor1 访问类属性 bankCode
>>>print(depositor1.bankCode)
123456
#通过对象 depositor2 访问类属性 bankCode
>>>print(depositor2.bankCode)
123456
#结果体现 depositor1 和 depositor2 共享类属性 bankCode
>>>del BankAccount.bankCode                    #删除类属性 bankCode
>>>print(depositor1.bankCode)                  #访问已经删除的类属性
Traceback (most recent call last):
  File"<pyshell#45>",line 1,in <module>
    print(depositor1.bankCode)
AttributeError:'BankAccount'object has no attribute 'bankCode'
#结果显示没有 bankCode 属性
```

例 10-6 在银行账户里定义类变量，统计并输出银行储户的总数。

思路：由于类变量是同一个类里各个实例属性的共享区域，所以定义总人数类变量。把总人数类变量 total 作为计数器放到初始化方法中，这样每创建一个对象，总人数就计数一次。

```
#BankAccount4.py
class BankAccount:
    total=0                          #定义类变量 total
    def __init__(self,balance):
        self.__balance=balance
        BankAccount.total +=1        #在方法中访问类变量:类名.变量名
    def showBalance(self):
        print("balance is",self.__balance)
        print("name=",BankAccount.name)
    def getBalance(self):
        return self.__balance
    def setBalance(self,money):
        self.__balance +=money
```

测试代码为：

```
from BankAccount4 import BankAccount
def main():
     print("增加 2 个储户后:")
     depositor1=BankAccount(100)
     depositor2=BankAccount(200)
     print("BankAccount.total=",BankAccount.total)
     print("depositor1.total=",depositor1.total)
     print("depositor2.total=",depositor2.total)
     print("再增加 1 个储户后:")
     depositor3=BankAccount(300)
     print("BankAccount.total=",BankAccount.total)
     print("depositor1.total=",depositor1.total)
     print("depositor2.total=",depositor2.total)
     print("depositor3.total=",depositor3.total)
main()
```

程序运行结果：

```
增加 2 个储户后:
BankAccount.total=2
depositor1.total=2
depositor2.total=2
再增加 1 个储户后:
BankAccount.total=3
depositor1.total=3
```

```
depositor2.total=3
depositor3.total=3
```

结果显示：类变量是共享区域，3 个储户和 BankAccount 的 total 值相等

练习：编写程序，统计矩形类实例的总数。

总结：类属性与实例属性的区别：

1）分配空间的时机和存在时间不同：类属性在定义时分配空间，并一直存在，到程序运行结束才收回空间。实例属性是创建对象的时候分配空间，对象撤销时收回空间。

2）共享性不同：类属性属于类，不依附任何对象，是同一个类里各个实例的共享区域，类属性发生变化，同一个类里所有实例都知道。实例属性属于对象，依附某一具体对象，各个对象拥有自己的实例属性值，数据互不相同，互不共享。

3）访问方式不同：类属性可以通过类名访问，也可以通过变量名来访问（不推荐）；实例属性只能通过变量名来访问。

10.4 成员方法

10.4.1 实例方法

和类中的数据成员一样，从两个角度考察成员方法：根据访问权限的不同，将成员方法分为公有方法、私有方法和受保护的方法；根据所属对象不同，将成员方法分为类方法、静态方法和实例方法（对象方法）。

在类中直接定义的成员方法都是实例方法。实例方法至少有一个形参，且第一个形参为实例本身（变量名通常使用 self，当然也可以使用其他变量名，但是官方不建议使用）。self 代表当前参与操作的对象。

实例方法以通过 self 来访问类变量、类方法、实例变量、实例方法、静态方法、属性方法等，总的来说，只要在类中定义的属性或者方法，都可以通过 self 来访问。

实例方法属于对象，必须通过对象名来访问，不能通过类名来访问，其访问方式与实例变量类似。

实例方法在类外的访问方式是：对象名．实例方法 或 类名．实例方法（对象名，…）

实例方法在类内方法中的访问方式是：self. 实例方法

实例方法一般都是公有方法。实例方法与一般的函数区别：一般的函数不依赖于对象，实例方法必须依赖于对象。调用函数的时候，一般的函数直接使用函数名调用函数，实例方法必须通过对象来调用函数，或者用类名调用对象方法时，实例方法的第一个实参必须是对象名。也就是说，实例方法在调用时必须绑定给对象。

例 10-7 下面我们定义一个学生类，包括校名、姓名和学分三个数据，取得学分、查看学分和输出学生信息三个对象方法。

```
#student.py
class Student:
    collegeName=""                      #类变量
```

```
        def __init__(self,name,credit=0):
            self.name=name                  #实例变量
            self.__credit=credit            #实例变量

        def getCredit(self):                #实例方法
            return self.__credit            #访问实例变量 self.__credit

        def gainCredit(self,cred):          #实例方法
            self.__credit +=cred            #访问实例变量 self.__credit

        def __str__(self):                  #特殊方法__str__()
            #访问类变量 Student.collegeName
            return ("collegeName:"+Student.collegeName+",name:"+
self.name+",credit:"+str(self.__credit))

    def main():
        stu1=Student("张三",18)
        stu2=Student("李四")
        print("通过对象名来调用对象方法",stu1.getCredit())
        #用类名调用实例方法时,第一个实参必须是对象名
        Student.gainCredit(stu2,10)
        print(stu1)                         #print 调用特殊方法__str__()
        print(stu2)
    main()
```

程序运行结果：

```
通过对象名来调用对象方法 18
collegeName：西安邮电大学，name：张三，credit：18
collegeName：西安邮电大学，name：李四，credit：10
```

注意：__str__（）和__init__（）一样都是特殊方法。__str__（）是一个用户自定义方法，用于以字符串形式显示一个对象的当前状态。用 print 打印对象时会调用该方法。

10.4.2　类方法

类方法的定义需要使用@ classmethod 修饰符进行修饰，其语法格式为：

```
class 类名():
    @ classmethod
    def 类方法名(参数列表):
        方法体
```

实例方法属于对象，实例方法在调用时必须绑定给对象；类方法属于类，类方法在调用时必须绑定给类。因此，类方法至少要包含一个形参，且第一个形参为类本身（变量名通常使用 cls，当然也可以使用其他变量名，但是官方不建议使用）。也就是说，我们在调用类方法时，无需显式为 cls 参数传参。

类方法可以通过 cls 来调用类变量、类方法、静态方法，不能调用实例变量、实例方法、属性方法。

在类方法外的访问方式是：类名．类方法名（参数列表）。

当然，也可以使用实例对象来调用（不推荐）。

在类方法内的访问方式是：cls. 类方法名（参数列表）或 cls. 类变量。

类方法和实例方法的不同定义在于，类方法需要使用@ classmethod 修饰符进行修饰。也可以使用内置函数 classmethod（ ）把一个普通的函数转换成为类方法。

例 10-8 下面通过一个简单的示例程序，说明类方法的用法。

```
#classMethodDemo. py
class ClassMethodDemo:
    __attri="123456"
    @ classmethod                              #定义类方法修饰符
    def updateAttri(cls,mystring):             #定义类方法 updateAttri( )
        return cls. setAttri(mystring)          #调用类方法:cls. 类方法名(参
                                                数列表)
    @ classmethod                              #定义类方法修饰符
    def setAttri(cls,mystring):                #定义类方法 setAttri( )
        cls. __attri=mystring                  #访问类变量:cls. 类变量
        return cls. __attri
def main( ):
    print(ClassMethodDemo. updateAttri("通过类名调用类方法,修改类属
性"))
    o=ClassMethodDemo( )
    print(o. updateAttri("通过实例对象调用类方法,修改类属性"))
main( )
```

程序运行结果：

```
通过类名调用类方法,修改类属性
通过实例对象调用类方法,修改类属性
```

例 10-9 下面定义一个客户类，包括客户姓名及其消费总额。然后定义一个客户管理器类，包括记录客户信息的字典，进行客户管理的方法，如加入新客户、累积客户购物金额以及检查客户购物的总金额。

思路：客户管理器类是管理客户信息的，只需要一个管理器。这个客户管理器类不是为了生成实例，而是用来直接完成所需工作，因此，客户管理器类的属性定义为类属性，其方

法定义为类方法。

```
#Customer.py
class Customer:
    def __init__(self,name):
        self.__name=name
        self.__total=0.0

    def pay(self,price):
        self.__total +=price
        return price

    def total(self):
        return self.__total

class CustomerManger:
    __customers={ }

    @ classmethod
    def new_customer(cls,name):
        if not isinstance(name,str):
            raise TypeError("Create Record Error:",name)
        cls.__customers[name]=Customer(name)

    @ classmethod
    def pay_price(cls,name,price):
          if (not isinstance(name, str) or not isinstance(price,
float)):
            raise TypeError("Purchase Error:",name,price)
        if name not in cls.__customers:
            cls.__customers[name]=Customer(name)
        return cls.__customers[name].pay(price)

    @ classmethod
    def check_total(cls,name):
        if name not in cls.__customers:
            raise KeyError("No this Customer:",name)
        return cls.__customers[name].total()
```

```
def main():
    CustomerManger.new_customer("张三")
    print("张三消费:",CustomerManger.pay_price("张三",23.4))
    print("张三消费:",CustomerManger.pay_price("张三",56.7))
    print("张三消费:",CustomerManger.pay_price("张三",89.9))
    print("张三总消费:",CustomerManger.check_total("张三"))
main()
```

程序运行结果：

```
张三消费:23.4
张三消费:56.7
张三消费:89.9
张三总消费:170.0
```

10.4.3 静态方法

静态方法的定义需要使用@ staticmethod 修饰符进行修饰，其语法格式为：

```
class 类名():
    @ staticmethod
    def 类方法名(参数列表):
        方法体
```

静态方法既不属于类，也不属于对象，也就没有类似 self、cls 这样的特殊参数。因此 Python 解释器不会对它包含的参数做任何类或对象的绑定。也正因为如此，类的静态方法中无法调用任何类属性和类方法。

静态方法，其实就是我们学过的一般函数，和一般函数唯一的区别是，静态方法定义在类这个空间（类命名空间）中，而函数则定义在程序所在的空间（全局命名空间）中。

例 10-10 定义一个分数类。要求分子、分母都是整数，且分母不能是 0。分数的分子、分母是最简式，即不能再进行约分了。有理数为负时，规定分母为正，分子的符号表示有理数的符号。

思路：分数要成为最简式，需要找到分子、分母的最大公约数，进行约分后才能成为最简式。求最大公约数函数，既不属于对象，也不属于类，即不依附于任何对象或类。因此，将求最大公约数函数定义为静态方法。

```
#Rational1.py
class Rational:
    @ staticmethod                          #静态方法修饰符
    def __gcd(m,n):                         #定义静态方法,求最大公约数
        if n==0:
```

```
            m,n=n,m
        while m ! =0:
            m,n=n% m,m
        return n

    def __init__(self,num,den=1):
        #判断分子分母是否是整数
        if not (isinstance(num,int) and isinstance(den,int)):
            raise TypeError
        if den==0:                              #判断分母是否为0
            raise ZeroDivisionError
        sign=1
        if num < 0:                             #判断分子是否为负
            num,sign=-num,-sign
        if den < 0:                             #判断分母是否为负
            den,sign=-den,-sign
        g=Rational.__gcd(num,den)               #求出分子分母最大公约数
        self.num=sign * (num//g)                #约分后生成分子
        self.den=sign * (den//g)                #约分后生成分母
def main( ):
    r=Rational(8,64)
    print(str(r.num)+"/"+str(r.den))
main( )
```

程序运行结果：

```
1/8
```

10.4.4　运算符重载和特殊方法

上一节我们定义了分数类，创建了分数对象。创建的分数对象还不能进行加、减、乘、除运算。例如，要让分数类能够进行加法运算，就要在分数类中定义一个加法函数。当两个分数对象要进行加法运算时，就需要调用这个加法函数。然而人们更习惯使用“+”运算符进行分数加法运算。Python 提供了一种“运算符重载”技术，可以实现新建的分数类使用“+”运算符进行分数加法运算。

所谓运算符重载，指的是在类中定义并实现一个与运算符对应的处理方法，这样当类对象在进行运算符操作时，系统就会调用类中相应的方法来处理。

例如，我们以前学过的列表类型和字符串类型都实现了“+”运算符的重载。

```
>>>[1,2,3,4,5]+[6,7,8,9]          #加法"+"实现列表元素合并功能
[1,2,3,4,5,6,7,8,9]
>>>'stri'+'ng'                    #加法"+"实现字符串的拼接功能
'string'
```

上面“+”运算符重载过程是：当进行表达式［1，2，3，4，5］+［6，7，8，9］求值时，Python 解释器首先把表达式转换为［1，2，3，4，5］．__add__（［6，7，8，9］）。然后执行该方法（即［1，2，3，4，5］．__add__（［6，7，8，9］）），求出表达式的值。同样，当进行表达式'stri'+'ng'求值时，Python 解释器首先把表达式转换为'stri'．__add__（'ng'）。然后执行该方法（即'stri.'__add__（'ng'）），求出表达式的值。可见，上面“+”运算符重载实际上执行的是下面的方法调用：

```
>>>[1,2,3,4,5].__add__([6,7,8,9])
[1,2,3,4,5,6,7,8,9]
>>>'stri'.__add__('ng')
'string'
```

__add__（）是一种特殊的方法。在 Python 类中，凡是以双下划线“__”开头和结尾命名的成员（属性和方法），都被称为类的特殊成员（特殊属性和特殊方法）。例如，类的__init__（self）方法就是典型的特殊方法。

Python 类中的特殊成员，其特殊性是指不能在类的外部直接调用，但允许借助类中的普通方法调用甚至修改它们。如果需要，还可以对类的特殊方法进行重写，从而实现一些特殊的功能。运算符重载就是对类的特殊方法进行重写，实现了自定义类生成的对象能够使用运算符进行操作。一些常用的重载运算符以及对应的方法见表 10-1。

表 10-1　一些常用的重载运算符以及对应的方法

运算符	方法	说明
x+y	x.__add__(y)	加法
x-y	x.__sub__(y)	减法
x * y	x.__mul__(y)	乘法
x/y	x.__truediv__(y)	除法
x//y	x.__floordiv__(y)	整除
x%y	x.__mod__(y)	余数
x==y	x.__eq__(y)	等于
x!=y	x.__ne__(y)	不等于
x>y	x.__gt__(y)	大于
x>=y	x.__ge__(y)	大于或等于
x<y	x.__lt__(y)	小于
x<=y	x.__le__(y)	小于或等于
repr(x)	x.__repr__()	规范的字符串表示形式
str(x)	x.__str__()	非正式的字符串表示形式

在前面的 Student 类中，我们重写了__str__（）方法，然后用 print 方法打印学生对象时调用了该方法，以字符串形式显示了对象的状态。

例 10-11　下面在 Rational 类内重写加、减、乘、除四种特殊方法，实现“+”、“-”、

“*”、“/”四种运算符的重载。

```
#Rational.py
class Rational:
    @staticmethod
    def __gcd(m,n):
        if n==0:
            m,n=n,m
        while m !=0:
            m,n=n% m,m
        return n

    def __init__(self,num,den=1):
        if not (isinstance(num,int) and isinstance(den,int)):
            raise TypeError
        if den==0:
            raise ZeroDivisionError
        sign=1
        if num < 0:
            num,sign=-num,-sign
        if den < 0:
            den,sign=-den,-sign
        g=Rational.__gcd(num,den)
        self.__num=sign * (num//g)              #分子为私有属性
        self.__den=sign * (den//g)              #分母为私有属性

    def num(self):                              #获取分数的分子
        return self.__num

    def den(self):                              #获取分数的分母
        return self.__den

    def __add__(self,another):                  #分数加法:'+'运算符重载
        den=self.__den * another.den()
        num=(self.__num * another.den() + self.__den * another.num())
        return Rational(num,den)

    def __sub__(self,another):                  #分数减法:'-'运算符重载
```

```
        den=self.__den * another.den()
        num=(self.__num * another.den() - self.__den * another.num())
        return Rational(num,den)

    def __mul__(self,another):          #分数乘法:'*'运算符重载
        return Rational(self.__num * another.num(),self.__den * an-
other.den())

    def __floordiv__(self,another):     #分数除法:'/'运算符重载
        if another.num()==0:
            raise ZeroDivisionError
        return Rational(self.__num * another.den(),self.__den * an-
other.num())
    def __str__(self):                  #print(分数对象)时,以“分子/分
                                         母”形式输出
        return str(self.__num)+"/"+str(self.__den)

def main():
    r1=Rational(12,64)
    r2=Rational(6,8)
    r=r1 + r2
    print(str(r1)+"+"+str(r2)+"="+str(r))
main()
```

程序运行结果：

```
3/16+3/4=15/16
```

10.4.5 property（）函数和@property 装饰器

Python 中提供了 property（）函数，可以实现在不破坏类封装原则的前提下，让程序员依旧使用“对象．属性”的方式操作类中的属性。

property（）函数的基本使用格式如下：

```
属性名=property(fget=None,fset=None,fdel=None,doc=None)
```

其中，fget 参数用于指定获取该属性值的方法，fset 参数用于指定设置该属性值的方法，fdel 参数用于指定删除该属性值的方法，最后的 doc 是一个文档字符串，用于说明此函数的作用。

注意，在使用 property（）函数时，以上 4 个参数可以仅指定第 1 个、或者前 2 个、或者前 3 个，当然也可以全部指定。也就是说，property（）函数中参数的指定并不是完全随意的。

例 10-12　定义一个圆类，含有实例变量 radius（半径），使用 property（ ）函数设置实例变量 radius 的属性（可读、可写、可删除等属性）。

```
#Circle.py
class Circle:
    def __init__(self,radius):              #初始化方法
        self.__radius=radius
    def getRadius(self):                    #取半径的值
        return self.__radius
    def setRadius(self,radius):             #给半径赋值
        self.__radius=radius
    def delRadius(self):                    #删除半径的值
        self.__radius=0

    #property()函数
    radius=  property(getRadius,setRadius,delRadius,'指明出处')
def main():
    #调取说明文档的2种方式
    print(Circle.radius.__doc__)
    help(Circle.radius)
    circle=Circle(10)                       #创建圆对象
    print(circle.radius)                    #调用 getRadius()方法
    circle.radius=200                       #调用 setRadius()方法
    print(circle.radius)
    del circle.radius                       #调用 delRadius 方法
    print(circle.radius)
main()
```

程序运行结果：

```
指明出处
Help on property:

    指明出处


10
200
0
```

注意，在此程序中，由于 getRadius 方法中需要返回 radius 属性，如果使用 self.radius 的话，其本身又被调用 getRadius（ ），这将会进入无限死循环。为了避免这种情况的出现，程序中的 radius 属性必须设置为私有属性，即使用__radius（前面有两个下划线）。

当然，property（）函数也可以少传入几个参数。以上面的程序为例，我们可以修改property（）函数，如下所示：

```
radius= property(getRadius,setRadius)
```

这意味着，属性 radius 可读、可写，但不能删除，因为 property（）函数中没有指定删除 radius 属性值的方法。也就是说，即便 Circle 类中定义了 delRadius 函数，这种情况下也不能用来删除 radius 属性。

同理，还可以像如下这样使用 property（）函数：

```
#radius 属性可读,不可写,也不能删除
radius= property(getRadius)
#radius 属性可读、可写、也可删除,就是没有说明文档
radius= property(getRadius,setRadius,delRadius)
```

既要保护类的封装特性，又要让程序员可以使用“对象．属性”的方式操作类属性，除了使用 property（）函数，Python 还提供了@ property 装饰器。通过@ property 装饰器，可以直接通过方法名来访问方法，不需要在方法名后添加一对“（）”小括号。

@ property 的语法格式如下：

```
@ property
def 方法名(self)
    代码块
```

例 10-13 定义一个圆类，并定义用@ property 修饰的方法操作类中的 radius 私有属性，代码如下：

```
    @ property
    def radius(self):               #取半径的值
        return self.__radius
>>>circle=Circle(10)
>>>print("圆的半径是:",circle.radius)
圆的半径是:10
```

上面程序中，使用@ property 修饰了 radius（）方法，这样就使得该方法变成了 radius 属性的 getter 方法。arcle. radius 直接调用 radius（ ）方法访问半径 radius。

需要注意的是，如果类中只包含该方法，那么 radius 属性将是一个只读属性。也就是说，在使用 Circle 类时，无法对 radius 属性重新赋值，即运行如下代码会报错：

```
>>>circle.radius=200
Traceback (most recent call last):
  File"<pyshell#52>",line 1,in <module>
    circle.radius=200
AttributeError:can't set attribute
```

如果要修改 radius 属性的值，还需要为 radius 属性添加 setter 方法，就需要用到 setter 装饰器，它的语法格式如下：

```
@方法名.setter
def 方法名(self,value):
    代码块
```

下面，为 Circle 类中的 radius（ ）方法添加 setter 方法，代码如下：

```
@radius.setter
def radius(self,r):
    self.__radius=r
```

再次运行如下代码：

```
>>>circle=Circle(10)
>>>circle.radius=200
>>>print("圆的半径是:",circle.radius)
圆的半径是:200
```

这样，radius 属性就有了 getter 和 setter 方法，该属性就变成了具有读写功能的属性。

除此之外，还可以使用 deleter 装饰器来删除指定属性，其语法格式为：

```
@方法名.deleter
def 方法名(self):
    代码块
```

下面，在 Circle 类中，给 radius（ ）方法添加 deleter 方法，实现代码如下：

```
@radius.deleter
def radius(self):
    self.__radius=0
```

然后运行如下代码：

```
>>>del circle.radius
>>>print("圆的半径是:",circle.radius)
圆的半径是:0
```

10.5 继承和多态

10.5.1 继承

继承是面向对象程序设计的三大特征（封装、继承、多态）之一，它允许基于现有的类（也称超类、父类、基类）来新创建一个新类（也称子类、派生类）。子类继承父类的所有属性和方法，也可以增加自己的属性和方法，同时可以覆盖父类的方法。通常，子类和父类之间是 is-a 的关系。

继承在 Python 中经常遇到。例如，Python 集合类以及它们的继承关系，如图 10-3 所示。以列表为例，列表是有序集合的子类，有序集合是列表的父类。列表继承了有序集合通用的数据组织和操作，又有自己独特的操作。它们之间是一种 is-a 关系，即列表是一个有序集合。

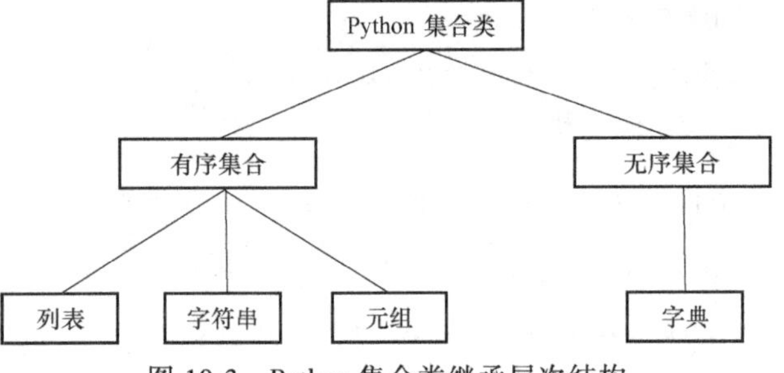

图 10-3　Python 集合类继承层次结构

子类继承父类时，只需在定义子类时，将父类（可以是多个）放在子类之后的圆括号里即可。语法格式如下：

```
class 类名(父类 1,父类 2,…):
        #类定义部分
```

如果该类没有显式指定继承自哪个类，则默认继承 object 类（object 类是 Python 中所有类的父类，即要么是直接父类，要么是间接父类）。

例 10-14　现有一个圆类，圆类包括半径、取值方法、赋值方法、求面积方法和输出圆类信息方法。现在圆类基础上，定义一个球体类，它继承圆类所有的属性和方法，还增加一个求体积方法。

```
#Sphere1.py
import math
class Circle:
    def __init__(self,radius):           #初始化方法
        self.__radius=radius
    def getRadius(self):                 #取值方法:取半径的值
        return self.__radius
    def setRadius(self,radius):          #赋值方法:给半径赋值
        self.__radius=radius
    def getArea(self):                   #求圆的面积
        return math.pi * self.__radius * self.__radius
    #执行 print 语句时会调用该__str__()方法
    def __str__(self):
        return ("Circle:"+str(self.__radius))

class Sphere(Circle):                    #定义球体类,继承圆类
    def getVolume(self):                 #求球体的体积
        return math.pi * self.getRadius() * * 3 * 4/3
```

```
    def main():
        ball=Sphere(10)                          #创建一个球体对象
        print("The volume of ball is",ball.getVolume()," radius is",
ball.getRadius())
    main()
```

程序运行结果：

```
    The volume of ball is  4188.790204786391  radius is  10
```

Python 中，实现继承的类称为子类，被继承的类称为父类（也可称为基类、超类）。因此，在上面例 10-14 中，Sphere 是子类，Circle 是父类。

“派生”和“继承”是一个意思，只是观察角度不同而已。换句话说，继承是相对子类来说的，即子类继承自父类；而派生是相对于父类来说的，即父类派生出子类。

继承的最初目的就是为了实现在类级别上的“代码复用”，在创建新类时减少代码的工作量。继承机制经常用于创建和现有类功能类似的新类，或是新类只需要在现有类基础上添加一些成员（属性和方法），但又不想直接将现有类代码复制给新类。也就是说，通过使用继承这种机制，可以轻松实现类的重复使用。如在例 10-14 中，创建新的球体类 Sphere，只需在现有 Circle 类基础上添加求体积方法即可。不需要复制 Circle 类的属性和方法。

子类继承父类的属性和方法，一般有三种方式：

1）子类将父类的属性和方法原封不动地继承下来。

2）子类扩充了父类的属性或方法。如例 10-14 中给父类 Circle 添加了求体积方法。

3）子类重写了父类的方法。

我们定义这样一个类：class Mylist（list）：
pass

Mylist 继承了内置类 list 的所有属性和方法，没有做任何修改和扩充。它是一个新类，是 list 类的一个派生类。它具有和父类一样的功能。如：

```
    >>>lst=Mylist((1,2,3,4,5))
    >>>lst
    [1,2,3,4,5]
    >>>lst[:3]=[7,8,9]
    >>>lst
    [7,8,9,4,5]
```

例 10-15 定义一个循环移位列表类，它继承内置类 list 的所有属性和方法，并且支持向左循环移位。

```
    #RotatableList.py
    #定义循环移位列表类,继承内置类 list
    class RotatableList(list):
        def rotLeft(self,num):                   #向左循环移位
```

```
        if not self  or  len(self)==1:        #列表为空或只有 1 个元素
            return
        for i in range(num):                  #移位次数
            x=self.pop(0)                     #移出表头元素
            self.append(x)                    #将元素添加到表尾
def main():
    lst=RotatableList()
    for i in range(10):
        lst.append(i)
    print(lst)

    lst.rotLeft(3)
    print(lst)
main()
```

程序运行结果：

```
[0,1,2,3,4,5,6,7,8,9]
[3,4,5,6,7,8,9,0,1,2]
```

对于例 10-14，如果执行语句 print（ball），会发现输出的是 Circle：10，这是圆类的信息，不是球体的信息。为什么会这样？这是因为在执行 print（ball）方法时，首先在球体类 Sphere 里寻找__str__（）方法，球体类 Sphere 里没有__str__（）方法，就向上在父类 Circle 里寻找__str__（）方法，结果找到了__str__（）方法，就执行 Circle 类里的__str__（）方法。要想输出球体的信息，就必须在球体类 Sphere 内重写__str__（）方法，即采用子类继承父类的属性和方法的第三种方式。

练习：定义一个既可以向左循环移位，又可以向右循环移位的列表类。

例 10-16 重写球体类 Sphere 内__str__（）方法，实现输出球体的信息。

```
#Sphere.py
import math
class Circle:
    def __init__(self,radius):                    #初始化方法
        self.__radius=radius
    def getRadius(self):                          #取半径的值
        return self.__radius
    def setRadius(self,radius):                   #给半径赋值
        self.__radius=radius
    def getArea(self):                            #求圆的面积
```

```
        return math.pi * self.__radius * self.__radius
    def __str__(self):
        return ("Circle:"+str(self.__radius))
class Sphere(Circle):                                  #定义子类
    def getVolume(self):                               #子类扩展的方法
        return math.pi * self.getRadius() * * 3 * 4/3

    def __str__(self):                                 #重写父类的方法
        return ("Sphere:"+str(self.getRadius()))
def main():
    ball=Sphere(10)
    print("The volume of ball is",ball.getVolume()," radius is",
ball.getRadius())
    print(ball)
main()
```

程序运行结果：

```
The volume of ball is  4188.790204786391  radius is  10
Sphere:10
```

练习：定义一个长方体类，实现求长方体的面积和体积的功能。

子类不仅可以扩展父类的方法，而且可以根据程序设计的需要添加属性。

例 10-17　现有一个矩形类，在此基础上添加属性，定义一个带颜色的矩形类。

```
#rectangleColor.py
class Rectangle:
    def __init__(self,width=1,height=1):
        self.__width=width
        self.__height=height
    def area(self):
        return self.__width * self.__height
    def perimeter(self):
        return 2 * (self.__width + self.__height)

class RectangleColor(Rectangle):
    def __init__(self,width=1,height=1,color='white'):
        super().__init__(width,height)            #调用父类初始化方法
        #另一种调用父类初始化方法
        #Rectangle.__init__(self,width,height)
```

```
        self.__color=color                                  #扩展属性

    def getColor(self):                                     #取值方法
        return self.__color
    def setColor(self,color):                               #赋值方法
        self.__color=color
def main():
    rec=RectangleColor()
    print("color is",rec.getColor())
    rec.setColor('red')
    print("color is",rec.getColor())
main()
```

程序运行结果：

```
color is  white
color is  red
```

如果派生类没有新属性，可以不定义初始化方法，直接继承父类的初始化方法；如果派生类的对象里增加新属性，就必须在初始化方法中初始化父类的属性和新属性。派生类对象不仅需要初始化自己的新属性，而且还需要初始化父类对象的那些属性。完成这一工作最简单的方法就是调用父类的初始化方法__init__()，用它设置父类实例的属性。例 10-17 中子类 RectangleColor 在其初始化方法中，执行 super().__init__(width，height）语句，就是调用父类的初始化方法，初始化父类对象的那些属性（矩形的宽和高）。派生类初始化方法定义的常见形式是：

```
class  DerivedClass(BaseClass):
    def  __init__(self,…):
        BaseClass.__init__(self,…)  或  super().__init__(…)
        #初始化方法的其他操作
    #派生类的其他语句和方法定义
```

调用父类的初始化方法时，必须写父类名，不能从 self 出发调用（那样写将调用本类的初始化方法，形成无穷递归）。调用时应该把 self 作为第一个实参，还可以传入另外一些实参。这个调用将完成派生类实例中父类部分属性的初始化。或者使用 super().__init__(…）形式调用父类的初始化方法，就不需要 self 这个实参了。

Python 提供的标准函数 super()，如果它在一个类的方法定义里使用，就是要求从该类的直接父类开始查找。使用了 super() 就不需要直接写父类名了。使用 super() 可使查找过程更规范，特别是能更友好地支持类定义结构的修改，支持多重继承。

还可以使用 super(RectangleColor，self).__init__(width，height）形式调用父类的初始化方法。这种调用方式的含义是：要求从 RectangleColor 类的父类开始查找初始化方法

__ init __，并调用它，super（ ）的第二个实参应该是 RectangleColor 类的对象 self。找到初始化方法__ init __后，解释器将用该对象 self 作为__ init __方法的 self 实参。

例 10-18　现有一个圆类，在此基础上定义一个圆柱体，求其体积和表面积。

思路：子类不仅要扩展属性：圆柱体高，而且还要扩展方法：求面积，求体积。

```
#Cylinder.py
import math
class Circle:
    def __init__(self,radius):   #初始化方法
        self.__radius=radius

    def getRadius(self):           #取半径的值
        return self.__radius

    def setRadius(self,radius):#给半径赋值
        self.__radius=radius

    def getArea(self):             #求圆的面积
        return math.pi * self.__radius * self.__radius
    def getPerimeter(self):        #求圆的周长
        return 2 * math.pi * self.__radius

    def __str__(self):             #执行print语句时会调用该__str__( )方法
        return ("Circle:radius="+str(self.__radius))

class Cylinder(Circle):
    def __init__(self,radius,height):
        super( ).__init__(radius)#调用父类初始化方法
        self.__height=height       #扩展新属性

    def getVolume(self):           #扩展新方法
        return super( ).getArea( ) * self.__height

    def getArea(self):             #重写父类方法,也称覆盖
        return 2 * super( ).getArea( ) + 2 * self.getRadius( ) * math.pi
* self.__height

    def __str__(self):             #重写父类方法,也称覆盖
```

```
            return ("Cylinder:radius="+str(self.getRadius())+",height
="+str(self.__height))

    def main():
        cy=Cylinder(10,100)
        print(cy)
        print("area=",cy.getArea(),",volume=",cy.getVolume())
    main()
```

程序运行结果:

```
    Cylinder:radius=10,height=100
    area=6911.503837897544 ,volume=31415.926535897932
```

注意：子类 Cylinder 中的 getArea（ ）方法和父类 Circle 中的 getArea（ ）方法定义形式一样，这样就形成了方法覆盖。在子类中的求面积和求体积方法中，需要用到父类的 getArea（ ）方法。因为父类的 getArea（ ）方法已被子类 getArea（ ）覆盖掉了，因此，要调用父类的被覆盖的方法，就需要使用 super（ ）函数。

在存在继承关系的类之间，有时候处于上层的类比较抽象，只有方法的接口，没有方法体。例如，图形类有求面积和求周长的形式，但由于没有具体的图形，无法求面积和周长，这种情况常这样处理：定义抽象的图形类，具体图形都作为它的派生类。

例 10-19 定义平面图形类 Shape 及其子类（点类 Point 和矩形类），实现方法覆盖。

```
    #Shape.py
    class Shape:
        def __init__(self):
            raise TypeError("Cannot create class Shape")

        def getArea(self):
            raise NotImplementedError

        def move(self,x,y):
            raise NotImplementedError

        def getName(self):
            return"Shape"

        def show(self):
            print("I am a",self.getName(),". ","My area is",self.getArea
())
```

```
class Point(Shape):
    def __init__(self,x,y):
        self.__x=x
        self.__y=y

    def getX(self):
        return self.__x

    def getY(self):
        return self.__y

    def setX(self,x):
        self.__x=x

    def setY(self,y):
        self.__y=y

    def getName(self):
        return"Point"

    def getArea(self):
        return 0

    def move(self,x,y):
        self.__x +=x
        self.__y +=y

def main():
    p=Point(2,3)
    p.show()
    print("Point(",p.getX(),",",p.getY(),")")
    p.move(1,1)
    print("Point(",p.getX(),",",p.getY(),")")
main()
```

程序运行结果：

```
I am a  Point.My area is  0
Point(2 ,3)
Point(3 ,4)
```

练习：补充上面程序，定义矩形类，覆盖 move（ ）、getArea（ ）、getName（ ）等方法。

这个 Shape 类比较特别，其初始化方法一旦被调用就引发异常，另外两个方法 getArea（ ）和 move（ ）什么也不做，被调用时也立刻引发异常。这样定义就是希望禁止生成 Shape 的对象，这样做显然是合理的。平面上的图形都是具体的，如点、圆、三角形等，而图形只是个抽象的概念，并没有实例。虽然 Shape 不能生成实例，但其定义却为实际图形类提供了一个规范。上面的定义说明，我们要求（从 Shape 派生的）每个实例图形都自定义初始化方法，并且必须重新定义 getName（ ）方法、求面积方法 getArea（ ）和移动方法 move（ ）。

10.5.2 多重继承

Python 的继承是多继承机制（和 C++一样），即一个子类可以同时拥有多个直接父类。多重继承通常是为了组合起来若干个已有类的功能，在此基础上进一步派生。下面通过一个简单的实例，介绍多重继承的程序设计方法。

例 10-20 人拥有 23 对不同的染色体，其中一对染色体决定性别，称为“性染色体”，即 X 染色体和 Y 染色体，女性染色体的组成为 XX，男性染色体的组成为 XY。根据生物学研究，在自然状态下，夫妇生男生女就是双方染色体随机组合的结果。若含 X 染色体的精子与卵子（含 X 染色体）结合，受精卵性染色体为 XX 型，就会发育成女胎；若含 Y 染色体的精子与卵子结合，受精卵性染色体为 XY 型，就会发育成男胎。下面用类和类的继承表示上述生理过程。

```
#Child.py
import random
class Father:
    def __init__(self):
        self.fatherChromosome='XY'          #男性染色体

class Mother:
    def __init__(self):
        self.motherChromosome='XX'          #女性染色体

class Child(Father,Mother):
    def __init__(self):
        Father.__init__(self)               #调用父类 Father 的初始化方法
        Mother.__init__(self)               #调用父类 Mother 的初始化方法

    def childGender(self):                  #随机产生性别方法
        fat=random.choice(self.fatherChromosome)
        mot='X'
```

```
        chi=fat + mot
        if"Y" in chi:
            return 1
        else:
            return 0
def main( ):
    chi=Child( )
    if chi.childGender( ):
        print("is a boy")
    else:
        print("is a girl")
main( )
```

程序运行结果是随机的，此处省略。

新派生类的头部用 class Child（Father，Mother），说明新类同时是两个父类的派生类，继承两个父类的操作，都不必重新定义。但初始化情况不同，Father 和 Mother 各有各的初始化操作，Child 类的对象需要完成两个类的初始化操作。因此，Child 类的__init__（）初始化方法定义里必须调用两个父类（Father 和 Mother）的初始化操作__init__（）。这时出现一个新问题，两个初始化操作名字相同，而且与正在定义的初始化操作名字也一样。这时，使用两种方式解决：

1）父类名.__init__（self，…），如本例用 Mother.__init__（self）和 Father.__init__（self）。

2）super（子类名，self）.__init__（…），如本例可用 super（Child，self）.__init__（）。

在创建 Child 对象时，不需要实参。下面我们举一个在创建子类对象时需要传递实参的例子。

例 10-21　定义一个实例计数器类。它能在运行中统计已经创建的实例个数。

```
#Countable.py
class Counter:
    def __init__(self,n=0):
        self.__count=n
    def increase(self):                    #计数器加 1
        self.__count +=1
    def decrease(self):                    #计数器减 1
        self.__count -=1
    def getCount(self):                    #取值
        return self.__count
    def reset(self):                       #重置
        self.__count=0
```

前面已经定义了一个带左右移位操作的列表类 RotatableList。假设现在需要这样一种列表，它既能进行左右移位操作，还能完成对象的计数功能。

一个显然的解决方案是从 RotatableList 类派生，加入对象计数功能，由于对象计数功能很简单，这种做法不难完成。但实际上，考虑两个或多个类可能都很复杂，基于一个类重新定义另一个类（或一些类）的功能，工作量可能很大。

例 10-22 使用多重继承，从这两个类派生新类 CRList。实现可计数的移位列表。

```
#CRList.py
from Countable import Counter              #导入模块
from RotatableList import RotatableList

class CRList(Counter,RotatableList): #多重继承
    def __init__(self,*args,**kwargs):
        Counter.__init__(self)             #调用父类 Counter 的初始化方法
        #父类 RotatableList 初始化方法
        RotatableList.__init__(self,*args,**kwargs)
def main():
    crlist1=CRList([1,2,3,4,5,6,7,8,9])
    crlist2=CRList("Hello,I like Python")
    crlist1.rotLeft(3)
    print(crlist2[:10])
    crlist2.rotRight(5)
    print(crlist2)
main()
```

程序运行结果：

```
[0,1,2,3,4,5,6,7,8,9]
[3,4,5,6,7,8,9,0,1,2]
['H','e','l','l','o',',','I','','l','i']
['y','t','h','o','n','H','e','l','l','o',',','I','','l','i','k',
'e','','P']
```

首先导入两个模块。CRList 类只重新定义了初始化方法__init__()，在其初始化方法里，必须调用两个父类 Counter 和 RotatableList 的初始化操作__init__()，通过父类名.__init__(self，…）的形式完成 Counter 和 RotatableList 的初始化操作。但是，这时我们不知道 list 类的初始化函数的参数情况。因为 Counter 的初始化方法的参数只有 self，所以，把 CRList 类初始化方法的参数都传给了 RotatableList 类的初始化参数。上面的方法结合两种带星号参数的和两种分拆实参，保证所有参数都能正确送到。

在实际程序中，多继承使用远不如单继承广泛，多继承形成类之间的复杂关系，给理解程序带来困难，也容易造成程序错误，建议谨慎使用。

10.5.3　多态

顾名思义，多态就是多种表现形态的意思。它是不同类型对象使用相同语法的能力。它让具有不同功能的函数可以使用相同的函数名，这样，就可以用一个函数名调用不同内容（功能）的函数。最常见的是：向同一个函数（或方法），传递不同的实参后，就可以实现不同功能。

例 10-23　下面是 Bruce Eckel 写的一段关于多态的代码。

```
#CatDogBob.py
class Cat:
    def speak(self):
        print("meow")

class Dog:
    def speak(self):
        print("woof")

class Bob:
    def bow(self):
        print("thank you,thank you!")

    def speak(self):
        print("hello,welcome to the neighborhood!")

    def drive(self):
        print("beep,beep!")

def command(pet):
    pet.speak()

pets=[Cat(),Dog(),Bob()]

for pet in pets:
    command(pet)      #向同一个函数传递不同参数,每个参数都有 speak()方法
```

程序运行结果：

```
meow
woof
hello,welcome to the neighborhood!
```

可见，pet 可以是任何对象，可以是猫、狗甚至是人。只关心这些对象是否具有 speak（）方法。只要具有 speak（）方法，就去执行，不管对象是什么类型，执行的是什么内容。

Python 不检查传入对象的类型，这种方式被称为“鸭子类型”。James Whitcomb Riley 提出的鸭子测试，可以这样表述：当看到一只鸟走起来像鸭子、游起来像鸭子、叫起来也像鸭子，那么这只鸟就可以被称为鸭子。

在鸭子类型中，关注的不是对象的类型本身，而是它如何使用的。在使用鸭子类型的语言中，这样的一个函数可以接受一个任意类型的对象，并调用它的"走"和"叫"方法。如果这些需要被调用的方法不存在，那么将引发一个运行时错误。任何拥有这样的正确的"走"和"叫"方法的对象，都可被函数接收。

```
class Duck():
    def walk(self):
        print('I walk like a duck')
    def swim(self):
        print('I swim like a duck')
class Person():
    def walk(self):
        print('this man walk like a duck')
    def swim(self):
        print('this man swim like a duck')
```

可以很明显地看出，Person 类拥有跟 Duck 类一样的方法，当有一个函数调用 Duck 类，并使用到两个方法 walk（）和 swim（）。我们传入 Person 类也一样可以运行，函数并不会检查对象的类型是不是 Duck，只要它拥有 walk（）和 swim（）方法，就可以正确地被调用。

Python 中多态的特点：

1）只关心对象的实例方法是否同名，不关心对象所属的类型。

2）对象所属的类之间，继承关系可有可无。

3）多态的好处是可以增加代码的外部调用灵活度，让代码更加通用，兼容性比较强。

10.6 面向对象程序设计举例

例 10-24 定义一个银行账户类，实现取钱、存钱和查看余额的功能。

思路：取钱、存钱和查看余额实质只涉及一个属性：余额，并设为私有属性。

```
#BankAccount.py
class BankAccount:
    def __init__(self,balance=0):                    #初始化余额
        if balance >0:
```

```
            self.__balance=balance
        else:
            self.__balance=0


    def withdraw(self,money):                      #取款
        if money>0 and money<=self.__balance:
            self.__balance -=money

    def save(self,money):                          #存款
        if money>0 :
            self.__balance +=money

    def  getBalance(self):                         #查询余额
        return  self.__balance

def main( ):
    zhangsan=BankAccount(-1000)
    zhangsan.save(1000)
    zhangsan.withdraw(200)
    print("balance is",zhangsan.getBalance( ))
main( )
```

程序运行结果：

```
balance is  800
```

本题需考虑 3 种特殊情况：在创建账户时，不能建立具有负数的余额；在取款时不能透支，也不能取负数的金额；存款时不能存负数的金额。

例 10-25　定义一个平面上的线段类，实现求线段长度和线段斜率的功能。

思路：一个线段由一对端点表示，2 个端点就是类中的数据，首先要定义点类，其次要考虑斜率无穷大的情况。

```
#Segment.py
class Point:
    def __init__(self,x=0,y=0):                    #形参要有默认值
        self.__x=x
        self.__y=y

    def setX(self,x):
```

```
        self.__x=x

    def setY(self,y):
        self.__y=y

    def getX(self):
        return self.__x

    def getY(self):
        return self.__y

    @property              #@property装饰器,可直接通过方法名来访问方法
    def x(self):           #可以使用"对象.属性"的方式取x的值
        return self.__x

    @property              #@property装饰器,可以直接通过方法名来访问方法
    def y(self):           #可以使用"对象.属性"的方式取y的值
        return self.__y
class Segment:
    def __init__(self,p1,p2):
        self.__p1=p1
        self.__p2=p2

    def getLength(self):
        #用"对象.属性"方式取x和y的值
        x=self.__p2.x - self.__p1.x
        y=self.__p2.y - self.__p1.y
        return (x**2 + y**2)**0.5

    def getSlope(self):
        #用"对象.getX()"方式取x的值
        x=self.__p2.getX() - self.__p1.getX()
        #用"对象.getY()"方式取y的值
        y=self.__p2.getY() - self.__p1.getY()
        if abs(x) < 1e-6:    #若x=0,则斜率无穷大
            return           #返回None
        else:
```

```
            return  y/x
def main():
    p1=Point(3,4)
    p2=Point(3,1)
    s=Segment(p1,p2)
    print("length=",s.getLength())
    print("slope=",s.getSlope())
main()
```

程序运行结果：

```
length=3.0
slope=None
```

例 10-26　定义一个具有 52 张标准扑克牌的类，实现扑克牌的洗牌和发牌功能。

思路：一副扑克有 52 张纸牌构成，每张纸牌有花色和点数，因此先定义纸牌类，把 52 张纸牌放到一个列表中，就是一副扑克。

```
#Poker.py
import random
class Card:
    def __init__(self,rank,suit):
        self.__rank=rank                          #纸牌点数
        self.__suit=suit                          #纸牌花色

    def getRank(self):
        return self.__rank

    def getSuit(self):
        return self.__suit

    def __str__(self):
        return self.__suit+self.__rank

class Poker:
    ranks={'2','3','4','5','6','7','8','9','10','A','J','Q','K'}
    suits={'♠','♡','◇','♣'}
    def __init__(self):
        self.poker=[]                             #列表初值为空
```

```
        for rank in Poker.ranks:                    #生成 52 张纸牌
            for suit in Poker.suits:
                self.poker.append(Card(rank,suit))

    def dealCard(self):                             #从列表末尾发牌
        return self.poker.pop()

    def shuffle(self):                              #打乱列表次序
        random.shuffle(self.poker)

def main():
    pok=Poker()
    pok.shuffle()
    print(len(pok.poker))
    for i in range(52):
        print(pok.dealCard(),end='')
main()
```

程序运行结果：结果随机，不唯一。

```
52
◇8 ◇J ♣J ♠K ♠10 ♡7 ♣10 ◇2 ♣K ◇6 ♡8 ♣9 ♠8 ♡2 ◇9 ◇K ♠Q ♡6 ♠A
♠2 ♣6 ♠7 ♡J ♠4 ♡9 ◇Q ♣A ♠5 ♣7 ♡5 ◇5 ♣8 ♠3 ◇10 ♣2 ♡4 ◇A ♡3 ♡K ♣
3 ◇4 ♠6 ♡Q ♣4 ♣5 ♠J ◇7 ♡A ♡10 ♣Q ♠9 ◇3
```

例 10-27 定义一个平面矢量类，实现点乘和加法运算的功能。

思路：平面矢量形式是 $\vec{a}=\vec{a_x}\,l+\vec{a_y}\,l$，$a_x$ 和 a_y 为矢量在平面的横坐标和纵坐标，因此，可用继承机制，继承已有的点类 Point。类的加法与乘法需要运算符重载，Point 类定义省略。

```
class Vector(Point):
    def __mul__(self,v):
        return self.x * v.x + self.y * v.y

    def __add__(self,v):
        return Vector(self.x+v.x,self.y+v.y)

    def __str__(self):
        return  'a='+str(self.x)+'i+'+str(self.y)+'j'
def main():
    v1=Vector(11,56)
    v2=Vector(26,40)
```

```
    print(v1+v2)
    print(v1 * v2)
```

程序运行结果：

```
a=37i+96j
2526
```

例 10-28 编写一个人与计算机之间的三局制“石头剪刀布”比赛，这个程序要求定义一个 Contestant 类以及两个 Human 和 Computer 子类。人做出选择后，计算机也随即做出选择。Contestant 类包含两个实例变量 name 和 score。

思路：Human 和 Computer 子类已经继承了 name 和 score，任务是在“石头剪刀布”中做出选择。评判输赢由主程序完成。

```
#Contestant.py
import random
class Contestant:
    def __init__(self,name='',score=0):
        self.__name=name
        self.__score=score

    def getName(self):
        return self.__name

    def getScore(self):
        return self.__score

    def incrementScore(self):
        self.__score +=1

    def __str__(self):
        return"{0}:{1}".format(self.__name,self.__score)

class Human(Contestant):
    def makeChoice(self):                    #在“石头剪刀布”中做出选择
        choices=["rock","scissors","paper"]
        while True:
            choice=input(self.getName() +",enter your choice:")
            if choice.lower() in choices:
                break
```

```
        return choice.lower()

class Computer(Contestant):
    def makeChoice(self):
        choices=["rock","scissors","paper"]
        selection=random.choice(choices)  #在“石头剪刀布”中做出选择
        return selection

def main():
    nameOfHuman=input("Enter name of human:")
    h=Human(nameOfHuman)
    nameOfComputer=input("Enter name of computer:")
    c=Computer(nameOfComputer)
    for i in range(3):                       #共 3 局
        humanChoice=h.makeChoice()
        computerChoice=c.makeChoice()
        print("{0} choose {1}".format(c.getName(),computerChoice))
        if humanChoice=="rock":              #评判一局输赢
            if computerChoice=="scissors":
                h.incrementScore()           #赢者加分
            elif computerChoice=="paper":
                c.incrementScore()
        elif humanChoice=="scissors":
            if computerChoice=="paper":
                h.incrementScore()
            elif computerChoice=="rock":
                c.incrementScore()
        else:
            if computerChoice=="rock":
                h.incrementScore()
            elif computerChoice=="scissors":
                c.incrementScore()
        print(h,end="  ")
        print(c)

    if h.getScore()>c.getScore():            #人的得分大于电脑得分
        print(h.getName().upper(),"WINS")
```

```
        elif h.getScore() < c.getScore():
            print(c.getName().upper(),"WINS")
        else:
            print("TIE")
    main()
```

程序运行结果：结果随机，不唯一。

```
Enter name of human:hh
Enter name of computer:cc
hh,enter your choice:rock
cc choose rock
hh:0  cc:0
hh,enter your choice:rock
cc choose paper
hh:0  cc:1
hh,enter your choice:rock
cc choose scissors
hh:1  cc:1
TIE
```

习　题　10

1. 定义一个三角形类，由键盘输入三角形三条边，设计成员方法，实现计算三角形面积和周长的功能。

2. 定义一个学生学期成绩类，包括学生姓名、期中考试成绩和期末考试成绩，然后设计两个成员方法，一个成员方法是计算出学生的最终成绩，最终成绩是将期中成绩和期末成绩的平均分转换成五分制的成绩；另一个成员方法是__str__（）方法，输出学生姓名和这学期的最终成绩。

3. 一学期安排了 6 次小测验，每次测验的成绩是 0~10 之间，除去分值最低的一次测验成绩，求剩余 5 次小测验的平均成绩。定义一个小测验类，包括一个实例变量（指向一个由 6 次测验成绩组成的列表），一个求平均分方法，一个__str__（）方法。

4. 定义学生类 student 数据成员，包括学号、姓名、年龄和三门课程的成绩，设计成员方法，计算每个学生的平均成绩和最高分。

5. 定义一个矩形类，然后使用继承方式计算长方体的体积和表面积，数据成员都定义为私有属性。

6. 定义一个矩形类，然后使用继承方式计算长方体的体积和表面积，数据成员都定义为受保护属性。

7. 定义一个分数类，输入一个小于 1 的十进制数，转换成分数并显示。

8. 定义一个没有赋值方法和取值方法的纸牌类，实现随机选取一张纸牌并输出的功能。

9. 定义一副扑克牌类，从一副扑克牌中随机抽取五张牌，按照每张牌的大小排列，并显示这五张牌。

10. 定义一个 Purchase 类用来保存单项商品的全部信息（商品的价格和数量），定义一个 cart 类用来保存所有商品，每一项商品都是一个 Purchase 类对象。编写程序，列出网店购物车中所有待结算的商品。

11. 定义一个人类，包括姓名、性别和年龄属性，以及各属性的取值方法和赋值方法。由人类派生两个子类：学生类和教师类。学生类增加学分属性和获取学分方法，教师类增加职务、工资属性和升职、加薪的方法。

第 11 章 异常处理

程序设计错误可以分为语法错误、运行时错误和逻辑错误。异常是程序在运行阶段发生的错误，说明程序进入了某种无效状态，不能正确地运行，严重时会导致程序崩溃，程序终止执行。Python 提供了一种异常处理机制，使得程序在运行阶段发生错误时，程序员有机会处理异常并使程序恢复运行状态，然后让程序继续正常执行。

11.1 异常的概念

异常是一种运行时的错误，是由于程序的运行状态已经超出了程序员所掌控的范围，严重时程序会中途退出，终止执行。

计算机运行中发生错误需要处理，处理不当或者不加处理，就有可能发生严重的错误，在历史上就发生过由于计算机运行错误而导致的严重事故。

1997 年 9 月 21 日，美国约克城（Yorktown）号巡洋舰正在海上航行。操作人员操作不当，输入了一个 0，导致发生除零错误。由于软件系统的脆弱性，该错误到处传播，造成一连串系统错误，最终关闭了动力系统，造成该舰在海上无动力漂浮数小时。

1996 年 6 月 4 日，由欧洲航天局经过近十年研发的阿丽亚娜进行了首飞测试。发射后几秒钟，火箭爆炸。事故发生的根源是把一个浮点数转换到整数时，引发了溢出异常。事故的原因并不是转换失败（事实证明，这并不重要）。真正的原因是没有进行异常处理。正是由于没有进行异常处理，火箭控制软件崩溃了，并关闭了火箭电脑。没有了导航系统，火箭开始无法控制地转动，机载控制器使火箭自毁。这可能是历史上最昂贵的电脑错误之一。

下面介绍 Python 程序在运行阶段一些常见的错误。

由于被零除而导致错误：

```
>>>3.14/0
Traceback (most recent call last):
  File"<pyshell#0>",line 1,in <module>
    3.14/0
ZeroDivisionError:float division by zero
```

对 0 求余数，如 5%0 会产生同一种错误。

由于对象在运算时类型不正确（如数值和字符串相加）而导致的错误：

```
>>>5+'G'
Traceback (most recent call last):
  File"<pyshell#2>",line 1,in <module>
    5+'G'
TypeError:unsupported operand type(s) for +:'int'and 'str'
```

由于错误的索引（索引值超出范围）而导致的错误：

```
>>>lst=[ 1,2,3,4,5]
>>>lst[5]
Traceback (most recent call last):
  File"<pyshell#4>",line 1,in <module>
    lst[5]
IndexError:list index out of range
```

访问未被赋值的变量（引用未定义的变量）导致的错误：

```
>>>m='我爱 Python'
>>>print(n)
Traceback (most recent call last):
  File"<pyshell#7>",line 1,in <module>
    print(n)
NameError:name 'n'is not defined
```

向一个对象发起不可用的功能请求（通常是一个方法）时导致的错误：

```
>>>(5,3,8,6). sort( )
Traceback (most recent call last):
  File"<pyshell#8>",line 1,in <module>
    (5,3,8,6). sort( )
AttributeError:'tuple'object has no attribute 'sort'
```

由于请求的文件不存在或不在指定位置而导致的错误：

```
>>>open('NotexistentFile. txt','r')
Traceback (most recent call last):
  File"<pyshell#11>",line 1,in <module>
    open('NotexistentFile. txt','r')
FileNotFoundError:[Errno 2] No such file or directory:'Notexistent-
File. txt'
```

由于 Python 语句无法找到要请求的模块而导致错误：

```
>>>import NotexistentModule
Traceback (most recent call last):
```

```
  File"<pyshell#12>",line 1,in <module>
    import NotexistentModule
ModuleNotFoundError:No module named 'NotexistentModule'
```

由于引用字典中不存在的“键”而导致的错误：

```
>>>dic={'a':'apple','b':'bravo'}
>>>word=dic['c']
Traceback (most recent call last):
  File"<pyshell#14>",line 1,in <module>
    word=dic['c']
KeyError:'c'
```

程序在运行中出现错误时，系统会创建一个对象，该对象被称为异常。异常包含了所有与错误相关的信息。例如，它包含错误信息，指出发生了什么，属于什么类型，错误发生在程序的第几行等。

Python 解释器采用固定格式描述所出现的异常，常见的异常提示信息结构如图 11-1 所示。

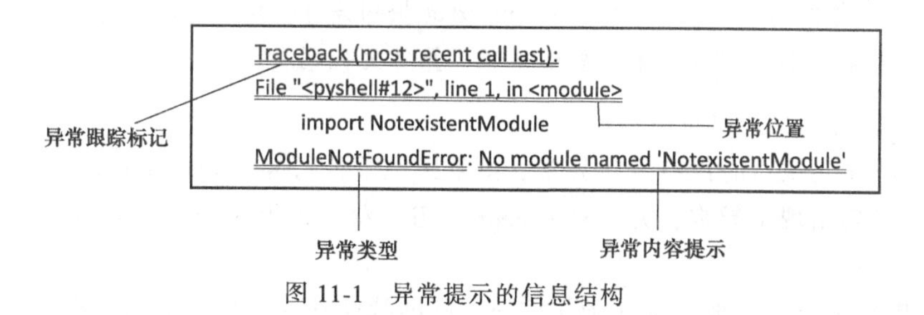

图 11-1　异常提示的信息结构

异常类型表明了异常发生的原因，同时也是处理异常的依据。异常内容提示是异常的信息说明。异常位置说明发生异常的文件以及异常的代码行。

程序在运行中出现的错误，主要分为两类：一是程序本身存在部分错误，由于程序的复杂性导致一些错误没有被发现。二是程序以外的非正常情况，如当用户输入数据出现错误，文件或其他数据源提供的数据出现错误，程序不能正确地处理这类错误数据。

程序在运行中出现的错误，产生的异常，如果不做恰当的处理，多数情况下程序是无法执行下去的，进而中断执行并退出程序。

显然，我们不希望发生这种情况。例如，一个服务器的程序能够提供多种服务，服务的对象成千上万，甚至数以亿计。如果服务器在提供某种服务时出现故障，而其他服务没有出现故障，这时就终止服务器程序的执行，停止所有的服务。这样损失会特别大，人们很难承受。

总之，程序在运行中出现的错误，产生的异常必须要处理，不能轻视它，更不能视而不见。Python 提供了一个异常处理的机制，使得程序在运行阶段发生错误时，程序员有机会处理并恢复。

11.2 Python 异常处理机制

Python 语言异常处理机制是：将异常的检测与异常处理相分离。实际上，这是将业务的功能代码与异常处理代码相分离，提高了程序的可理解性和可维护性，适合编写规模较大的程序，能够有效地保证程序的质量。

11.2.1 try…except 语句

Python 语言把错误检测和错误处理统一到了一套异常处理机制下。Python 的 try 语句，专门用于描述异常的捕获和处理，包括发生异常后的处理操作和流程，以及处理后如何继续执行等。其中最常用的 try…except 语句用来检测 try 语句块中的错误，从而让 except 语句捕获异常信息并处理。

程序在运行中发生了异常，多数情况下都应该继续工作，而不是简单的终止。如果不想在异常发生时结束程序运行，只需在 try 里捕获它。try 语句的语法格式是：

```
try:
    <try 语句块>        #被监测(检查)的 try 语句块,可能抛出异常的代码段
except <类型>:          #如果在 try 语句块引发了“类型”异常,捕获该“类型”异常
    <except 语句块>     #处理该“类型”异常的代码段
```

try…except 语句的工作原理是：

如果在 try 子句执行时没有发生异常，则继续往下执行异常处理结构后面的代码。

如果 try 子句出现了异常，并且被 except 子句捕获，则继续执行 except 子句中的异常处理代码。

如果出现异常但没有被 except 子句捕获，则继续往外层抛出，如果所有层都没有捕获并处理该异常，则程序终止，并将该异常抛给最终用户。

try 语句的设计反映了人们对程序中异常处理过程的基本理念：发现错误应该转到专门程序段去处理，处理错误通常是为了把程序恢复到正常状态，回到正常流程。

例 11-1 约克城（Yorktown）号巡洋舰上的除 0 错误，通过下面的 try…except 语句的程序段来解决。

思路：将 try…except 语句放到循环语句中。可能产生除 0 错误的语句放到 try 子句中。如果输入第二个数字不是 0，则循环结束，否则一直提示用户输入非零的数字。

```
#dividedby0.py
def main():
    a=eval(input("input the first numberr:"))
    while True:
        try:
            b=eval(input("input the second numberr:"))
            c=a/b
```

```
            break
        except ZeroDivisionError:
            print("the second numberr is 0. Input the second numberr a-
gain.")
    print('{}/{}={}'.format(a,b,c))
main()
```

程序运行结果：

```
input the first numberr:8
input the second numberr:0
the second numberr is 0. Input the second numberr again.
input the second numberr:0
the second numberr is 0. Input the second numberr again.
input the second numberr:0
the second numberr is 0. Input the second numberr again.
input the second numberr:4
8/4=2.0
```

练习：用 try 语句保证用户输入的数字是整数，如果不是整数，提示用户输入整数数字。

文件的输入输出一般要做异常处理。

例 11-2　使用异常处理 try…except 语句来保证对一个文件 testfile.txt 进行写入操作时，不会使程序意外终止。

```
#testfileWrite.py
def main():
    try:
        with open("testfile.txt","w") as  fh:
            fh.write("这是一个测试文件,用于测试异常!")
            print("内容写入文件成功")
    except IOError:
        print("Error:没有找到文件或读取文件失败")
    print("程序运行结束了.")
```

程序运行结果：

```
Error:没有找到文件或读取文件失败
程序运行结束了.
```

练习：用户输入一个文件名用来打开文件。如果文件不能打开，程序就不能往下执行。要求使用 try…except 语句确保用户提供了正确的文件名，即当文件不能打开时，让用户继续输入文件名，直至输入正确的文件名。

例 11-3　下面设计一个“通用的”带类型检查的输入函数。为函数安排两个参数，一个类型参数，用于输入数据的类型检查和转换，另一个提示串参数，用于输入时的提示。

使用 Python 异常处理结构，函数定义如下：

```
#functionInput.py
def input_value(val_type,request_msg):
    while True:
        val=input(request_msg+":")
        try:
            val=val_type(val)
            return val
        except  ValueError:
            print(val+" can't convert to"+str(type)+". Please try a-
gain.")
```

下面是一个应用实例。

```
x=input_value(int,"Please input an integer")
```

在 pickle 文件中，使用 load 方法重复读取一个对象直到方法抛出 EOFError 异常（文件末尾）。当抛出这个异常时，捕获并处理它来结束文件的读取过程。

例 11-4 下面使用异常处理检测 pickle 文件是否结束。

```
#DetectEndOfFile.py
import pickle
def main():
    with open("numbers.dat","wb") as outfile:
        data=eval(input("Enter an integer(the input exits if the in-
put is 0):"))
        while data ! =0:
            pickle.dump(data,outfile)
            data=eval(input("Enter an integer(the input exits if the
input is 0):"))
    with open("numbers.dat","rb") as infile:
        endOfFile=False
        while not endOfFile:
            try:
                print(pickle.load(infile),end='')
            except EOFError:
                endOfFile=True
    print("\nAll objects are read.")
main()
```

程序运行结果：

```
Enter an integer(the input exits if the input is 0):5
Enter an integer(the input exits if the input is 0):4
Enter an integer(the input exits if the input is 0):6
Enter an integer(the input exits if the input is 0):0
5 4 6
All objects are read.
```

还可以在 except 子句中访问一个异常对象。方法是当 except 词句捕获到异常时，这个异常对象就被赋给变量，这样就可以在 except 子句中处理这个异常对象。

```
try:
    <try 语句块>      #被监测(检查)的 try 语句块,可能抛出异常的代码段
except <类型> as  变量: #捕获异常对象,并赋给变量
    通过变量访问异常对象信息
```

例 11-5　下面的程序在 except 子句中把异常对象赋给变量，用来获得异常对象的详细信息。

```
#objectExecptAccess.py
def main():
    try:
        with open("testfile.txt","w") as  fh:
            fh.write("这是一个测试文件,用于测试异常!")
            print("内容写入文件成功")
    except IOError as  msg:            #捕获异常对象,并赋给变量 msg
        print("Error:没有找到文件或读取文件失败")
        print(type(msg))               #异常对象的类型
        print(msg.args)                #异常信息存储在 msg.args 中
        print("args[0]=",msg.args[0])
        print("args[1]=",msg.args[1])
        print(msg)                     #可通过异常对象直接打印异常信息
        str1,str2=msg.args             #异常信息被异常子类覆盖,解包 args
        print("str1=",str1)
        print("str2=",str2)
    print("程序运行结束了.")
main()
```

程序运行结果：

```
Error:没有找到文件或读取文件失败
<class 'PermissionError'>
```

```
args=(13,'Permission denied')
args[0]=13
args[1]=Permission denied
[Errno 13] Permission denied:'testfile.txt'
str1=13
str2=Permission denied
```

程序运行结束了.

练习：将前面例题的异常对象赋给变量，查看异常对象的详细信息。

11.2.2 try…except…else 语句

另一种常用的异常处理结构是 try…except…else 语句。带 else 子句的异常处理结构也是一种特殊形式的选择结构。其语法格式是：

```
try:
    <try 语句块>        #被监测(检查)的 try 语句块,可能抛出异常的代码段
except <类型>:          #如果在 try 语句块引发了"类型"异常,捕获该"类型"异常
    <except 语句块>     #处理该"类型"异常的代码段
else:
    <else 语句块>       #如果没有异常发生,执行 else 语句块
```

如果 try 中的代码抛出了异常，并且被某个 except 捕获，则执行相应的异常处理代码，这种情况下不会执行 else 中的代码；如果 try 中的代码没有抛出任何异常，则执行 else 块中的代码。

例 11-6 使用 try…except…else 语句改写例 11-2 的程序。

```
#testfileWriteElse.py
def main():
    try:
        with open("testfile.txt","w") as  fh:
            fh.write("这是一个测试文件,用于测试异常!!")
    except IOError:
        print("Error:没有找到文件或读取文件失败")
    else:
        print("内容写入文件成功")
main()
```

程序运行结果：省略

例 11-7 使用 try…except…else 语句保证用户提供了正确的“键”值。

```
#dictionKeyExcept.py
def main():
```

```
    dic={'a':'alpha','b':'bravo','c':'charlie'}
    while True:
        try:
            letter=input("Enter a,b or c:")
            print(dic[letter])
        except KeyError:
            print("Unacceptable letter was entered.")
        else:
            break
main()
```

程序运行结果：

```
Enter a,b or c:d
Unacceptable letter was entered.
Enter a,b or c:c
Charlie
```

练习：使用 try…except…else 语句保证用户提供了正确的元组或列表的索引。

11.2.3　带有多个 except 的 try 语句

同一段代码可能会抛出多个异常，需要针对不同的异常类型进行相应的处理。为了支持多个异常的捕获和处理，Python 提供了带有多个 except 的异常处理结构，其语法形式如下：

```
try:
    <try 语句块>          #被监测(检查)的 try 语句块,可能抛出异常的代码段
except <类型 1>:          #如果在 try 语句块引发了“类型 1”异常,捕获该“类型 1”
                           异常
    <except 语句块>       #处理该“类型 1”异常的代码段
except <类型 2>:          #如果在 try 语句块引发了“类型 2”异常,捕获该“类型 2”
                           异常
    <except 语句块>       #处理该“类型 2”异常的代码段
……
except <类型 n>:          #如果在 try 语句块引发了“类型 n”异常,捕获该“类型 n”
                           异常
    <except 语句块>       #处理该“类型 n”异常的代码段
```

一旦一个 excep 捕获了异常，则后面剩余的 except 子句将不会再执行。

例 11-8　使用带有多个 except 的 try 语句，保证用户提供了正确的列表索引。

```
#listIndexExcept.py
def main():
```

```
    fruits=['苹果','梨','西瓜','香蕉','桃子']
    while True:
        try:
            i=eval(input("input fruit index[0-4]:"))
            print(fruits[i])
            break
        except IndexError:
            print("index not in [0-4],please input again.")
        except TypeError:
            print("index is float,please input again.")
        except NameError:
            print("index is not a number,please input again.")
main()
```

程序运行结果：

```
input fruit index[0-4]:8
index not in [0-4],please input again.
input fruit index[0-4]:3.4
index is float,please input again.
input fruit index[0-4]:twq
index is not a number,please input again.
input fruit index[0-4]:2
西瓜
```

将捕获的异常写在一个元组中，可以使用一个 except 语句捕获多个异常，并且共用同一段异常处理代码。除非确实需要多个异常共用一段代码，否则一般不提倡这样用。

```
#listIndexExcept1.py
def main():
    fruits=['苹果','梨','西瓜','香蕉','桃子']
    while True:
        try:
            i=eval(input("input fruit index[0-4]:"))
            print(fruits[i])
            break
        except (IndexError,TypeError,NameError):
            print("index error,please input again.")
main()
```

程序运行结果：省略

如果需要捕获所有类型的异常，可使用不带任何异常类型的 except 子句：

```
try:
    正常的操作
except:
    发生异常,执行这块代码
```

上面的结构可以捕获所有的异常。尽管这样做很安全，但是一般并不建议这样做。对于异常处理结构，一般建议要尽量显示捕获可能出现的异常，并且有针对性地编写异常处理代码进行处理。因为在实际应用开发中，很难使用同一段代码去处理所有类型的异常。但为了避免遗漏没有得到处理的异常干扰程序的正常执行，在捕获了所有可能想到的异常之后，也可以使用异常处理结构的最后一个 except 来捕获 Baseexception。

例 11-9　使用不带任何异常类型的 except 子句，放在最后用来捕获遗漏的异常。

```
#exceptDemo.py
def main():
    while True:
        try:
            n1,n2=eval(input("Enter two numbers,separated by a com-
ma:"))
            result=n1/n2
        except SyntaxError:
            print("A comma may be missing in the input")
        except ZeroDivisionError:
            print("Division by zero")
        except:
            print("Something wrong in the input")
        else:
            print("result=",result)
            break
main()
```

程序运行结果：

```
Enter two numbers,separated by a comma:5 4
A comma may be missing in the input
Enter two numbers,separated by a comma:5,four
Something wrong in the input
Enter two numbers,separated by a comma:5,4
result=1.25
```

11.2.4 try…except…finally 语句

try…except 语句还可以和 finally 子句配合使用，其语法格式是：

```
try:
    <try 语句块>         #被监测(检查)的 try 语句块,可能抛出异常的代码段
except <类型>:          #如果在 try 语句块引发了“类型”异常,捕获该“类型”异常
    <except 语句块>     #处理该“类型”异常的代码段
else:
    <else 语句块>       #如果没有异常发生,才会执行 else 语句块
finally:
    <finally 语句块>    #无论是否有异常,都会执行 finally 语句块
```

在该结构中，finally 子句中的语句块无论是否发生异常都会执行，常用来做一些清理工作，以释放 try 语句中申请的资源。

例 11-10 下面的程序尝试计算一个文件中所有浮点数的总和、平均数、数字的个数和非数字的个数。程序使用异常处理机制来应对一些意外情况，例如，文件不存在，文件为空或文件中有非数字的值。

```
#sumAndCountInFile.py
def main():
    foundFlag=True
    sum,count,errnum=0,0,0      #求和,计数,统计不能转换成浮点数的个数
    try:
        filename=input("enter filename:")
        f=open(filename,"r")
    except FileNotFoundError:
        print("Error:没有找到文件或读取文件失败.")
        foundFlag=False
    else:
        print("文件成功打开,开始计算.")
    if foundFlag:
        try:
            for line in f:
                for n in line.split():
                    try:
                        x=float(n)
                        sum +=x
                        count +=1
                    except ValueError:
```

```
                    errnum +=1
            average=sum/count
        except ZeroDivisionError:
            print("File was empty.")
        else:
            print(average,sum,count,errnum)
        finally:
            f.close()                          #关闭文件,释放资源
main()
```

程序运行结果：如打开一个空文件，结果如下：

```
enter filename:emptyFile.txt
文件成功打开,开始计算.
File was empty.
```

11.3 断言 assert

断言用来确定某个条件是否满足。其语法格式如下：

```
assert  表达式 1,表达式 2
```

功能：当表达式 1 的值为真时，什么都不做，否则，抛出 AssertionError 异常。表达式 2 为异常类型的信息描述，可以省略。例如：

```
>>>sex='女'
>>>assert sex=='男','条件不满足导致异常'
Traceback (most recent call last):
File"<pyshell#3>",line 1,in <module>
    assert sex=='男','条件不满足导致异常'
AssertionError:条件不满足导致异常
```

断言 assert 也可以和异常处理结构结合使用。

例 11-11　输入 5 个学生成绩，计算并输出平均分。要求成绩采用百分制，即输入的成绩要求在 0~100 之间，并且为整数。如果输入浮点数，则转换为整数；如果输入的数据不在范围内，也不是数值，则忽略该成绩，并提示数据无效。

思路：input ( ) 函数接收的输入数据为字符串，eval ( ) 函数可将其转换为数值型，用断言判断数值是否在 0~100 之间，然后用 int ( ) 函数转换为整数并求和。

```
#assertDemo.py
def main():
```

```
    sum,num,ave=0,0,0
    for i in range(10):
            try:
                score=eval(input("score="))
                assert 0<=score<=100,"score<0 or score>100"
                sum +=int(score)
                num +=1
                ave=sum//num
            except AssertionError as msg:
                print(msg)
            except:
                print("invaild score")
            else:
                print("vaild score")
    print(ave,sum,num)
main()
```

程序运行结果：

```
score=two
invaild score
score=5th
invaild score
score=32+28
vaild score
score=101
score<0 or score>100
score=007
invaild score
60 60 1
```

实际上，断言 assert 语句就是执行下面的程序：

```
if __debug__:
    if not 表达式 1:
        raise AssertionError(表达式 2)
```

__debug__是一个内置常数，启动 Python 解释器时会给它赋值。

__debug__为真且表达式 1 的值为假，就会引发异常；__debug__为假，或者表达式 1 的值为真，就不引发异常。可见，断言 assert 是否引发异常由表达式的逻辑值决定。

__debug__加上参数“-O”时就会变为假。所以，当 Python 脚本以“-O”选项编译为字节码文件时，assert 语句将被移除程序。

11.4　主动引发异常与自定义异常类

11.4.1　主动引发异常

异常处理是指因为程序执行过程中出错，而在正常控制流之外采取的行为。严格说，语法错误或逻辑错误不属于异常，但有些语法或逻辑错误往往会导致异常，例如，由于大小写拼写错误而试图访问不存在的对象，或者试图访问不存在的文件等。当 Python 检测到一个错误时，解释器就会指出当前程序流无法执行下去，Python 解释器会自动引发异常，程序员也可以通过 raise 语句显式地引发异常。

Python 提供了专用于引发异常的 raise 语句，其基本形式有两种：

```
raise  异常类型
raise
```

raise 语句引发异常，与系统引发的异常一样。表达式说明要求引发的异常，简单来说就是异常名。例如，raise ArithmeticError

```
>>>raise ArithmeticError
```

执行结果是：

```
Traceback (most recent call last):
  File"<pyshell#2>",line 1,in <module>
    raise ArithmeticError
ArithmeticError
```

不带表达式的 raise 语句用于重新引发最近发生的还处于活动的异常。如果当时没有异常，就引发 runtimeError。

raise 语句的一个典型使用场景是在函数定义里检查参数，发现实参不符合需要时报告错误。

例 11-12　下面我们设计一个求三角形面积的函数，检查三条边参数是否能构成三角形，如果三条边不能构成三角形，就引发异常。

```
#triangleFunction.py
def triangle(a,b,c):
    if a>0 and b>0 and c>0 and a+b>c and a+c>b and b+c>a:     #检查参数
        s=(a+b+c)/2
        return (s*(s-a)*(s-b)*(s-c))**0.5
    else:
        #主动引发异常
        raise ValueError("wrong arguments for function triangle")
def main():
```

```
    while True:
        try:
            a=float(input("a="))
            b=float(input("b="))
            c=float(input("c="))
        except ValueError :         #处理输入引发的异常
            print("No float number. Please a,b,and c again. ")
        else:
            break
    try:
        area=triangle(a,b,c)
    except ValueError as msg:       #调用函数,处理被调用函数引发的异常
        print(msg)
    else:
        print("area=",area)
main( )
```

程序运行结果:

```
a=2
b=4
c=7
wrong arguments for function triangle
```

在类的定义里，有设置成员变量的方法。该方法需要检查这个参数是否合法。如果合法就赋给成员变量，否则就引发异常。

例 11-13 下面定义了一个 Circle 类以及测试 Circle 类的函数。其中，在 setRadius（ ）方法中使用了异常处理。

```
#CircleWithException. py
import math
class Circle:
    def __init__(self,radius):
        super( ). __init__( )
        self. setRadius(radius)

    def getRadius(self):
        return self. __radius

    def setRadius(self,radius):
```

```
        if radius < 0:
            #半径小于 0,主动引发异常
            raise RuntimeError("Negative radius")
        else:
            self.__radius=radius

    def getArea(self):
        return self.__radius * self.__radius * math.pi

    def getPerimeter(self):
        return 2 * self.__radius * math.pi

    def printCircle(self):
        print(self.__str__()+"radius:"+str(self.__radius))
def main():
    try:
        c1=Circle(10)
        print("c1's area is",c1.getArea())
        c2=Circle(-10)                        #给构造方法的半径传入负数
        print("c2's area is",c2.getArea())
        c3=Circle(0)
        print("c3's area is",c3.getArea())
    except RuntimeError as msg:               #捕获因半径不合法而抛出的异常
        print("Invalid radius")
        print(msg)
main()
```

程序运行结果:

```
c1's area is 314.1592653589793
Invalid radius
Negative radius
```

有时函数在运行中出现错误，自己解决不了，必须要由调用函数来解决。例如，数学上的求二次方根函数，输入的参数为负数，无法求二次方根。这时只能由使用函数的人，即调用函数的人来解决。密码输入函数就是如此。

例 11-14　定义一个密码输入函数。如果用户输入的密码长度≥8，则返回该密码；否则抛出一个异常，要求用户重新输入密码。

```
#passwordFunction.py
```

```
def input_password( ):
    pwd=input("请输入密码:")                   #提示用户输入密码
    #判断密码长度,如果长度≥8,返回用户输入的密码
    if len(pwd) >=8:
      return pwd

    #密码长度不够,需要抛出异常
    #创建异常对象,使用异常的错误信息字符串作为参数
    ex=Exception("密码长度不够")
    raise ex                                  #抛出异常对象
def main( ):
    while True:
        try:
            user_pwd=input_password( )
            print(user_pwd)
        except Exception as result:           #必须由密码设置者处理异常
            print("发现错误:",result)
        else:
            break
main( )
```

程序运行结果:

```
请输入密码:1234567
发现错误:密码长度不够
请输入密码:12345678
12345678
```

11.4.2 自定义异常类

目前为止，我们已经使用了像 ZeroDivisionError、NameError、ValueError、ArithmeticError、TypeError、IndexError、FileNotFoundError、ModuleNotFoundError、KeyError 和 AssertionError 这样的 Python 内置异常类。Python 预先定义了许多内置异常类，供程序员使用。虽然这些内置异常类为程序员提供了很大的便利，但是也不能满足所有的应用场景，有时还需要程序员定义自己的异常类。例如，我们在录入学生成绩的时候，就要确保录入的成绩是在 0~100 分之间，然而记录学生成绩的变量，无论是整型变量还是浮点型变量，Python 没办法区分哪些成绩是百分制成绩，是合法的成绩，哪些成绩不是百分制成绩，是非法的成绩。进而也不能对非法的成绩抛出异常，也没有定义相关的非法成绩异常类。这时，就需要程序员自己定义非法成绩异常类，能够使程序员更加灵活、方便地处理数据，也能使用户得到更加

准确、详细的错误信息。

总之，定义自己的异常类型，常常更加方便，而不是依赖于通用的内置的异常类型。一个用户自定义类，可以用于定制处理和报告错误，可以获得更多有用的错误信息。

Python 提供了许多内置异常类，它们之间的关系如图 11-2 所示。BaseException 类是所有异常类的父类，所有的 Python 异常类都直接或间接地继承自 BaseException 类。最重要的异常类是 Exception 类。其他常用的内置的异常类都是 Exception 类的子类。

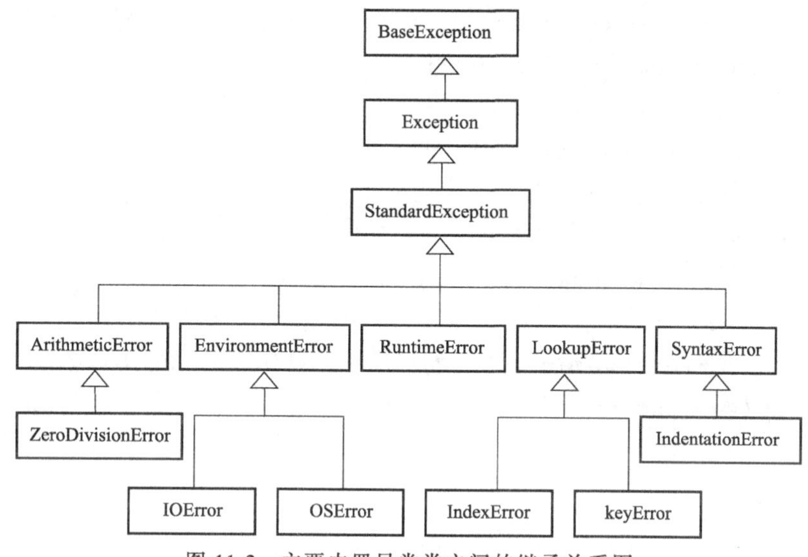

图 11-2 主要内置异常类之间的继承关系图

例 11-15 下面使用自定义非法成绩异常类，解决录入成绩时的非法成绩问题。通过这个例子介绍如何定义一个自定义异常类，如何在程序中抛出一个异常，实现用自定义异常类完成异常处理的任务。

事实上，定义一个自己的异常类与定义内置的异常类没有区别。因此，定义一个自己的异常类，只需要直接或间接地把类定义成为 Exception 类的一个子类就可以了。

```
#OutOfBoundScore.py
class OutOfBoundExcept(ValueError):          #定义自己的异常类
    def __init__(self,score,reason):         #构造方法
        super().__init__()
        self.score=score
        self.reason=reason
def main():
    sum,num,ave=0,0,0
    for i in range(5):
        try:
            score=eval(input("score="))
            if not(0<=score<=100):           #检测非法成绩,抛出自定义异常
```

```
                        raise OutOfBoundExcept(score,"score<0 or score>
100")
                sum +=int(score)
                num +=1
                ave=sum//num
            except OutOfBoundExcept as ex1:
                print(ex1.score,"is in",ex1.reason)    #处理自定义异常
            except NameError as ex2:
                print(ex2)
            except SyntaxError as ex3:
                print(ex3)
            except:
                print("invaild score")
            else:
                print("vaild score")
        print(ave,sum,num)
    main()
```

程序运行结果：

```
    score=101
    101 is in  score<0 or score>100                  #表明 101 在 0 到 100 分之间
    score=-90
    -90 is in  score<0 or score>100                  #表明-90 在 0 到 100 分之间
    score=two
    name 'two'is not defined                         #没有定义'two'变量
    score=070
    leading zeros in decimal integer literals are not permitted; use an
0o prefix for octal integers (<string>,line 1)  #十进制整数不能以 0 开头
    score=5th
    unexpected EOF while parsing (<string>,line 1)
    0 0 0
```

可见，自定义异常能够提供更多的信息，能够帮助用户和程序员准确地分析错误原因。

自定义异常和内置异常在使用上基本一样。区别是：内置异常类是系统预先定义的，自定义异常类是程序员根据需要自己定义的；内置异常的检测和抛出是由系统自己完成，自定义异常是由程序员在程序中安插检测代码，并使用 Python 的 raise 语句强制地引发一个自定义类型的异常。

例 11-16 下面通过自定义异常来处理圆类中半径为负数的问题。

```
#CircleRadiusException.py
import math
class InvalidRadiusException(RuntimeError):          #定义自己的异常类
    def __init__(self,radius):
        super().__init__()
        self.radius=radius

class Circle:
    def __init__(self,radius):
        super().__init__()
        self.setRadius(radius)

    def getRadius(self):
        return self.__radius

    def setRadius(self,radius):
        if radius >=0:                                 #检测非法半径
            self.__radius=radius
        else:
            raise InvalidRadiusException(radius)      #抛出自定义异常

    def getArea(self):
        return self.__radius * self.__radius * math.pi

    def getPerimeter(self):
        return 2 * self.__radius * math.pi

    def printCircle(self):
        print(self.__str__()+"radius:"+str(self.__radius))
def main():
    try:
        c1=Circle(10)
        print("c1's area is",c1.getArea())
        c2=Circle(-10)
        print("c2's area is",c2.getArea())
        c3=Circle(0)
```

```
        print("c3's area is",c3.getArea( ))
    except InvalidRadiusException as msg:
        print("The radius",msg.radius,"is invalid")  #处理自定义异常
main( )
```

程序运行结果：

```
c1's area is 314.1592653589793
The radius  -10 is invalid
```

习　题　11

1. 什么是异常？异常处理的作用是什么？

2. 编写程序，打开文件 E:\ test.txt，显示文件全部内容，文件内容是“这是一个测试文件，用于测试异常！”。采用异常处理的方法解决在文件操作中可能会引发的异常。

3. 定义一个分数类，使程序能在分母为 0 时抛出一个 Runtime 异常。

4. 定义一个银行账户类，该类包括初始化方法、取钱方法、存钱方法和返回余额方法。现实生活中存在三种风险：创建了一个余额为负数的银行账户，取款额大于账户余额，存款额可能为负数。编写程序，如果出现以上违规操作，则引发 ValueError 异常，并输出相应的信息。

5. 对于第 4 题定义的银行账户类，当发生三种违规操作时，引发一个通用的 ValueError 异常。如果引发更具体的用户自定义异常，则会更具有可用性。定义可能引发的新异常类 NegativeBalanceError、OverdraftError 和 DepositError。此外，要求当发生三种违规操作时，异常对象输出其违规操作的提示信息，如创建负数余额银行账户、透支或负存款。最后，使用这三个新建的异常类代替 ValueError，重新实现银行账户类的功能。

参考文献

[1] 施奈德. Python 程序设计 [M]. 车万翔，等译. 北京：机械工业出版社，2016.

[2] 佩尔科维奇. 程序设计导论 [M]. 江红，余青松，译. 北京：机械工业出版社，2018.

[3] 董付国. Python 程序设计 [M]. 2 版. 北京：清华大学出版社，2018.

[4] 袁方，肖胜刚，齐鸿志. Python 语言程序设计 [M]. 北京：清华大学出版社，2019.

[5] 裘宗燕. 程序员学 Python [M]. 北京：人民邮电出版社，2018.